H. Wendt

Natur und Technik – Theorie und Strategie

WISSENSCHAFT
UND
GESELLSCHAFT

Herausgegeben
vom Institut
für Theorie, Geschichte
und Organisation
der Wissenschaft der
Akademie der Wissenschaften
der DDR
durch
Günter Kröber

Band 9

HELGE WENDT

Natur und Technik – Theorie und Strategie

Erkannte Naturgesetze und Prinzipien ihrer bewußten Ausnutzung

AKADEMIE-VERLAG · BERLIN
1976

Erschienen im Akademie-Verlag, 108 Berlin, Leipziger Str. 3—4

Lizenznummer: 202 · 100/61/76
Gesamtherstellung: IV/2/14 VEB Druckerei »Gottfried Wilhelm Leibniz«, 445 Gräfenhainichen/DDR · 4685
Bestellnummer: 752 787 0 (2162/9) LSV 0155
Printed in GDR
DDR 14,– M

Inhaltsverzeichnis

Vorwort des Autors 7

1. *Die theoretische und die praktische Idee* 11
1.1. Zur Analyse der theoretischen und der praktischen Idee . . . 17
1.2. Inhalt, Gegenstand, Struktur und Funktion technischer Wissenschaften 26
1.3. Die praktische Idee aus der Erfahrung und die praktische Idee aus der Theorie 40

2. *Das Naturgesetz und seine Erkenntnis* 53
2.1. Allgemeine Charakteristika der objektiven Naturgesetze 53
2.2. Kausalität und Gesetz 58
2.3. Wie „wirkt" ein Naturgesetz? 63
2.4. Die Gesetzesaussage und ihre formale Struktur 65
2.5. Empirische und theoretische Gesetzesaussagen 72
2.6. Probleme der Vertiefung der Gesetzeserkenntnis 76
2.7. Zur Klassifikation der Gesetzesaussagen 93

3. *Der Übergang von der Gesetzesaussage zur technischen Vorschrift* 110
3.1. Grundformen der Anwendung von Gesetzeserkenntnissen . . . 110
3.2. Merkmale technischer Prinzip-Vorschriften 122
3.3. Die allgemeine Struktur des Übergangs von der Gesetzesaussage zur technischen Prinzip-Vorschrift 132
3.4. Der „strategische Wert" von verschiedenen Typen von Gesetzesaussagen, aus denen technische Prinzipvorschriften herleitbar sind 149
3.5. Vertiefte Gesetzeserkenntnis – breitere Anwendungsmöglichkeiten 168
3.6. Die Systemausnutzung erkannter Gesetze bei der Lösung technischer Probleme 192
3.7. Die Funktion erkannter Naturgesetze im methodischen Vorgehen bei der Entwicklung technischer Vorschriften 202

4. Zusammenfassung und Bewertung der Ergebnisse 214

Personenregister 217

„Nicht in der geträumten Unabhängigkeit
von den Naturgesetzen liegt die Freiheit,
sondern in der Erkenntnis dieser Gesetze,
und in der damit gegebenen Möglichkeit,
sie planmäßig zu bestimmten Zwecken
wirken zu lassen."

Friedrich Engels

Vorwort

Wissenschaft und Technik haben in unserer Zeit und in unserer Gesellschaft große Bedeutung für ein langfristiges ökonomisches Wachstum. Das Tempo der Wissenschaftsentwicklung bestimmt das Tempo der ökonomischen Entwicklung in starkem Maße mit, wozu es allerdings notwendig ist, die Überleitung wissenschaftlicher Erkenntnisse in die Praxis effektiv zu planen und zu leiten. Die Feststellung von Kurt Hager, daß „die noch bessere Beherrschung der raschen Überleitung und vielfachen Anwendung der Forschungsergebnisse ein Grundproblem der Leitung der wissenschaftlich-technischen Arbeit bleibt"[1], gilt nach wie vor.

Die Beherrschung des Zyklus Wissenschaft-Technik-Produktion setzt vielfältige wissenschaftliche Untersuchungen voraus. In der vorliegenden Arbeit wird mit wissenschaftstheoretisch-methodologischen Mitteln insbesondere der Zusammenhang zwischen Ergebnissen der naturwissenschaftlichen Grundlagenforschung und ihrer Anwendung bei technischen Problemlösungen untersucht, mit dem Ziel, möglichst eine algorithmische bzw. heuristische Strategie zur Überführungsproblematik zu entwickeln. Ist in einem spezifischen Fall eine technische Problemlösung gefunden, steht allerdings die eigentliche Überleitung der Ergebnisse in die Praxis erst bevor. Insofern beschränken sich die hier vorgenommenen Untersuchungen und Ergebnisse noch auf das Vorfeld der Überleitungsproblematik. Da nachgewiesenermaßen gerade neue Ergebnisse der naturwissenschaftlichen Grundlagenforschung oft eine revolutionierende Wirkung auf die Produktion haben, kommt gerade der Behandlung des methodologischen Zusammenhangs zwischen

[1] Hager, K., Sozialismus und wissenschaftlich-technische Revolution, Berlin 1972, S. 47.

Grundlagen-, angewandter und Entwicklungsforschung sowie allgemein zwischen Natur- und technischer Wissenschaft eine hohe Bedeutung zu, will man den Zyklus Wissenschaft-Technik-Produktion in seiner Gesamtheit rationaler gestalten.
Die vorliegende Arbeit soll einen Beitrag zur Rationalisierung der technischen Entwicklungsarbeit leisten. Die in den letzten Jahren entstandenen speziellen Arbeiten und Arbeitsrichtungen zur Entwicklung von Verfahren des problemlösenden Denkens sind der Ausgangspunkt dieser Studie. Während aber sonst stets die Aufgabe der Erhöhung der Übergangswahrscheinlichkeit vom Problem (Eingangsinformation) zu seiner Lösung (Ausgangsinformation) unmittelbar aufgegriffen wird – entweder mit quasi empirischen Mitteln, mit logisch-konstruktiven Analysen oder mit psychologischen und soziologischen Untersuchungen –, wird in dieser Arbeit ein indirekter Weg eingeschlagen: Sehr richtig wird immer wieder betont, daß die Kenntnis der besten Methoden nicht zum Erfolg des Handelns führt, wenn der Handelnde nicht über einen ausreichenden Fundus an Fachwissen verfügt. Wissen im Fach, das heißt aber vor allem Kenntnis der objektiven Gesetze der Gegenstände, die Objekt des Handelns sind. Wie im obengenannten Ausspruch von Friedrich Engels zum Ausdruck kommt, ist der Zusammenhang zwischen Gesetzeskenntnis und Beherrschbarkeit der Natur ein Zusammenhang von fundamentaler gesellschaftlicher Bedeutung. Die Beziehungen zwischen erkannten Naturgesetzen und technischen *Vorschriften* (d. h. Aufforderungen zu *praktischen* Operationen) in den technischen Wissenschaften zu analysieren und aus dieser Analyse zu *Methoden* der Herleitung technischer Vorschriften aus Gesetzeskenntnissen (d. h zu Aufforderungen zu *gedanklichen* Operationen) zu kommen, ist das unmittelbare Anliegen dieser Arbeit.
Damit ist auch der wissenschaftstheoretische Ansatzpunkt gekennzeichnet: Die Arbeit versteht sich als Beitrag zur theoretischen Fundierung der Beherrschbarkeit des Zyklus Wissenschaft-Technik-Produktion; sie geht von der marxistisch-leninistischen These aus, daß Wissenschaft nur dann in allen ihren Teilaspekten richtig verstanden werden kann, wenn sie primär als spezifische gesellschaftliche Tätigkeit (Erkenntnis-Produktion) begriffen wird. In diesem Rahmen kommt den Wechselbeziehungen zwischen verschiedenartigen Ergebnissen geistiger Tätigkeit sowie zwischen geistiger und praktischer Tätigkeit große Bedeutung zu. Die Entwicklung einer Strategie zur Überführung naturwissenschaftlicher Gesetzeserkenntnisse in technische Vorschriften entspricht demnach auch der Forderung des VIII. Parteitages der SED nach „hoher Rationalität der Arbeitsprozesse in Forschung, Entwicklung,

Konstruktion und Projektierung"[2]. Gleichzeitig soll mit der Lösung der grundlegenden Fragestellung dieser Arbeit ein Baustein entwickelt werden, der m. E. zu einer umfassenden Theorie der Heuristik[3] notwendig ist.
In diese Arbeit werden philosophisch-weltanschauliche Probleme – das gehört zur Natur der Sache – an vielen Stellen einbezogen, vor allem dann, wenn sie unmittelbar Bezug auf methodologische Konsequenzen haben. Die Arbeiten von E. Jobst[4] (Karl-Marx-Stadt) und W. Segeth[5] (Berlin) berühren die Problematik der vorliegenden Studie unmittelbar. Jobst hat aus theoriehistorischer Sicht, Segeth aus der Sicht der Logik den Zusammenhang zwischen Gesetzesaussage und Vorschrift (bzw. methodischer Regel) untersucht. Ihre Ergebnisse wie auch die grundlegenden Ausarbeitungen von G. Kröber[6] zum Verhältnis von Gesetz und Bedingung werden in dieser Studie aufgegriffen. Hauptanliegen des Verfassers ist es nicht, den Zusammenhang zwischen Gesetzesaussage und Vorschrift auf logischen und historischen Wegen weiterzuverfolgen, sondern mit quasi empirischen und methodisch-analytischen Mitteln die Wirklichkeit und die objektive Möglichkeit der Überführung vom erkannten Naturgesetz zu technischen Vorschriften aufzudecken.
Extensionale Beziehungen und Formulierungen in quasi logischer Schreibweise sind in dieser Studie nicht das Ziel von Überlegungen, sondern sind, wo sie verwendet werden, Mittel zum Zweck.

[2] Honecker, E., Bericht des ZK an den VIII. Parteitag der SED, Berlin 1971, S. 49.

[3] Vgl. auch Heitsch, W., Parthey, H. und Wächter, W., Heuristik und Dialektik, in: Deutsche Zeitschrift für Philosophie, 2/1971, S. 146.

[4] Jobst, E., Philosophische Probleme des Wechselverhältnisses von technischer Wissenschaft und Naturwissenschaft, Dissertation, Karl-Marx-Universität Leipzig, 1967.

[5] Segeth, W., Methodische Regeln, in: Deutsche Zeitschrift für Philosophie 7/1967.

[6] Kröber, G., Über die Rolle der Bedingungen für das Wirken objektiver Gesetze, in: Deutsche Zeitschrift für Philosophie 10/1962; Kröber, G., Die logische Form von Gesetzesaussagen als Widerspiegelung der inneren Einheit des objektiven Gesetzes und seiner Wirkungsbedingungen, in: Wissenschaftliche Zeitschrift der Humboldt-Universität Berlin, Mathematisch-naturwissenschaftliche Reihe, 5/1965; Kröber, G., Der philosophische Gesetzesbegriff in seiner Bedeutung für die Einzelwissenschaften, in: Der Gesetzesbegriff in der Philosophie und den Einzelwissenschaften (Hrsg. von Kröber, G.), Berlin 1968; Kröber, G., Gesetz und Prognose, in: Der Gesetzesbegriff in der Philosophie und den Einzelwissenschaften (Hrsg. von Kröber, G.), Berlin 1968.

Die vorgelegte Arbeit entstand als Dissertation (Promotion B) und wurde für die Veröffentlichung neu bearbeitet. Für Betreuer- und Gutachtertätigkeit sowie für vielfältige Beratungen und Anregungen bin ich Prof. G. Kröber, Prof. J. Müller, Dr. H. Parthey, Prof. H. Ley, Prof. K. Fuchs-Kittowski, Prof. G. Wintgen und Dr. W. Heitsch zu großem Dank verpflichtet. Darüber hinaus haben gemeinsame Diskussionen mit Technik-Wissenschaftlern und gewisse Zuarbeiten von Doktoranden an der Technischen Hochschule „Otto von Guericke" Magdeburg zur Auswahl der Beispiele und zur Vertiefung von Detailproblemen beigetragen.

Helge Wendt

Magdeburg, September 1974

1. Die theoretische und die praktische Idee

Die Grundfrage des behandelten Anliegens kann man so formulieren: In welchem Verhältnis steht die Erkenntnis über die objektive *Natur, so wie sie ist,* zur Erkenntnis über die Möglichkeiten unseres Handelns, die *Natur zu verändern?* Karl Marx schreibt in seiner berühmten Analyse des Arbeitsprozesses: „Am Ende des Arbeitsprozesses kommt ein Resultat heraus, das beim Beginn desselben schon in der Vorstellung des Arbeiters, also schon ideell vorhanden war. Nicht daß er nur eine Formveränderung des Natürlichen bewirkt; er verwirklicht im Natürlichen zugleich seinen Zweck, den er weiß, der die Art und Weise seines Tuns als Gesetz bestimmt und dem er seinen Willen unterordnen muß."[7]

Noch deutlicher wird die Problemstellung in einer Formulierung Lenins in seiner Auseinandersetzung mit der „Wissenschaft der Logik" Hegels: „Das Bewußtsein des Menschen widerspiegelt nicht nur die objektive Welt, sondern schafft sie auch."[8] In diesem Zusammenhang zieht Lenin die Hegelsche Unterscheidung von „theoretischer Idee" und „praktischer Idee" heran, um daran anknüpfend zu formulieren: „In der theoretischen Idee (auf dem Gebiete der Theorie) steht der subjektive Begriff (die Erkenntnis?) als das Allgemeine und an sich Bestimmungslose der objektiven Welt entgegen, aus der er sich den bestimmten Inhalt und die Erfüllung nimmt. In der praktischen Idee (auf dem Gebiete der Praxis) steht dieser Begriff als Wirkliches (Wirkendes?) dem Wirklichen gegenüber."[9] Die in Klammern formulierten Ausdrücke hat Lenin in das Hegel-Zitat eingefügt, um Hegel „vom Kopf auf die Füße zu stellen". Lenin korrigiert Hegel vor allem dort, wo jener den Wert der

[7] Marx, K., Das Kapital, Bd. I, in: Marx/Engels, Werke (im folgenden: MEW), Bd. 23, Berlin 1962, S. 193.

[8] Lenin, W. I., Philosophische Hefte, in: Lenin, Werke, Bd. 38, Berlin 1964, S. 203.

[9] Ebenda.

wirklichen Praxis, d. h. der sinnlich-gegenständlichen Tätigkeit, auf die nur „praktische Idee" herabsetzt. Dennoch bleibt dann die Aussage (in Leninscher Darstellung), daß „auf dem Gebiete der Praxis dieser Begriff als Wirkendes dem Wirklichen gegenübersteht". Dieser „in der Praxis *wirkende* Begriff" ist es, der für die vorliegende Arbeit aufgegriffen wurde und – nun in materialistischer Sicht – als „praktische Idee" seine Verwendung findet.
Auf diesen Überlegungen aufbauend, läßt sich die marxistisch-leninistische Grundeinsicht formulieren, von der hier ausgegangen wird: Der Mensch ist in der Lage, objektive Kenntnisse über die objektive Welt zu gewinnen (die theoretische Idee). Aus der theoretischen Idee und dem bewußten Zweck konstruiert (schafft) er gedanklich die praktische Idee: Er antizipiert damit Weg und Ziel seines Handelns gedanklich. Die praktische Idee ist der unmittelbare Stimulus (das „Wirkende") der praktischen Veränderung der objektiven Realität. Die praktische Idee ist demnach eine Form des Vorausdenkens. Aus dem gezeigten Zusammenhang geht aber auch hervor, daß dieses Wissen um Zukünftiges nichts Mystisches an sich hat oder dem Idealismus Vorschub leistet; vielmehr liegt das Streben nach geistiger Vorwegnahme des Künftigen in der Spezifik der praktischen Tätigkeit des Menschen begründet.[10] Außerdem läßt sich die praktische Idee in zweifacher Weise auf Materielles zurückführen: a) auf die objektiven Gesetze, Eigenschaften und Zusammenhänge der Natur, deren Widerspiegelung Voraussetzung für die praktische Idee ist; b) auf die objektiven gesellschaftlichen Umstände, die über die Motivierung in der Form der Zwecksetzung widergespiegelt werden können und in dieser Form die zweite Voraussetzung der praktischen Idee bilden. R. Bellmann und H. Laitko sprechen in diesem Zusammenhang von zwei Determinationsbezügen menschlichen Handelns: Der erste Determinationsbezug besteht in der sozialen Bedingtheit des Bedürfnisses (wobei die subjektive Motivation sekundär ist), der zweite Determinationsbezug besteht darin, „daß sich der gesellschaftliche Mensch bei Strafe des Mißerfolgs den Eigenschaften des Objekts seiner Handlung anpassen muß."[11]
Wenn es heißt, daß die (kognitive) theoretische Erkenntnis Voraussetzung für die praktische Idee ist, wird damit nicht behauptet, daß – um-

10 Vgl. Lauterbach, H. und Söder, G., Planung – Wissenschaft oder Spekulation? Berlin 1965, S. 11.

11 Bellmann, R. und Laitko, H., Methode und Methodologie der wissenschaftlichen Erkenntnis, Bemerkungen zum Begriff, in: Wege des Erkennens, (hrsg. von Bellmann, R. und Laitko, H.), Berlin 1969, S. 9.

gekehrt – theoretische Erkenntnis ausschließlich nur dort gewonnen wird, wo sich aus der Zwecksetzung die praktische Idee und die Praxis selbst unmittelbar anschließen. Die theoretische Erkenntnis hat durchaus relative Selbständigkeit. Trotzdem darf man für die wissenschaftliche Erkenntnis als Ganzes feststellen, daß sie platonisch bleibt, wenn sie nicht *letztlich* darauf gerichtet ist, ein Instrument menschlichen zielbewußten Handelns zu werden. In diesem Sinne sind auch die Auffassungen der Klassiker des Marxismus-Leninismus über den gesellschaftlichen Wert der Wissenschaften zu interpretieren. Wenn Karl Marx schreibt: „In dem Maße aber, wie die Industrie sich entwickelt, wird die Schöpfung des wirklichen Reichtums abhängig weniger von der Arbeitszeit als ... vielmehr ... vom allgemeinen Stand der Wissenschaft und dem Fortschritt der Technologie oder der Anwendung der Wissenschaft auf die Produktion“ [12], oder an anderer Stelle, daß die Arbeitsproduktivität u. a. entscheidend davon abhängt, in welchem Maße „die Wissenschaft Naturkräfte in den Dienst der Arbeit zwingt“ [13], so wird damit die instrumentale Funktion der Wissenschaften besonders hervorgehoben.

Aus diesen Feststellungen von Marx ergeben sich zwei Schlußfolgerungen:

1. Das Maß des Zusammenhanges zwischen Wissenschaft und Produktion ist eine *historische* Kategorie.
2. Die praktische Idee (für die Produktion) bedarf sicherlich *immer der Erkenntnis* als Voraussetzung, jedoch nicht *unbedingt der wissenschaftlichen Erkenntnis*. (Die Produktion ist älter als die Wissenschaft.) Andererseits erhöht die wissenschaftliche Erkenntnis den Grad der Arbeitsproduktivität entscheidend.

Inwiefern die wissenschaftliche Erkenntnis die praktische Idee qualifiziert – das im Detail darzustellen ist das Ziel der nachfolgenden Untersuchungen. Die hier vorgenommene methodische Betrachtung geht dabei von der grundsätzlichen Position aus, daß in der menschlichen Tätigkeit Übergänge von Eingangszuständen (Z_E) zu Ausgangszuständen (Z_A) vollzogen werden. Dabei wird hier im einzelnen jedoch nicht der Prozeß- oder der Verhaltensaspekt menschlicher Tätigkeit betrachtet, sondern der Strukturaspekt, der durch spezifische Ziel-Bedingungs-Relationen charakterisierbar ist.

Man kann an dieser Stelle den formulierten grundsätzlichen Standpunkt

[12] Marx, K., Grundrisse der Kritik der poltischen Ökonomie, Berlin 1974, S. 592.

[13] Marx, K., Lohn, Preis und Profit, in: MEW, Bd. 16, Berlin 1962, S. 127.

über die „praktische Idee" erweitern. An jede praktische Idee werden zwei Anforderungen gestellt:

– sie soll den Erfolg des Handelns sichern, d.h. gewährleisten, daß das Ziel und der damit verbundene Zweck des Handelns erreicht werden,

– sie soll weitestgehend rationelles Handeln gewährleisten, d. h. sichern, daß das Ziel auf dem kürzesten Weg bzw. mit dem geringsten Aufwand erreicht wird.

Der Nutzen der wissenschaftlichen Erkenntnis muß hinsichtlich beider Anforderungen untersucht werden. Es ist ersichtlich, daß an praktische Ideen eine dritte wesentliche Forderung zu stellen ist, die aus der erwähnten Verschmelzung von kognitiver Idee und Zwecksetzung in der praktischen Idee herrührt: Die in der praktischen Idee formulierten oder implizit vorausgesetzten Ziele und Zwecke selbst wie auch die Bewertung der Wege und Mittel unterliegen mehr oder weniger direkt politischen, politisch-ökonomischen und politisch-moralischen Kriterien. Insofern sind praktische Ideen, die mehr oder weniger mittelbar auf Veränderungen gesellschaftlicher Zustände zielen, in letzter Konsequenz auch vom Klassenstandpunkt geprägt.

Zur Bewältigung des gestellten Problems muß nun der philosophische Ansatz durch einen wissenschaftstheoretischen konkretisiert werden, wobei die anfangs formulierte marxistisch-leninistische Grundeinsicht weiterhin ihre tragende Funktion behält: Wenn man untersuchen will, inwiefern die wissenschaftliche Erkenntnis die praktische Idee qualifiziert, muß man einen marxistisch-leninistischen Standpunkt zum Wesen der Wissenschaft selbst zugrunde legen. Ich identifiziere micht hierbei mit einer Auffassung, wie sie u. a. S. R. Mikulinskij und N. I. Rodnyj zum Ausdruck bringen: „Die Wissenschaft ist ein besonderes System, das beständig neue Kenntnisse generiert und eine bestimmte logische Charakteristik aufweist. Sie ist eine besondere Form der gesellschaftlichen Produktion und verfügt über bestimmte Organisationsformen, die es ihr erlauben, die ihr eigenen Funktionen auszuüben. Sie hängt auf das engste mit anderen Bereichen der gesellschaftlichen Tätigkeit zusammen und zeichnet sich durch eine bestimmte Gesamtheit ‚innerer' Relationen zwischen ihren ‚Subjekten' aus."[14]

Es ist daher richtig, den Prozeß der Qualifizierung der praktischen Idee durch die wissenschaftliche Erkenntnis prinzipiell als konkret-histori-

[14] Mikulinskij, S. R. und Rodnyi, N. I., Wissenschaftsgeschichte und Wissenschaftskunde, in: Wissenschaft/Studien zu ihrer Geschichte, Theorie und Organisation (hrsg. von Kröber G., und Steiner H.), Berlin 1972, S. 77.

schen *gesellschaftlichen* Prozeß zu begreifen, in welchem – nun strukturell gesehen – eine Transformation verschiedenartiger Elemente des (gesellschaftlichen) geistigen Produktionsprozesses ineinander vor sich geht. Aus dieser Sicht stellt sich das Problem als Frage nach der Struktur dieser Transformation, wobei dann im einzelnen vom Verhaltensaspekt menschlicher Tätigkeit in diesem Prozeß abstrahiert wird.

Die Bedeutung der Untersuchung dieser Transformationen brachte Kurt Hager zum Ausdruck, als er hinsichtlich der Aufgaben der Grundlagenforschung bei der Gestaltung der entwickelten sozialistischen Gesellschaft u. a. feststellte: „Sie (die Grundlagenforschung) hat die Aufgabe, das theoretische Fundament für die angewandte Forschung und für die Überleitung ihrer Ergebnisse in die gesellschaftliche Praxis ständig zu erweitern.“ [15] Und weiter: „Von der Entdeckung neuer Gesetze und Naturerscheinungen bis zur technischen und industriellen Realisierung sind mehrere Etappen zu durchlaufen. Die angewandte Forschung, die sich in den seltensten Fällen scharf von der Grundlagenforschung trennen läßt, setzt deren Ideen und Erkenntnisse in Schemata und Konstruktionen neuer technischer Anlagen um, die dann in der Industrie, im Transport- und Nachrichtenwesen und anderen Zweigen der Volkswirtschaft realisiert werden.“ [16]

Es ist notwendig, noch einmal auf die Frage zurückzukommen, ob denn zwischen theoretischer Idee und praktischer Idee tatsächlich ein solcher Unterschied besteht, daß man sie als *relativ selbständige* Teile unseres erkennenden Bewußtseins betrachten kann. Auch hierfür bedarf es der historischen Betrachtung. Karl Marx und Friedrich Engels schreiben: „Die Teilung der Arbeit wird erst wirklich Teilung von dem Augenblicke an, wo eine Teilung der materiellen und geistigen Arbeit eintritt. Von diesem Augenblick an *kann* sich das Bewußtsein wirklich einbilden, etwas anderes als das Bewußtsein der bestehenden Praxis zu sein, wirklich etwas vorzustellen, ohne etwas Wirkliches vorzustellen – von diesem Augenblick an ist das Bewußtsein imstande, sich von der Welt zu emanzipieren und zur Bildung der ‚reinen‘ Theorie ... überzugehen.“ [17] Dieser Scheidungsprozeß beginnt historisch in der einfachen Kooperation. Unter kapitalistischen Produktionsverhältnissen erhält er eine historisch-konkrete Gestalt, von der Karl Marx sagt: „Es ist ein

[15] Hager, K., Sozialismus und wissenschaftlich-technische Revolution, Berlin, 1972, S. 43.
[16] Ebenda, S. 46/47.
[17] Marx, K. und Engels, F., Die deutsche Ideologie, in: MEW, Bd. 3, Berlin 1958, S. 31.

Produkt der manufakturmäßigen Teilung der Arbeit, ihnen (den Teilarbeitern – *H. W.*) die geistigen Potenzen des materiellen Produktionsprozesses als fremdes Eigentum und sie beherrschende Macht gegenüberzustellen. Dieser Scheidungsprozeß beginnt in der einfachen Kooperation, wo der Kapitalist den einzelnen Arbeitern gegenüber die Einheit und den Willen des gesellschaftlichen Arbeitskörpers vertritt. Er entwickelt sich in der Manufaktur, die den Arbeiter zum Teilarbeiter verstümmelt. Er vollendet sich in der großen Industrie, welche die Wissenschaft als selbständige Produktionspotenz von der Arbeit trennt und in den Dienst des Kapitals preßt." [18]

Insgesamt vollzieht sich die Entwicklung der Beziehungen zwischen Wissenschaft und Produktion (d. h. also *auch* zwischen theoretischer und praktischer Idee) nach einem Maß, daß Karl Marx folgendermaßen beschreibt: „Die *Industrie* ist das *wirkliche* geschichtliche Verhältnis der Natur und daher der Naturwissenschaft zum Menschen . . ." [19]

Unter den Bedingungen der heutigen wissenschaftlich-technischen Revolution und unterschieden nach den sich in harter Konfrontation gegenüberstehenden Gesellschaftsordnungen von Sozialismus und Imperialismus, beginnt sich eine wirkliche Aufhebung der *Scheidung* von Wissenschaft und Produktion abzuzeichnen, wobei die *Unterscheidung* jedoch relativ bestehen bleibt.

Um die Frage, wie die wissenschaftliche Erkenntnis die praktische Idee qualifiziert bzw. wie die Struktur der Transformation theoretischen Wissens in praktische Handlungsvorschriften beschaffen ist, im weiteren detaillierter untersuchen zu können, erweisen sich nunmehr weitere Voruntersuchungen in drei Richtungen als notwendig: Erstens ist zu klären, in welcher Weise theoretische und praktische Idee prinzipiell zu analysieren sind, um das Rüstzeug für die Analyse der Struktur der Transformation zu erhalten; zweitens ist zu untersuchen, wie sich diese Klassifizierung in den verschiedenen Typen der Wissenschaft darstellt; drittens ist zu klären, ob die Qualifizierung der praktischen Idee nur durch die Theorie möglich ist.

[18] Vgl. Marx, K., Das Kapital, Bd. I, in: MEW Bd. 23, Berlin 1962, S. 382.

[19] Marx, K., Ökonomisch-philosophische Manuskripte, in: MEW, Ergänzungsband, 1. Teil, Berlin 1968, S. 543.

1.1. Zur Analyse der theoretischen und der praktischen Idee*

Elementare Bestandteile sowohl der theoretischen als auch der praktischen Idee sind *Begriffe*. Für unsere Zwecke reicht es zunächst aus, daß wir Begriffe hinsichtlich ihrer Explikationsschärfe unterscheiden[20] in:

- klassifikatorische Begriffe
- komparative (Ordnungs-, topologische) Begriffe[21]
- metrische (quantitative, numerische) Begriffe.

A sei dann ein klassifikatorischer Begriff, wenn durch ihn eine Klasse von Elementen mit einer bestimmten gemeinsamen (nicht gegliederten) Eigenschaft bezeichnet wird. (Klassifikatorische Begriffe können Eigenschafts- oder Relationsbegriffe sein.) *A* sei in sich nicht gegliedert und wird eindeutig durch $\bar{A}$ abgegrenzt.

Beispiele:

„Baum", „Eiche", „Maschine", „hart", „warm"

A sei dann ein komparativer Begriff, wenn eine Relation vorliegt, die eine unstetige, aber eindeutige innere Gliederung einer Klasse von Elementen gestattet. Komparative Begriffe können demzufolge nur Relationsbegriffe sein.

Beispiele:

„härter als" (Mohssche Härteskala), „wärmer als", Spektralfarbenfolge, „induktive Wahrscheinlichkeit", „strategischer Wert" von Gesetzesaussagen.

A sei dann ein metrischer Begriff, wenn eine Metrik vorliegt, die eine objektive, stetige und eindeutige Gliederung einer Klasse von Elementen gestattet. Auch metrische Begriffe sind stets Relationsbegriffe.

Beispiele;

„Brinellhärte" (HB), „Temperatur" (°C), „Frequenz", „Dichte", „Gewicht", „Länge", „Masse", „Wärmekapazität", „Wärmeleitfähigkeit".

20 Die Wissenschaft von der Wissenschaft, Berlin 1968, S. 186–188.

21 Vgl. Hempel, C. F. und Oppenheim, F., Der Typusbegriff im Lichte der modernen Logik, Leiden 1936.

* Die angeführten Klassifizierungen erheben nicht den Anspruch auf absolute logische und semantische Vollständigkeit. Sie wurden von vornherein nur unter Gesichtspunkten vorgenommen, die im Hinblick auf die zu untersuchenden Probleme der technischen Wissenschaften angemessen erscheinen. Die Darstellung in diesem Abschnitt trägt zudem weitgehend lexikalischen Charakter und ist in erster Linie als Bereitstellung von Instrumentarien für die weiteren Untersuchungen zu verstehen.

Die theoretische Idee

Die theoretische Idee wird stets durch *Aussagen* repräsentiert, in denen Sachverhalte widergespiegelt werden.

Wir unterscheiden:

1. – analytische Aussagen,
   – synthetische Aussagen.

Analytische Aussagen sind solche, deren Wahrheitswert *allein* durch die Einhaltung von Ableitungs- und Definitionsregeln bei der Ableitung aus Axiomen (bzw. Axiomensystemen) bestimmt wird, wobei der *empirische* Wahrheitswert der Axiome selbst außer Betracht bleibt.
Synthetische Aussagen sind solche, deren Wahrheitswert empirisch (direkt durch Beobachtung oder durch Messung, oder indirekt nach Reduktion auf Beobachtungsaussagen oder – und das ist besonders wichtig – über die Praxiswirksamkeit einer Theorie als Ganzes) überprüfbar ist.

Beispiele:

Während die Aussage „$2+2=4$“ in diesem Sinne als analytische Aussage gilt, ist die Aussage „Das Hinzugießen von 2 l Wasser zu 2 l Wasser ergibt 4 l Wasser“ eine synthetische Aussage.
Oder in einem komplizierteren Sinne: Während die Aussage $(2\cdot 10^6)+(2\cdot 10^6)=4\cdot 10^6$ in einem gegebenen mathematischen System eine wahre analytische Aussage ist, sind folgende Aussagen synthetisch: Addiere ich gleichgerichtete Geschwindigkeiten von 2 km/h und 2 km/h, so ergibt das 4 km/h. Andererseits: Addiere ich gleichgerichtete Geschwindigkeiten von $2\cdot 10^6$ km/sec, so ergibt das einen Wert $<3\cdot 10^6$ km/sec (Konstanz der Lichtgeschwindigkeit!). Beide synthetischen Aussagen sind wahr. Die Wahrheit der obigen analytischen Aussage wird durch die Wahrheit der zweiten synthetischen Aussage *nicht* beeinflußt.

Wir unterscheiden weiterhin:

2. – wahre Aussagen,
   – wahrscheinliche (hypothetische) Aussagen[22]
   – falsche Aussagen

Hypothetische Aussagen sind solche, deren Wahrheitswert zwischen 0 (falsch) und 1 (wahr) liegt. Man bezeichnet solche Art von Wahrscheinlichkeit als induktive Wahrscheinlichkeit bzw. Glaubwürdigkeit. Ihr

[22] Vgl. z. B. Polya, G., Mathematik und plausibles Schließen, Bd. 2: Typen und Strukturen plausibler Folgerung, Basel und Stuttgart 1963, S. 178–182.

Maß kann prinzipiell[23] nur komparativ und nicht numerisch (höchstens quasi-numerisch[24]) angegeben werden. Von hypothetischen Aussagen sollte man *nur* in Zusammenhang mit Allaussagen und aus hypothetischen Allaussagen *abgeleiteten* singulären und Existential-Aussagen (Voraussagen!) sprechen. Damit wird impliziert, daß der Wahrheitswert von singulären und Existentialaussagen über beobachtete Sachverhalte der Gegenwart eindeutig als wahr oder falsch feststellbar ist. Wie bereits gesagt, wird diese Festlegung aus Gründen der Zweckmäßigkeit getroffen. Selbstverständlich gibt es keine absoluten Protokollsätze – wie sie die Neopositivisten als philosophische Basis ihrer idealistischen Erkenntnistheorie annehmen –, vielmehr ist jede Singuläraussage im Zusammenhang mit den in ihr benutzten Begriffen mit bestimmten theoretischen Annahmen unlösbar verbunden[25] und trägt somit auch hypothetischen Charakter. Dieser hypothetische Charakter von Singuläraussagen ist jedoch stets auf so allgemeine Theorien (insbesondere Raum-Zeit-Auffassungen) bezogen, daß deren *langzeitliche* Veränderungen für die *aktualen* Bedürfnisse technischer Wissenschaften vernachlässigt werden dürfen, ja sogar vernachlässigt werden müssen, will man nicht in unnützen Relativismus verfallen.

Weiterhin unterscheiden wir:

3. – singuläre (Einzel-) Aussagen,
   – Existentialaussagen,
   – Allaussagen.

Eine singuläre Aussage liegt vor, wenn in der dieser Aussage entsprechenden Aussagefunktion (in der nur Individuenvariable als freie Variable vorkommen, also keine Aussagenvariable) alle freien Individuenvariablen durch Individuennamen ersetzt sind.
Eine Existentialaussage ist eine Aussage, die feststellt, daß es mindestens ein Individuum gibt, das ein bestimmtes Merkmal besitzt.
Eine Allaussage ist eine Aussage, die feststellt, daß jedes einzelne Individuum des zugrunde gelegten Individuenbereiches ein bestimmtes Merkmal besitzt.

[23] Ebenda, S. 181.

[24] Berka, K., Logische Verfahren in der experimentellen Methode, in: Parthey, H. und Wahl, D., Die experimentelle Methode in Natur- und Gesellschaftswissenschaften, Berlin 1966, S. 149–155.

[25] Parthey, H., Die empirische Basis naturwissenschaftlicher Erkenntnis, in: Wege des Erkennens (hrsg. von Bellmann, R. und Laitko, H.), Berlin 1969, S. 75.

Beispiele:

Singuläraussage: „Dieses Stück Metall hat einen Schmelzpunkt von 640 °C (unter Normalbedingungen)."
Existentialaussage: „Es gibt Elemente, die beim Hinzulegieren zu Aluminium den Schmelzpunkt von Aluminium erhöhen, und solche, die ihn erniedrigen."
Allaussage: „Alle Proben aus den Tages-Chargen von Aluminium-Guß haben heute einen Schmelzpunkt von 640 °C."
Das ist keine Gesetzesaussage. Eine Allaussage, die eine Gesetzesaussage ist, liegt in folgendem Fall vor:
„(*Jedes* Stück reines) Aluminium hat (unter Normalbedingungen) einen Schmelzpunkt von 660 °C."

Weiter sind zu unterscheiden:

4. – Bestimmungsaussagen,
   – Bedingungsaussagen,
   – Gesetzesaussagen.

Bestimmungsaussagen widerspiegeln das Neben- und Nacheinander *einzelner* Objekte und die Zugehörigkeit von Eigenschaften zu *bestimmten* Objekten (in Form von Singuläraussagen oder Existentialaussagen).
Bedingungsaussagen widerspiegeln die Abhängigkeit *eines* Objektes oder Prozesses von einem anderem (in Form von Singuläraussagen oder Existentialaussagen).
Die Abhängigkeit zwischen Bedingung und Bedingtem kann notwendig, hinreichend oder notwendig und hinreichend sein.
Gesetzesaussagen widerspiegeln einen notwendigen bzw. in bestimmtem Grade wahrscheinlichen Zusammenhang, der bei *Klassen von Erscheinungen* mit *gemeinsamen Eigenschaften* bzw. *gemeinsamen Beziehungen allgemein* auftritt (in Form von Allaussagen).

Beispiele:

Die oben angeführten Beispiele lassen sich für Singulär-, Existential- und Allaussagen nochmals verwenden. Es handelt sich bei der genannten Singuläraussage gleichzeitig um eine Bestimmungsaussage, bei der genannten Existentialaussage zugleich um eine Bedingungsaussage und bei der zweiten genannten Allaussage um eine Gesetzesaussage.

Ferner unterscheiden wir auch:

5. – Bescheibende Aussagen,
   – Folgerungsketten (erklärende Aussagen *und* Voraussage*ableitungen*).

Ich stütze mich bei dieser Unterscheidung auf die Ausführungen von R. Bellmann und H. Laitko[26], obwohl beide nur den Unterschied zwischen beschreibenden und erklärenden Aussagen darlegen. Meines Erachtens gehören aber auch Voraussageableitungen derselben logisch-strukturellen Form an[27] wie erklärende Aussagen.
Die Beschreibung ist die Art und Weise der *unmittelbaren* Abbildung von z. B. Naturobjekten auf sogenannte Beobachtungsaussagen, die sich in Form von Bestimmungs- und Bedingungsaussagen auf die abgebildeten Objekte beziehen. Zwischen der beschreibenden Aussage und dem Objekt der Beschreibung liegen keine logischen Verknüpfungen mehr.
Folgerungsketten enthalten Gesetzesaussagen und beschreibende Aussagen, wobei Gesetzesaussagen *mittelbare* (rationale) Abbildungen von z. B. Naturobjekten sind. Das bedeutet, daß Gesetzesaussagen mit empirischen Daten stets über logische Operationen verknüpft sind. Bei den Folgerungsketten liegt nun eine *Erklärung* dann vor, wenn aus Gesetzesaussagen zusammen mit empirischen Daten eine beschreibende Aussage abgeleitet wird, deren Inhalt ein empirisch bekannter Sachverhalt ist. Liegt die gleiche logische Verknüpfung vor, der in der beschreibenden Aussage dargestellte Sachverhalt ist, aber empirisch nicht bekannt, so spricht man von einer *Voraussage*ableitung.

Beispiele:

a) Beschreibende Aussage:
Durch Zugwirkung auf einen Stahlstab wurde (im gegebenen Fall) eine elastische Dehnung hervorgerufen.

b) Folgerungskette:

$$\sigma = E \cdot \varepsilon \text{ (Hooksches Gesetz)}$$

$$E = const. \; [kp/mm^2]$$

$$\frac{\sigma = x}{\varepsilon = y} \qquad \left[\varepsilon = \frac{l_1 - l_0}{l_0}\right]$$

b_1) als erklärende Aussage: „Unter Voraussetzung der Gültigkeit des Hookschen Gesetzes und eines gegebenen Elastizitätsmoduls trat die Dehnung von $\varepsilon = y$ auf, weil die angelegte Zugspannung $\sigma = x[kp/mm^2]$ betrug."

[26] Bellmann, R. und Laitko, H., Beschreibung und Erklärung – Kategorien einer Erkenntnis- und Methodentheorie der Naturwissenschaften, in: Wege des Erkennens (hrsg. von Bellmann, R. und Laitko, H.), Berlin 1969, S. 190.

[27] Vgl. auch Juhos, B., Die Erkenntnis und ihre Leistung, Wien 1950, S. 90.

b_2) als Voraussage: „Unter Voraussetzung der Gültigkeit des Hookschen Gesetzes und eines gegebenen Elastizitätsmoduls wird durch Anlegen einer Zugspannung von $\sigma = x$[kp/mm²] eine Dehnung von $\varepsilon = y$ erreicht werden.“

Die praktische Idee

Die praktische Idee wird stets durch Aufforderungen repräsentiert, die mit Aussagen verbunden sind. Wie eingangs geschildert, bezieht sich die praktische Idee sowohl auf das *Ziel* wie auf den *Weg* menschlichen Handelns. Im Bereich der praktischen Idee wird zum Unterschied von der theoretischen Idee nicht beantwortet, *wie und warum etwas ist* bzw. warum es *so ist*, sondern *wie und warum* etwas *zu tun* ist.
Was ist eine Aufforderung? Aufforderungen sind vor allem zum Unterschied von Aussagen zu definieren. Während Aussagen Widerspiegelungen von Sachverhalten darstellen, sind Aufforderungen Anweisungen zur Ausführung oder Unterlassung (in erster Linie menschlicher) Operationen bzw. Handlungen. Sie unterscheiden sich auch insofern von Aussagen, als die Aufforderung als ideelles Gebilde (zeitlich) immer *vor* dem Objekt der Aufforderung, d. h. *vor* der Operation bzw. der daraus folgenden Veränderung eines Gegenstandes, existiert, während die Aussage gewöhnlich ein Reflex im *Nach*hinein auf einen bestehenden Sachverhalt ist. (Hinsichtlich prognostischer *Aussagen* stimmt das natürlich nicht; aber auch dabei ist zu berücksichtigen, daß die wissenschaftlich prognostischen Aussagen aus der Kenntnis bestehender Sachverhalte gedanklich erschlossen werden.)
Die im folgenden vorgeschlagene innere Klassifizierung der Elemente praktischer Ideen erhebt nicht den Anspruch, die noch in der Entwicklung befindliche Aufforderungslogik zu ersetzen.

Zunächst sei generell unterschieden zwischen
– aktualen Aufforderungen und
– potentiellen Aufforderungen.

Aktuale Aufforderungen sind Befehle, Normen u. a., in denen gewöhnlich davon abgesehen wird, die Ausführung oder Unterlassung einer Handlung ausdrücklich (explizit) an Zielvorstellungen oder gegebene Bedingungen zu binden. Implizit sind jedoch die gegebenen Bedingungen und das vorgestellte Ziel *invariabel* vorausgesetzt.
Potentielle Aufforderungen sind Aufforderungen mit latentem Charakter. Sie enthalten explizit mindestens eine *Variable* und haben die allgemeine Form: „*Wenn* dieses oder jenes Ziel angestrebt wird, *dann* tue oder unterlasse dieses oder jenes!“ In der allgemeinen Form liegen diesem Definitionsversuch die Auffassungen W. Segeths über die all-

gemeinen Merkmale von Aufforderungen zugrunde, insbesondere seine Feststellung: „Eine vollständige Aufforderung ist dreigliedrig. Sie enthält neben dem Aufforderungskern, der sich auf die auszuführende oder zu unterlassende Operation bezieht, die Angabe der Bedingungen, unter denen die Operation auszuführen oder zu unterlassen ist, und die Angabe des Ziels dieser Operation.“[28]

Ob Ziel und Bedingungen einer Aufforderung wirklich festliegen oder nicht, ist jedoch ein erheblicher Unterschied. Da Segeth die methodischen Regeln schlechthin in die Klasse der Aufforderungen eingliedert, halte ich den Einwand von K.-P. Noack für berechtigt, daß doch eben die methodischen Regeln weit mehr kognitiven als teleonomischen und axiologischen Charakter tragen.[29] Direkt teleonomischen und axiologischen Charakter ist nur den aktualen Aufforderungen eigen und dazu gehören die methodischen Regeln nicht, sie sind potentielle Aufforderungen.[30] (Über diese Problematik wird später noch ausführlicher diskutiert werden.)

Beispiele:

a) Aktuale Aufforderung: Erhitze Aluminium auf 660 °C!

b) Potentielle Aufforderung: Wenn Aluminium geschmolzen werden soll, und wenn es sich um chemisch reines Alumium handelt und Normalbedingungen vorliegen, dann erhitze es auf mindestens 660 °C!

Die Klassifizierung der Elemente praktischer Ideen, differenziert nach Weg und Ziel, kann wie folgt vorgenommen werden:

1. Hinsichtlich der *Zielvorstellungen*, die in praktischen Ideen enthalten sind, schließe ich mich dem Klassifizierungsvorschlag von H. Vogel an[31], der davon ausgeht, daß ein Ziel nicht nur eine Aufforderung, sondern eine Kombination von Aussagen und Aufforderungen ist, wobei sich die Aussagen auf den Zielinhalt beziehen. Man muß unterscheiden zwischen

– Zieldarstellung (wobei Bestimmungs*aussagen* dominieren)
– Zielbeurteilung (was durch eine Ziel*aussage* der Metastufe geschieht),
– Zielsetzung (was nun tatsächlich durch Aufforderungen geschieht).

[28] Segeth, W., Methodische Regeln, in: Deutsche Zeitschrift für Philosophie, 7/1967, S. 793.

[29] Vgl. Noack, K.-P., Erkenntnis und Entscheidung, in: Deutsche Zeitschrift für Philosophie, Sonderheft 1968, S. 131/132.

[30] Vgl. Wächter, W., Zur Struktur und zu einigen Grundbegriffen einer Theorie der Forschungsmethodik, (unveröffentlichte Thesen), Berlin 1971, S. 4.

[31] Vgl. Vogel, H., Zum Begriff und zur Funktion von Zielen, in: Rostocker Philosophische Manuskripte, Rostock, 7/1970, S. 59/60.

Gerade die Aufforderungen bei der Zielsetzung haben – ähnlich wie oben beschrieben – aktualen Charakter. Das liegt in der Natur der Sache, denn weil sie sich unmittelbar auf das Ziel einer Handlung richten, können sie nicht mehr zielvariabel sein. Andererseits müssen nicht alle Zielaufforderungen absoluten Charakter haben. In Zusammenhang mit der Zieldarstellung (in der ein Endzustand einer Handlung meistens nicht nur global beschrieben wird, sondern auch die geforderten Eigenschaften des Zustandes im Detail) können die Aufforderungen unterschiedliche Intensität haben[32]:

- Festforderungen,
- Mindestforderungen,
- Sollforderungen (Wünsche).

Festforderungen haben keine, Mindestforderungen eine einseitige Toleranz, Wünsche tolerieren zweiseitig.

2. Hinsichtlich der *Wegfestlegungen* in praktischen Ideen sind ebenfalls sowohl Aufforderungen wie Aussagen enthalten. Dementsprechend sollte auch hier zu unterscheiden sein zwischen:

- Wegdarstellung,
- Wegbeurteilung,
- Wegsetzung.

Die Besonderheit der Wegdarstellung besteht darin, daß dabei nicht Aussagen über subjektunabhängige Sachverhalte getroffen werden, sondern Aussagen über menschliche Tätigkeit, d. h. über die Wechselbeziehung von Subjekt und Objekt. Widergespiegelt wird in diesen Aussagen nicht die materielle Welt schlechthin, sondern unmittelbar – die Praxis. Aussagen dieses Charakters haben hinsichtlich methodologischer Untersuchungen eine ganz spezifische Eigenart – sie lassen sich ohne jede innere Umformung durch einen äußeren Operator einzeln oder im Block in Aufforderungen umwandeln, z. B. in folgender Weise: „Genauso, wie ich Dir den Weg meines Handelns *beschrieben* habe, *handle* auch Du!" – Diese Besonderheit ist von außerordentlicher Bedeutung für die Frage nach der tatsächlichen Herkunft der praktischen Idee, die noch zu diskutieren sein wird.

In der Wegbeurteilung handelt es sich um Aussagen über die Zweck-

[32] Vgl. Müller, J., Operationen und Verfahren des problemlösenden Denkens in der konstruktiven technischen Entwicklungsarbeit – eine methodologische Studie, in: Wissenschaftliche Zeitschrift der Technischen Hochschule Karl-Marx-Stadt, 1/2/1967, S. 41 (unter Verwendung von Angaben von Kesselring F., Bewertung von Konstruktionen, Düsseldorf 1951).

mäßigkeit eines Weges, wobei genaugenommen eine Optimalitätsaussage über die Beziehungen zwischen möglichen Wegen (Varianten) und dem (festen) Ziel in bezug auf ein Meta-Ziel gemacht wird; es handelt sich dabei – wie bei der Zielbeurteilung – um Metaaussagen, in denen die Mittel und Operationen eines Weges nicht nur hinsichtlich der unmittelbaren Zielerfüllung, sondern hinsichtlich übergeordneter Kriterien beurteilt werden (bei technischen Vorschriften z. B. politische, politisch-ökonomische, politisch-moralische, soziale, psychische, physiologische, ästhetische Kriterien).

Die Wegsetzung erfolgt in Form von Aufforderungen, und zwar (wie schon beschrieben) von aktualen Aufforderungen oder potentiellen Aufforderungen.

Hinsichtlich der potentiellen Aufforderungen ist folgende Unterscheidung sinnvoll:[33] Geht man vom formalen Charakter der potentiellen Aufforderungen aus, so haben diese die Gestalt „wenn . . ., dann. . .!"

Es läßt sich aber genauer unterscheiden zwischen den Formen[34]:

- „wenn . . ., dann notwendig (unbedingt) . . .!" = Gebot
- „wenn . . ., dann unmöglich . . .!" = Verbot
- „wenn . . ., dann möglich . . .!" = Erlaubnis
- „wenn . . ., dann nicht notwendig (aber möglich) . . .!" = Freistellung

Damit ist eine Scheidung der potentiellen Aufforderungen in zwei Intensitätsgrade möglich: in starke Aufforderungen (Gebote, Verbote) und schwache Aufforderungen (Erlaubnisse, Freistellungen). Es zeigt sich – ohne daß es eines weiteren Beweises bedarf –, daß die aktualen Aufforderungen in analoger Weise unterschieden werden können, so daß man korrekt eine Klassifizierung nach aktualen Geboten (Verboten) und Erlaubnissen (Freistellungen) vornehmen sollte.

Zur Demonstration einiger Klassifizierungsmerkmale der praktischen Idee sei noch einmal das genannte Beispiel einer potentiellen Aufforderung herangezogen und durch einige weitere Annahmen ergänzt:

[33] Die folgende Klassifizierung lehnt sich an einen Vorschlag von Heitsch, W. (Berlin) an, den er in einem Diskussionsbeitrag auf dem Koloquium des Bereiches Wissenschaftstheorie des Instituts für Wissenschaftstheorie und -organisation der Akademie der Wissenschaften der DDR zum Thema „Zur Struktur und zu einigen Grundbegriffen einer Theorie der Forschungsmethodik" am 23. 3. 1971 machte.

[34] Es handelt sich um die normativen Wendungen der 4 „relativen Modi" aus der Modalitätenlogik (mit insgesamt 6 Modi).

Das globale Ziel ist: flüssiges Aluminium!
Der globale Weg ist: Erhitze!
Die Zielstellung bedürfte außer dem Attribut „flüssig" keiner weiteren Ergänzung. Zur Zielbeurteilung könnte man annehmen, daß flüssiges Aluminium zum Zwecke der Verformung (Gießen) benötigt wird. Hinsichtlich der Zielsetzung ergäben sich aus der Zielbeurteilung dann gegebenfalls folgende Präzisierungen: bestimmte Menge (Festforderung), bestimmte Mindest- bzw. Höchsttemperatur, um optimale Gießbedingungen zu erzielen (Mindestforderungen), bestimmter Zähigkeitsgrad (Wunsch).
Die Wegdarstellung, die in die Wegsetzung umgesetzt wird, könnte dann technische und ökonomische Produktionsbedingungen (Wegbeurteilung), Angaben über den „Ofen", die Erhitzungsgeschwindigkeit u. ä. enthalten.

1.2. Inhalt, Gegenstand, Struktur und Funktion technischer Wissenschaften

Geht man von der eingangs zitierten marxistisch-leninistischen Bestimmung des Wesens der Wissenschaft aus (vgl. Anm. 14), so ist als ihr primäres Kennzeichen anzusehen, daß sie eine spezifische Art gesellschaftlicher Tätigkeit ist. Diese Tätigkeit zielt auf die Produktion, Reproduktion, Vermittlung und gesellschaftliche Nutzung von Erkenntnissen ab. In der vorliegenden Arbeit geht es vorwiegend um die in der wissenschaftlichen Tätigkeit produzierten Erkenntnisse (Gesetzesaussagen) und deren Umsetzung in gesellschaftliches Handeln (bzw. technische Vorschriften). Eingedenk der Gesamtbestimmung des Wesens der Wissenschaft und von ihr ausgehend, werden hier also vorwiegend jene zwei Aspekte hervorgehoben, daß Wissenschaft Produkt gesellschaftlicher Erkenntnistätigkeit (d. h. Erkenntnissystem) und als solches (geistiges) Instrument der Gesellschaft (d. h. Produktivkraft) ist. Wissenschaft – unter diesen zwei Aspekten verstanden als Teil des gesellschaftlich determinierten Bewußtseins – übt also die gleiche Doppelfunktion aus wie unser Bewußtsein überhaupt: Einerseits vermittelt sie uns Wissen über einen Gegenstand (theoretische Idee), andererseits ist sie Instrument (praktische Idee) zur Verwandlung eben dieses Gegenstandes für menschliche Zwecke.
Angesichts dieser Einschätzung läßt sich das Produkt wissenschaftlicher Tätigkeit – das wissenschaftliche Erkenntnissystem – wie folgt kennzeichnen: Es ist ein System von Sätzen, das sich auf einen bestimmten Gegenstand bezieht, wobei es inhaltlich eine *endliche* Menge von Begriffen, Hypothesen (bzw. Gesetzesaussagen oder Theoremen) und operationale Anweisungen zur Gewinnung der Begriffe und Hypo-

thesen (z. B. Schlußregeln, Definitionsregeln, Beweisverfahren usw.) sowie unter Umständen auch potentielle Aufforderungen für die Einwirkung auf den Gegenstand enthält, die in einer bestimmten Struktur (Hierarchie) geordnet sind. – Mit jedem solcher Systeme wird ein bestimmtes Ziel verfolgt.[35]

Der letzte Satz dieser Bestimmung hat insofern Bedeutung, als damit der Bezug auf den wesentlichen Aspekt der Wissenschaft – spezifischer Bereich gesellschaftlicher Tätigkeit zu sein – hergestellt wird. Gleichzeitig treten dadurch die Möglichkeiten der Klassifikation der Wissenschaften deutlicher hervor.

Die Klassifikation der Wissenschaft ist möglich

a) nach ihrem Gegenstand (der durch die Zielfunktion als „ausgewählter Gegenstand" anzusehen ist);

b) nach ihrem Inhalt (wobei, historisch bedingt, verschiedene Stufen – angefangen von empirisch-beschreibenden Erkenntnissystemen, über verschiedene Systematisierungsgrade bis hin zu theoretisch-synthetischen Erkenntnissystemen – zu unterscheiden sind);[36]

c) nach ihren Methoden;

d) nach ihren Funktionen.

Selbstverständlich gibt es auch noch andere Klassifikationskriterien; da es jedoch nicht Ziel dieses Abschnittes ist, eine ausführliche Darstellung der Klassifikation der Wissenschaften zu geben, sondern primäre Aussagen über die Stellung der technischen Wissenschaft zu machen, mögen die angeführten Klassifikationskriterien ausreichen.

Im allgemeinen finden wir folgende Grobeinteilung von Wissenschaftsklassen, die sich ausschließlich am Gegenstandskriterium orientiert: Naturwissenschaften, technische Wissenschaften, Gesellschaftswissenschaften;

darüber hinaus

Übergangswissenschaften (wie physikalische Chemie, Biochemie u. a.) und Querschnittswissenschaften (insbesondere Mathematik und Kybernetik).

Von einem materialistischen Standpunkt in dieser Frage ausgehend, ist

[35] Vgl. zu diesen und den folgenden Ausführungen meinen Beitrag „Die Wechselbeziehungen zwischen technischen und theoretischen Wissenschaften", in: Wissenschaftliche Zeitschrift der Technischen Hochschule Karl-Marx-Stadt, Sonderheft 1/1969, S. 194–196.

[36] Vgl. Die Wissenschaft von der Wissenschaft, Berlin 1968, S. 135–141; Müller, J., Philosophische Probleme der technischen Wissenschaften, in: Naturforschung und Weltbild (hrsg. von Guntau, M. und Wendt, H.), 2. Aufl., Berlin 1967, S. 351/352.

diese Klassifikation nach dem Gegenstand als primär anzusehen.[37] Andererseits wird man aber der Dialektik der Wissenschaftsentwicklung und ihrer gesellschaftlichen Relevanz nicht voll gerecht, wenn man bei diesem Kriterium stehenbleibt; insbesondere trifft das auf die Stellung der technischen Wissenschaften und der sogenannten Querschnittswissenschaften zu. Die Gegenstandsklassifikation der Wissenschaft allein vermag nicht in allen Aspekten dem Wesen marxistisch-leninistischer Wissenschaftsbestimmung als spezifischem Bereich gesellschaftlicher *Tätigkeit* (Erkenntnisproduktion) gerecht zu werden.

Selbstverständlich haben die technischen Wissenschaften einen eigenen spezifischen Gegenstand – und zwar aussschließlich die Technik, jedoch ist der Unterschied zwischen Chemie und Physik (als zwei Naturwissenschaften) von ganz anderer Natur als beispielsweise der zwischen Chemie und Metallurgie oder zwischen Physik und Elektrotechnik. Die letztgenannten Wissenschaften unterscheiden sich *auch* hinsichtlich ihrer Gegenstände, jedoch mehr noch in ihrer *Funktion*. Damit unterscheiden sie sich gleichzeitig aber auch in ihrer Struktur und in ihrer Methode.

I. Axjonow erhebt grundsätzlichen Einwand gegen die Unterscheidung von theoretischen (Grundlagenwissenschaften) und angewandten Wissenschaften und schlägt vor, statt dessen nur von theoretischer und angewandter Forschung zu sprechen, „da im Rahmen jeder Wissenschaft theoretische und angewandte Untersuchungen betrieben werden können“[38]. Meines Erachtens ist der letzte Hinweis von großer Bedeutung, da er klarstellt, daß keine Wissenschaft nur theoretisch oder nur „praktisch“ orientiert ist bzw. orientiert werden darf, wenn es um wissenschaftspolitische Aspekte geht. Man kann Axjonow auch zustimmen, daß es wenig sinnvoll ist, einen grundsätzlichen Unterschied zwischen theoretischer Physik und angewandter Physik, theoretischer Chemie und angewandter Chemie zu machen; denn dann wäre der Unterschied nur in der Differenzierung der Ziele und Methoden in ein und derselben Wissenschaft zu sehen. Da Axjonow aber ausdrücklich zu den angewandten Wissenschaften *alle* Wissenschaften zählt, die auf die Produktion oder den Dienstleistungsbereich gerichtet sind, können wir ihm in dieser Verallgemeinerung nicht zustimmen. Nach meiner Meinung ist eben – um bei den gegebenen Beispielen zu bleiben – Metallurgie nicht

[37] Vgl. Engels, F., Dialektik der Natur, in: MEW Bd. 20, Berlin 1962, S. 514.

[38] Axjonow, I., Wissenschaft und technischer Fortschritt im neuen sowjetischen Fünfjahrplan, in: Sowjetwissenschaft, Gesellschaftswissenschaftliche Beiträge 7/1971, S. 674.

nur angewandte Chemie und Elektrotechnik nicht nur angewandte Physik. Man kann nun einmal die Gegenstände technischer Wissenschaften nicht mit den Gegenständen der mit ihnen korrespondierenden Naturwissenschaften gleichsetzen. Erstens korrespondiert jede *einzelne* technische Wissenschaft stets mit *mehreren* Naturwissenschaften, und zweitens ist der Gegenstand der technischen Wissenschaften im relativen Unterschied von dem der Naturwissenschaften ein *geschaffener* Gegenstand. Abgesehen davon sollte vor allem berücksichtigt werden, daß in den technischen Wissenschaften zum Unterschied z. B. von den Naturwissenschaften die praktische Funktion vorherrscht, hingegen in den Naturwissenschaften die Abbildfunktion, wenn auch der Unterschied hierbei ebenfalls nicht absolut ist. Die unmittelbare Praxisfunktion der technischen Wissenschaften hat ja auch Konsequenzen für *ihre* Theorie: In der technischen Theorie gehören Aussagen über die Zweckmäßigkeit der widergespiegelten Objekte und Verfahren und Werturteile unmittelbar zum Bestand der Theorie, was in der naturwissenschaftlichen Theorie nicht der Fall ist. Letztlich hängt das damit zusammen, daß in der technischen Theorie nicht nur das technische Objekt reflektiert wird, sondern auch die Beziehungen zwischen dem technischen Objekt und dem Menschen bzw. der Gesellschaft.

Vom Standpunkt des methodologischen und vor allem des Funktionsaspektes wollen wir deshalb die Wissenschaften (in relativ zu verstehender Abgrenzung) in folgende drei Gruppen einteilen, ohne daß damit die Klassifizierung nach dem Gegenstand zunächst berührt wird:

Theoretische Wissenschaften: Wissenschaften, die einen existierenden Bereich der Wirklichkeit, der empirisch zugänglich ist, auf ein System von Zeichen mit Bedeutung abbilden und im wesentlichen eine Explanationsfunktion, gegebenenfalls auch eine prognostische Funktion erfüllen.

Formalwissenschaften: Wissenschaften, die einerseits allgemeine Strukturen der Materie und des Denkens abbilden sowie andererseits solche allgemeinen Strukturen des Denkens und der Sprache untersuchen, die gleichzeitig *mögliche* allgemeine Strukturen der objektiven Realität sein können; diese Wissenschaften tragen überwiegend konstruktiven Charakter und dienen letztlich der exakten Handhabbarkeit der theoretischen und der strategischen Wissenschaften.

Strategische Wissenschaften: Wissenschaften, die aufbauend auf den theoretischen und Formalwissenschaften, Systeme optimaler Kennziffern, Operatoren, Direktiven und Strategien entwickeln, die der *praktischen* Realisierung gegebener Zielstellungen entsprechen; sie tragen ebenfalls stark konstruktiven Charakter und erfüllen vornehmlich eine Prädiktionsfunktion.

Diese Funktionsklassifikation der Wissenschaften ist, wie schon gesagt, relativ aufzufassen, andererseits ist sie in gewisser Weise abstrakt. Trotzdem scheint sie sowohl zum Zwecke einer Gesamtklassifikation der Wissenschaften als auch zur Bestimmung des Platzes jeder einzelnen Wissenschaft eine nützliche Basis zu sein.

S. R. Mikulinskij und N. I. Rodnyi schreiben in bezug auf die Naturwissenschaften: „In der heutigen Entwicklungsetappe der Naturwissenschaften scheint es weit richtiger zu sein, die Wissenschaften nicht einfach wie ehedem nach ihrem Gegenstand und ihren Methoden zu unterscheiden und dabei den Gegenstand starr an die Vorstellung von den Bewegungsformen zu knüpfen, sondern vielmehr nach dem *Gegenstand*, dem *Forschungszweck* und der *spezifischen Kombination* der angewandten Methoden.“[39]

Hiernach ergibt sich der gesellschaftlich bestimmte Platz jeder einzelnen Wissenschaft aus der spezifischen Kombination der genannten Bestimmungsmerkmale. – Das vorgeschlagene allgemeine Funktionsklassifikationsschema der Wissenschaften kann also zur Bestimmung des Platzes einer konkreten Wissenschaft nur in Verbindung mit anderen Klassifikationskriterien Anwendung finden. Andererseits existiert ein solches Orientierungsschema einer Funktionsklassifikation bisher nicht; es ist aber – wie gezeigt werden wird – notwendig und nützlich, um u. a. den Charakter technischer Wissenschaften konkreter zu bestimmen. Außerdem lassen sich mittels dieser Klassifikation bestimmte typische Wechselwirkungen zwischen einzelnen Wissenschaften eindeutiger erfassen.

Bevor nun der Platz der technischen Wissenschaften genauer bestimmt wird, sollen noch einige Erläuterungen zum Begriff „Formalwissenschaften“ folgen. Ich vertrete den Standpunkt, daß man mit der Annahme des Terminus „Formalwissenschaft“ nicht zwangsläufig auch die Position des Neopositivismus beziehen muß, wobei ich der Argunentation der Autoren des Buches „Die Wissenschaft von der Wissenschaft“ gegen die neopositivistische Haltung in Fragen des Charakters der Logik und Mathematik in vollem Umfang zustimme. Diese besteht letztlich in der Behauptung, daß die Formalwissenschaften keinen Gegenstand haben; d. h., ich stimme mit folgenden Feststellungen überein: „Die Sätze der Logik und Mathematik haben nicht nur einen rein syntaktischen

[39] Mikulinskij, S. R. und Rodnyj, N. I., Wissenschaftsgeschichte und Wissenschaftskunde, in: Wissenschaft/Studien zu ihrer Geschichte, Theorie und Organisation (hrsg. von Kröber, G. und Steiner, H.), Berlin 1972, S. 77.

Charakter sie sind primär semantisch bedingt. Sie haben auch eine Interpretation, wenigstens in der reinen Semantik." „Logik und Mathematik haben sich im geschichtlichen Prozeß der praktischen Aneignung der Welt herausgebildet. Sie stehen wenn auch in einem äußerst vermittelten Zusammenhang mit der objektiven Realität."[40]

Außerdem wurde schon betont, daß für solche Wissenschaften wie Mathematik, Logik, Kybernetik außer der Einordnung in die Klasse der Formalwissenschaften auch die Einordnung in die Klasse der Querschnittswissenschaften angemessen und zutreffend ist. Dadurch wird, wenn auch auf Grund anderer Klassifikationsmerkmale, die Anerkennung der objektiv realen Existenz des Gegenstandes dieser Wissenschaften unterstrichen.

Um den besonderen Charakter der Mathematik und Logik zu kennzeichnen, schlagen die Autoren des Buches „Die Wissenschaft von der Wissenschaft" jedoch nun vor, den Terminus „Strukturwissenschaft"[41] zu verwenden. Dieser Vorschlag erscheint mir wenig glücklich, weil auch von anderen Wissenschaften Strukturuntersuchungen vorgenommen werden. Man müßte also mindestens „allgemeine Strukturwissenschaft" sagen. Der Terminus „Formalwissenschaft" ist – unter Abstreifung seiner neopositivistischen Interpretation – so treffend, wie er nur sein kann.

Warum? Form und Inhalt sind zwei dialektisch-korrelative Seiten aller Erscheinungen der objektiven Realität. Auch wenn die Formalwissenschaften primär „Formen" widerspiegeln, ist das eben doch Widerspiegelung und nicht nur „freie Erfindung". Vom konkreten Inhalt wird aber tatsächlich abstrahiert; das eben ist ja gerade die Eigenart z. B. der Mathematik. Es wird also die Wirklichkeit nicht vollständig erfaßt.

Diese „Schwäche" der Formalwissenschaften ist aber gleichzeitig auch ihre Stärke, denn sie widerspiegeln nicht nur „Formen", sondern sind auch inhaltlich auf „Formalisierung" festgelegt. Formalismus gestattet aber exaktes Operieren, so daß – wegen des „äußerst vermittelten Zusammenhangs mit der objektiven Realität" – auch exakt (gedanklich) *konstruiert* werden kann. Da aber der Zusammenhang der grundlegenden Begriffsbildungen z. B. in der Mathematik, eben nicht völlig von der objektiven Realität gelöst ist, darf man auch von den *konstruierten* „Formen" in den Formalwissenschaften mit einigem Recht annehmen, daß es sich mindestens um *mögliche* Strukturen der objektiven Realität

[40] Die Wissenschaft von der Wissenschaft, Berlin 1968, S. 230/231.
[41] Ebenda, S. 231.

handelt, in dem Sinne, wie J. Müller schreibt: „. . . Konstruktion von mathematischen Strukturen auf Vorrat, d. h. von zunächst nicht interpretierten Formeln, die möglicherweise später zur Abbildung herangezogen werden und dabei eine Interpretation erhalten . . ."[42]
Auch wegen ihres hohen Formalisierungsgrades und der gerade darauf beruhenden Fähigkeit, (formale) Theorien auf Vorrat zu schaffen, ist der Begriff Formalwissenschaft treffender als der Begriff „Strukturwissenschaft", der den konstruktiven Aspekt zugunsten des Aspekts der „direkten Abbildung" ungerechtfertigt verdeckt.
Nach diesem Exkurs über Formalwissenschaften soll nun der Platz der technischen Wissenschaften im System der Wissenschaften genauer bestimmt werden. J. Müller hat es unternommen, Gegenstand, Inhalt und Funktion technischer Wissenschaften detailliert herauszuarbeiten. Ich schließe mich dieser Auffassung an und gebe im folgenden eine kurze Zusammenfassung der wichtigsten Thesen: Gegenstand der technischen Wissenschaften ist die Technik[43], also nicht die Natur: „Technik ist die Gesamtheit der Dinge und Prozesse, die die Menschen auf einer bestimmten Stufe ihrer Entwicklung auf Grund der objektiv gegebenen Möglichkeiten in einer solchen Kombination, Bemessung, Gestalt bzw. Form setzen und ständig reproduzieren, daß die Eigenschaften dieser Dinge beziehungsweise diese Prozesse unter bestimmten Bedingungen menschlichen Zwecken gemäß wirken."[44]
An anderer Stelle definiert J. Müller: „Unter Technik werden wir die historisch bestimmte Gesamtheit der Naturdinge und -prozesse verstehen, die die Menschen auf einer bestimmten Stufe ihrer Entwicklung auf der Grundlage objektiv gegebener Möglichkeiten in einer solchen Kombination, Bemessung, Gestalt bzw. Form setzen und ständig reproduzieren, daß die Eigenschaften dieser Dinge und Prozesse den menschlichen Zwecken gemäß wirken."[45]
Gegen diese Definition erhebt H. Pogodda in zwei Richtungen Einwendungen: Einerseits stelle sich die Frage, ob „die Ergebnisse der Umgestaltung der biologischen Natur dann nicht ebenfalls als Technik bezeichnet werden müssen", andererseits sei „eine solche Definition der

[42] Müller, J., Philosophische Probleme der technischen Wissenschaften, in: Naturforschung und Weltbild (hrsg. von Guntau, M. und Wendt, H.), 2. Aufl., Berlin 1967, S. 361 Anm. 27.
[43] Ebenda, S. 342.
[44] Ebenda, S. 350.
[45] Müller, J., Über das Wesen konstruktiver Aufgaben in der Technik, in: Deutsche Zeitschrift für Philosophie, 9/1965, S. 1095.

Technik nicht geeignet, eine befriedigende Abgrenzung zur Kunst zu finden."[46]

Zur ersten Frage sei bemerkt, daß sie im Ansatz nicht richtig gestellt ist. Grundsätzlich werden die „*Ergebnisse* der Umgestaltung der Natur" – gleichgültig, ob organische oder anorganische Natur – nur dann als „Technik" bezeichnet, wenn sie sich bewußt wiederum in einen technischen Wirkzusammenhang einsetzen lassen. Nicht alle „Ergebnisse der Umgestaltung der Natur" verdienen also den Namen „Technik", ganz sicher dann nicht, wenn sie unmittelbar Gegenstand der Konsumtion sind.

In diesem Sinne sind Brot, Bier und ähnliche organische Dinge ebensowenig „Technik" wie beispielsweise die Transurane – obwohl die genannten organischen wie die anorganischen Dinge nicht natürliche Produkte sind, sondern auf *technischem Wege erzeugt* werden. Andererseits verdienen organische Prozesse und Dinge, die – im Sinne der Technik-Definition – bewußt wiederum in einen Wirkzusammenhang „eingeschaltet" werden können, durchaus die Bezeichnung Technik, auch wenn die Bezeichnung nicht immer üblich ist.

Hinsichtlich des zweiten Problems erscheint eine geringfügige Korrektur der obigen Definition angezeigt; es sollte im letzten Satz der Definition statt „ . . . den menschlichen Zwecken gemäß wirken", korrekter heißen: „ . . . den menschlichen Zwecken gemäß *materiell* wirken". Damit wird eine zusätzliche Möglichkeit deutlich, solche verwirrenden Begriffe wie „Gesellschaftstechnik" und „Erkenntnistechnik"[47] vom allgemeinen Technik-Begriff zu trennen. Es ist ja nichts gegen die Formulierung zu sagen, daß Gesellschaft und auch Erkenntnis nicht ohne Technik, im definierten Sinne, existieren können, jedoch assoziieren die beiden genannten Begriffe auch andere Bedeutungen, wie „Organisation der gesellschaftlichen Leitungsprozesse" bzw. „Erkenntnismethodik". Diese Interpretationen des Begriffes „Technik", wie im übrigen alle Assoziationen im Sinne von „menschlichen Fertigkeiten", wie Mal„technik", Unterrichts„technik" u. ä. sollten aber eindeutig vom definierten Technik-Begriff unterschieden werden.

In bezug auf den *Inhalt* technischer Wissenschaften und damit auch auf ihre Funktion stellt Müller einige Spezifika heraus, die sie gegenüber

[46] Pogodda, H., Technik und Natur, Technik und Kunst, in: Deutsche Zeitschrift für Philosophie, 1/1970, S. 59.

[47] Meyer, H., Zur näheren Bestimmung der Technik als gesellschaftliche Erscheinung, in: Wissenschaftliche Zeitschrift der Technischen Hochschule Karl-Marx-Stadt, Sonderheft 1/1969, S. 45ff.

anderen Disziplinen auszeichnen.[48] Dabei wird noch einmal ausdrücklich betont, daß Gegenstand der technischen Wissenschaften die vom Menschen geschaffenen oder noch zu schaffenden Gebilde bzw. Verfahren, nicht aber die vom Menschen unbeeinflußte Natur sind:

– Der Anwendungsaspekt steht im Vordergrund; technische Wissenschaften sind *in ihrer Gesamtheit zweckorientiert*;

– im Vordergrund steht der *antizipierende*, konstruktive Aspekt der wissenschaftlichen Erkenntnis;

– *im ganzen* dominiert der Prozeß der *Konkretion* bzw. *Spezifikation;*

– technische Wissenschaften tragen stark *integrierenden* Charakter; Erkenntnisse aus vielen Wissenschaftsdiziplinen werden zur Lösung technischer Problemstellungen herangezogen;

– der methodologische Charakter der technischen Wissenschaften fällt auf; es herrscht ein *operationaler* Standpunkt vor.

Betrachtet man die angegebenen Charakteristika, so läßt sich feststellen, daß mit der Gegenstandsbestimmung eine Unterscheidung von Naturwissenschaften, technischen Wissenschaften und Gesellschaftswissenschaften zwar eindeutig möglich ist, man über die Verknüpfungen jedoch nur Klarheit gewinnt, wenn man auf Gegenstand *und* Inhalt der technischen Wissenschaften achtet. Die Beziehungen zu den Naturwissenschaften resultieren daraus, daß sich technisch nur das realisieren läßt, was auf Grund der Naturgesetze *möglich* ist, was aber von der Natur *selbst* nur mit einer Wahrscheinlichkeit, die von 0 nicht sehr variiert, hervorgebracht würde. Das bedeutet, daß die Kenntnisse über die Natur eine Voraussetzung für die technischen Wissenschaften bilden. Die Beziehungen der technischen Wissenschaften zu den Gesellschaftswissenschaften werden über die Zweckorientierung der technischen Wissenschaften realisiert, denn der Zweck kann weder aus den zugrunde liegenden Naturprozessen oder deren Erkenntnis noch aus den technischen Gebilden und Verfahren selbst resultieren. – Betrachtet man noch einmal die Spezifika des Inhalts der technischen Wissenschaften, so muß man feststellen, daß sich allein von hier aus eine Unterscheidung zwischen Naturwissenschaften, technischen Wissenschaften und Gesellschaftswissenschaften in gleicher Eindeutigkeit nicht treffen läßt, ja daß alle Spezifika in gewisser Weise in jeder Wissenschaft auftauchen.[49] Der Unterschied der Wissenschaften *in dieser Beziehung* basiert

[48] Vgl. Müller, J., Philosophische Probleme der technischen Wissenschaften in: Naturforschung und Weltbild (hrsg. von Guntau, M. und Wendt, H.), 2. Aufl., Berlin 1967, S. 353–355.

[49] Müller, J. hat diese Relativierung ausführlich beschrieben – Vgl. ebenda, S. 355–364. Sie sollen hier nicht wiederholt werden.

nicht darauf, daß ein Spezifikum vorhanden oder nicht vorhanden ist, sondern darauf, daß diese oder andere Spezifika den Charakter der Wissenschaft *vorherrschend* prägen. –

Sieht man einmal vom Gegenstand der technischen Wissenschaften ab, so zeigt sich, daß sie in bezug auf die genannten inhaltlichen Spezifika einer umfassenderen Wissenschaftsklasse angehören – den strategischen Wissenschaften, die sich eben nach ihrem *Inhalt* (Methode und Funktion) *relativ* von den theoretischen und Formalwissenschaften unterscheiden lassen. Im Sinne der gegebenen Definition für strategische Wissenschaften gehören zu dieser Klasse außer den technischen Wissenschaften dann auch solche Wissenschaften, wie Agrarwissenschaften, ein großer Teil der medizinischen Disziplinen, Pädagogik, Methodologie (als Teil der Erkenntnistheorie), Organisationswissenschaften u. a. Das macht einerseits deutlich, daß hier Verwandtschaften im definierten Sinne bestehen, ohne daß aber andererseits eine Gleichsetzung damit einhergeht. Die Differenzierung nach dem Gegenstand der aufgezählten Disziplinen bringt zusätzliche Spezifika *auch* für ihren Inhalt, ihre Methoden und Funktionen. Eben in diesem Sinne wäre es eben verhängnisvoll, den Begriff „Technik" so weit auszudehnen, daß man zwischen gesellschafts-strategischen und technisch-strategischen Wissenschaften nicht mehr unterscheiden könnte.

Hier sei nun – in erster grober Übersicht – noch einmal die Frage der Relativität der Unterscheidung von strategischen und theoretischen Wissenschaften behandelt, wobei es in erster Linie um die technischen Wissenschaften gehen soll. Es ist nicht so, daß die theoretischen Wissenschaften *nur* ein System theoretischer Ideen und die strategischen Wissenschaften *nur* ein System praktischer Ideen beinhalten und beide Klassen sich gegenseitig ausschließen. Entscheidend bleibt das Kriterium, welche der beiden Ideenklassen in der jeweiligen Wissenschaft vorherrscht. Das bedeutet auch, daß sich beispielsweise in den technischen Wissenschaften der Zusammenhang zwischen theoretischer und praktischer Idee nicht nur auf das Äußere beschränkt, etwa in dem Sinne, daß bestimmte *natur*wissenschaftliche Erkenntnisse außerhalb der eigentlichen technischen Wissenschaften die theoretische Idee und damit die alleinige Basis der technischen Wissenschaften verkörpern und die technischen Wissenschaften zwar darauf aufbauen, aber im engeren Sinne nur eine Menge von Vorschriften bzw. Aufforderungen darstellen. Vielmehr haben die *technischen Wissenschaften auch ihre eigene Theorie*, die wohl mit einer oder überwiegend mehreren anderen Theorien theoretischer Wissenschaften korrespondiert, aber nicht mit ihnen identisch ist. Das leuchtet ein, da ja der Gegenstand der technischen Wissenschaf-

ten – die Technik – ein von der Natur unterschiedener Gegenstand ist. Im übrigen sei ausdrücklich darauf hingewiesen, daß man – auch wenn die Technik vom Menschen geschaffen ist – hieraus nicht folgern darf, die technischen Gebilde und Verfahren müßten kraft dieses kreativen Aktes nun auch *vollständig* bekannt bzw. erkannt sein. Allen technischen Wissenschaften obliegt es auch, die schon *geschaffene* Technik immer vollständiger „auf ein System von Zeichen mit Bedeutung *abzubilden*"! Betrachtet man nur den theoretischen Teil der technischen Wissenschaften, so ist mit E. Jobst übereinzustimmen, der schreibt: „Die technische Wissenschaft unterscheidet sich von der Naturwissenschaft hinsichtlich der theoretischen Tätigkeit lediglich durch die Abstraktionsebene."[50] (Die Abstraktionsebene ist in den technischen Wissenschaften – zumindest von der historischen Seite der Wissenschaftsentwicklung betrachtet – niedriger als in den Naturwissenschaften.)
Ja, hinsichtlich der Begriffs- und Hypothesenbildung, d. h. im Blick auf den theoretischen *Apparat*, ist die technische Theorie im allgemeinen weniger „konstruktiv" als die naturwissenschaftliche Theorie. Nur – in den technischen Wissenschaften stellt die Theorie eben nicht das Hauptanliegen dar: „Die Frage, *was* etwas ist, *warum* es ist und warum es *so* ist, interessiert die technische Wissenschaft letzten Endes nur deshalb, weil man nur so erfahren kann, *wie man vorgehen muß*, um dieses Etwas technisch zu *beherrschen*. Der operationale Standpunkt herrscht in diesen Disziplinen vor."[51]
Zur Vermeidung von Mißverständnissen sei hier ausdrücklich betont, daß mit der Anerkennung des Vorherrschens eines „operationalen Standpunktes" weder der Tendenz einer Trennung der „Operationen" von ihrem konkreten Inhalt noch einer Trennung von Weg und Ziel in irgendeiner Weise Vorschub geleistet werden soll. Jedoch halte ich bei Anerkennung der nicht auflösbaren Einheit von Gegenstand, Ziel (Wozu? Wohin?) und Weg (Wie?) gesellschaftlichen Erkennens und Handelns, und von dieser Einheit ausgehend, die Hervorhebung des operationalen Aspekts technischer Wissenschaften durchaus für gerechtfertigt. Hauptbestandteil und Hauptakzent der technischen Wissenschaften liegen im Bereich der geistigen Vorwegnahme (Antizipation, *Konstruktion*) noch zu schaffender technischer Gebilde und Verfahren, also in

[50] Jobst, E., Philosophische Probleme des Wechselverhältnisses von technischer Wissenschaft und Naturwissenschaft, Dissertation, Karl-Marx-Universität Leipzig, 1967, S. 103/104.

[51] Müller, J., Philosophische Probleme der technischen Wissenschaften, in: Naturforschung und Weltbild (hrsg. von Guntau, M. und Wendt, H.), 2. Aufl., Berlin 1967, S. 355.

der Entwicklung von Strategien, Direktiven, Normen, Kennziffern und Operatoren. Darum sind dies strategische Wissenschaften.

In diesem Zusammenhang gilt es auch zwischen dem strategischen, als dem bedeutungsvollsten Teil der technischen *Wissenschaften*, und der technischen *Praxis* zu unterscheiden. J. Bernal weist hierauf hin, wenn er sagt: „Die Hauptaufgabe des Wissenschaftlers (gemeint ist der Technik-Wissenschaftler – *H. W.*) ist es, herauszufinden, wie etwas gemacht wird, während es Sache des Technikers ist, es dann zu tun.“[52]

Meines Erachtens gelten für die Unterscheidbarkeit in den Beziehungen zwischen technischer Wissenschaft und Praxis die folgenden drei Phasen:

1. Die Theorie (in der technischen Wissenschaft) hat die Aufgabe zu klären, wie etwas ist bzw. wie etwas abläuft und warum es so ist bzw. warum es gerade so abläuft; sie korrespondiert mit Theorien aus den Naturwissenschaften, indem sie die dort gefundenen Gesetze auf techniche Bedingungen konkretisiert.
2. Der Strategie (in der technischen Wissenschaft) obliegt die Klärung, was und wie man etwas macht und wie man etwas am zweckmäßigsten macht (einschließlich der Begründung, warum man so vorgehen soll).
3. In der Produktionspraxis wird die technische (potentielle) Strategie geistig aktualisiert und praktisch realisiert.

Dementsprechend sollte man – um ein Beispiel zu geben – Konstruktionsprinzipien zum *Bestand* der technischen Wissenschaften rechnen, nicht aber das Konstruieren eines technischen Gebildes, die technische Zeichnung oder gar die Fertigung selbst. Letztere Prozesse und deren Ergebnisse (sowohl die geistigen wie die materiellen) gehören zur technischen Praxis, sie sind *Anwendung der technischen Wissenschaften!* Diese Unterscheidung besagt keinesfalls, daß die Übergänge nicht fließend sind oder daß man daraus etwa im Sinne Bernals auf eine stärkere personelle Arbeitsteilung drängen sollte. Ganz im Gegenteil, gerade diese Unterscheidung ist, wie noch zu belegen sein wird, geeignet, die Wechselbeziehungen differenzierter zu beurteilen und dadurch Hinweise für die praktische Realisierung eines effektiveren Zusammenwirkens aller Kräfte zu geben, die auf die Technik-Entwicklung Einfluß ausüben. Daraus wird ersichtlich, daß die technischen *Wissenschaften* in ihrem strategischen Teil vornehmlich Strategien vom Charakter *potentieller* Aufforderungen enthalten. Wenn an anderer Stelle festgestellt wurde, daß potentielle Aufforderungen zielvariabel sein können,

[52] Bernal, J., Die Wissenschaft in der Geschichte, Berlin 1961, S. 31.

bedeutet das jedoch in diesem Zusammenhang nicht, daß die in den technischen Wissenschaften entwickelten Strategien von gesellschaftlichen Zielstellungen unabhängig sind. Zwar bleibt für die technischen Wissenschaften die Zielvariabilität erhalten, so weit es sich um streng definierte konkrete Ziele handelt, die Entwicklung ganzer technischer potentieller Strategien ist aber immer von vornherein von orientierenden Zielstellungen (und die gesellschaftlichen Zielstellungen sind solche) geprägt. Wenn man feststellt, daß potentielle Aufforderungen zielvariabel sind, bedeutet diese Feststellung ja sowieso nicht, daß das Feld der Möglichkeiten von Zielen unbegrenzt ist. Und die orientierenden Zielstellungen spielen nun nicht nur insofern eine Rolle, als man unter ihrem Einfluß zu unmittelbar praktischen Zwecken aus vorrätigen Stragien auswählt, sondern sie bestimmen das mögliche Zielfeld schon bei der Konstruktion potentieller Aufforderungen und bilden insofern einen integrierenden Teil technischer Wissenschaften.

Wenn C. F. v. Weizsäcker bezüglich des Charakters der *Naturwissenschaften* schreibt, „daß wir darauf verzichten müssen, Begriffe von Objekten zu bilden, die nicht wenigstens grundsätzlich Objekte eines Subjektes werden können“ und daß „die pragmatische Wissenschaft das Bild von der Natur hat, das einem technischen Zeitalter gemäß ist“[53], so trifft das in gewissem Sinne zu, ist indes aus folgenden Gründen sehr einseitig:

Erstens wird das Bild der Natur nicht nur vom gegebenen technischen Niveau bestimmt, sondern auch unmittelbar – wenngleich nicht linear – vom Charakter der herrschenden Weltanschauung, die ihrerseits vor allem durch die herrschenden Produktionsverhältnisse determiniert wird. So schreibt Bernal: „Die Gesetze, Hypothesen und Theorien der Wissenschaft umfassen mehr als eine Interpretation der objektiven Tatsachen, die sie zu erklären beanspruchen. Die meisten spiegeln notwendigerweise weitgehend die allgemeine außerwissenschaftliche geistige Atmosphäre ihrer Zeit wider, von welcher der einzelne Wissenschaftler unweigerlich beeinflußt ist. Infolgedessen erfahren die Naturerscheinungen und die handwerklichen Techniken gesellschaftliche, politische und religiöse Deutungen.“[54]

Zweitens resultiert der Charakter der Technik, der in das Bild von der Natur hineingetragen wird, nicht aus der Technik selbst, sondern die

[53] v. Weizsäcker, C. F., Die Geschichte der Natur, (12 Vorlesungen), 6. Auflage, Göttingen. S. 51 1964,

[54] Bernal, J., Die Wissenschaft in der Geschichte, Berlin 1961, S. 41.

Zielstellungen, die den Charakter der Technik und der technischen Wissenschaften bestimmen, erwachsen aus konkret historischen gesellschaftlichen Bedürfnissen.
Die an dieser Stelle geführte Diskussion soll bestätigen, daß die orientierenden Zielstellungen als ein integrierender Bestandteil der technischen Wissenschaften auf zwei Wegen an die technischen Wissenschaften herangetragen werden.
Der erste Weg ist mittelbar: Die herrschenden Produktionsverhältnisse bestimmen die herrschende Weltanschauung. Ihr Einfluß wiederum prägt das Bild über die Natur bzw. die naturwissenschaftliche Theorie und Begriffsbildung mit, und von dort aus pflanzt sich ihr Einfluß über die technische Theorie auf die technische Strategie mit ihren orientierenden Zielstellungen fort.
Der zweite Weg ist unmittelbar: Die herrschenden Produktionsverhältnisse und der jeweilige Stand der Produktivkraftentwicklung führt zu *bestimmten* gesellschaftlichen Bedürfnissen, die unmittelbar die technische Strategie beeinflussen.
Zum Abschluß dieses Abschnittes und mit Bezug auf den Abschnitt 1.1. über die Klassifikation der Ausdrücke in theoretischen und praktischen Ideen folgt eine Aufstellung derjenigen Ausdrücke[55], die Bestandteil technischer Wissenschaften sind. Damit wird nochmals in spezifischer Weise der Platz der technischen Wissenschaften als Teil der strategischen Wissenschaften gekennzeichnet:
1. Die Begriffe, die in den technischen Wissenschaften Anwendung finden, sind schon seit der anfänglichen Herausbildung der technischen Wissenschaft überwiegend metrische oder mindestens komparative Begriffe, da wegen des Praxisbezuges klassifikatorische Begriffe nicht ausreichen, um Strategien zur Schaffung *konkreter* technischer Gebilde und Verfahren zu entwickeln, und es *abstrakte* technische Gebilde und Verfahren eben nicht gibt.
2. *Technische Theorien* enthalten ausschließlich synthetische, aber keine *rein* analytischen Aussagen/wahre und wahrscheinliche Aussagen/singuläre Aussagen, Existentialaussagen, Allaussagen/Bestimmungsaussagen, Bedingungsaussagen, Gesetzesaussagen/beschreibende Aussagen und Folgerungsketten. Außerdem enthält die Theorie, wenn auch nicht immer explizit, operationale Anweisungen (potentielle Aufforderungen) zur Bildung von Begriffen und Hypothesen, zur logischen *und* experimentellen Beweisführung, zur Bildung von Ableitungen usw.
3. Technische Strategien innerhalb der technischen Wissenschaft enthalten orientierende Zielstellungen, wobei Aussagen über Zielstellungen

[55] Vgl. Abschnitt 1.1.

und Zielbeurteilungen eingeschlossen sind/Wegdarstellungen, soweit sie allgemeingültigen Charakter haben, also in Form von Allaussagen/Wegbeurteilungen als Aussagen über die Zweckmäßigkeit eines Wege. *Der Hauptinhalt technischer Strategien innerhalb technischer Wissenschaften wird durch Wegsetzungen in Form potentieller Aufforderungen repräsentiert.* Aktuale Aufforderungen hinsichtlich der Wegsetzung gehören nicht zum Inhalt technischer Wissenschaften.

1.3. Die praktische Idee aus der Erfahrung und die praktische Idee aus der Theorie

Stellt man die Frage nach der Herkunft praktischer Ideen, ergeben sich durchaus verschiedene Möglichkeiten. Angenommen, eine Zielbestimmung und Zielbewertung sei gegeben, so ist eine Zielrealisierung möglich:
a) durch Probieren („trial and error"),
b) durch die Anwendung mittelbarer Erfahrung, d. h. durch Reproduktion unmittelbarer Erfahrung bei ähnlichen Bedingungen und Zielen[56],
c) durch die Anwendung von Vorschriften, die ihrerseits aus Theorien hergeleitet sind.
Die vorgegebene Zielstellung selbst wird allerdings nicht auf den angegebenen Wegen gewonnen. Ziel- und Zwecksetzung technischer Entwicklungsarbeit resultiert weder aus den der Technik zugrunde liegenden Naturprozessen bzw. deren Erkenntnis noch aus den technischen Gebilden und Verfahren selbst. Vielmehr sind sie Resultate des bewußt gewordenen dialektischen Widerspruchs zwischen gesellschaftlichen Erfordernissen und gesellschaftlichen sowie technischen Möglichkeiten, also sowohl vom Entwicklungsstand der Gesamtheit der Produktivkräfte als auch von den Produktionsverhältnissen abhängig. (Probleme der Zielfindung und Zielsetzung stehen jedoch im weiteren Verlauf der Untersuchungen nicht im Vordergrund.)
Die oben angeführten Möglichkeiten kommen bei jeder konkreten technischen Konstruktions- und Entwicklungsarbeit nie in reiner Form allein vor, sondern stets gemischt. Folgende wissenschaftshistorische Tendenzen lassen sich jedoch feststellen:

[56] Der Begriff „Erfahrung" wird hier nicht in dem umfassenden Sinne benutzt, wie er manchmal in der Erkenntnistheorie Verwendung findet, als Synonym für „Wahrnehmung" schlechthin, sondern im engeren Sinne als „praktische Erfahrung", d. h. sinnliche *Wahrnehmung des Erfolges oder Mißerfolges konkreter Praxis.*

a) Im Zuge der Entwicklung der technischen Wissenschaften verstärkt sich in der Konstruktions- und Entwicklungsarbeit die Tendenz, technische Lösungen aus Theorien herzuleiten, wenn auch die theoretische Durchdringung der einzelnen technischen Wissenschaftsdisziplinen noch recht unterschiedlich ausgeprägt ist.
b) Obwohl bei der Entwicklung neuer technischer Prinzipien die Erfüllung der im Vordergrund stehenden Ziele und Aufgaben häufig durch die Anwendung empirisch gefundener Beschreibungen von Zusammenhängen, ohne Rückgriff auf Theoriekenntnis, erreicht werden kann, gestattet erst die Entwicklung entsprechender Theorien, technische Prinzipien vollständig zu beherrschen, d. h. Folge- und Nebenwirkungen zu beherrschen und technische Wirkzusammenhänge zu optimieren.

Ein sehr anschauliches Beispiel für die Richtigkeit dieser letzteren These liefert die Geschichte der Entdeckung der Röntgenstrahlen und ihrer Anwendung. Aus den Veröffentlichungen von W. C. Röntgen aus den Jahren 1895 (1. und 2. Mitteilung) und 1897 (3. Mitteilung) geht folgendes hervor[57]:

Röntgen konnte folgende Eigenschaften der X-Strahlen empirisch nachweisen:
- X-Strahlen durchdringen Metalle und andere feste Medien,
- X-Strahlen schwärzen Photoplatten,
- X-Strahlen kompensieren elektrische Ladungen (Photoeffekt).

Er konnte folgende Beziehungen empirisch feststellen:
- Die Intensität der X-Strahlen nimmt mit dem Quadrat der Entfernung von der Quelle der X-Strahlen ab (empirische Formel);
- die Absorbtion von X-Strahlen ist abhängig vom durchstrahlten Medium, nach Meinung Röntgens von der Dichte des Mediums, obwohl er keine eindeutigen Zusammenhänge fand (ad-hoc-Annahme); Blei hat einen außergewöhnlich hohen Absorbtionskoeffizienten;
- zur Erzeugung von X-Strahlen sind Platin-Kathoden besonders geeignet.

Allein mit diesen Kenntnissen war es möglich, u. a. folgende technischen Prinzipien zumindest grundsätzlich in Anwendung zu bringen:
- die medizinische Anwendung zur Durchleuchtung des menschlichen Körpers und zur Anfertigung von Schirmbildaufnahmen;
- die Entwicklung von Verfahren zur Untersuchung der makroskopischen Struktur von metallischen und anderen festen technischen Gebilden, z. B. Gußkörpern, Schweißnähten;
- den Einsatz von Bleiplatten und Bleischürzen als Strahlenschutzmittel.

57 Röntgen, W. C., Grundlegende Abhandlungen über die X-Strahlen (Nachdruck durch den J. A. Barth-Verlag), Leipzig 1954.

Daß allein diese Kenntnisse ausreichten, grundlegende neue technische Verfahren zu entwickeln, ist an sich nicht so erstaunlich. Interessanter ist in diesem Zusammenhang die Aufzählung der empirischen und vor allem der theoretischen Zusammenhänge, die Röntgen *nicht* kannte, um zu zeigen, welche relativ untergeordnete Bedeutung theoretischen Kenntnissen zukommt, wenn das technische Prinzip auf einer niedrigen Stufe seiner Entwicklung steht. Röntgen wußte z. B. nicht, daß X-Strahlen die Eigenschaften der Reflexion, Brechung und Beugung haben, sondern glaubte, daß die X-Strahlen Longitudinalstrahlen seien, bzw. später, daß sie eng mit den Kathodenstrahlen verwandt seien. Auch das Wesen der Wechselwirkung zwischen X-Strahlen und der atomistischen Struktur der durchstrahlten Medien war ihm nicht bekannt, ja man kann sagen, daß Röntgen bei der Suche nach Erklärungen für seine Phänomene der atomistischen Struktur der Materie überhaupt keine Aufmerksamkeit schenkte.[58]

Der dargestellte Zusammenhang macht deutlich, daß die technische Anwendung von Entdeckungen allein auf Grund der *Kenntnis der Wirkungen reproduzierbarer Erscheinungen* möglich sind; die Kenntnis der im folgenden genannten Faktoren ist für die *grundlegende* Anwendung einer Entdeckung nicht unbedingt nötig:

- Genaue Kenntnis über die Natur der „wirkenden Erscheinung“;
- theoretische Erklärungen über die Entstehung und die inneren Zusammenhänge dieser „wirkenden Erscheinung“;
- theoretische Erklärungen über den Zusammenhang zwischen der „wirkenden Erscheinung“ und dem Bewirkten.

Allerdings leidet die technische Anwendung von Entdeckungen bei solch geringem Grad von theoretischen Kenntnissen in vielen Punkten an Unvollkommenheiten.

Hinsichtlich der gegebenen technischen Anwendung bleiben Folge- und Nebenwirkungen weitgehend unbeherrschbar, und die fehlende Kenntnis funktionaler Abhängigkeiten zwischen ursächlicher Erscheinung und Wirkung gestattet keine Optimierung des Wirkzusammenhanges. Insbesondere aber kann eine große Zahl weiterer möglicher technischer Anwendungen ohne theoretische Kenntnisse gar nicht erst ins Auge gefaßt werden. Hierbei sei erwähnt: die Röntgen-Mikrostrukturanalyse, die qualitative und quantitative Röntgenspektralanalyse, die Strahlenmedizin u. a.

Aus den angeführten Verfahren konkreter Strategieerarbeitung ergibt sich, daß *potentielle* Strategien zwei mögliche Quellen haben:

a) Speicherung von Erfahrungsinformationen und deren Verallgemeinerung;

b) Theorien, aus denen sie hergeleitet werden können.

[58] Vgl. Finkelnburg, W., Die Entwicklung der Atom-Physik seit Röntgen, in: SRW-Nachrichten, Ausgabe 25, 1965, S. 2.

Wenn auch festgestellt wurde, daß die Tendenz, im historischen Maßstab die neuen technischen Lösungen aus Theorien herzuleiten, zunimmt, so muß man doch andererseits feststellen, daß der Idealzustand, nämlich praktische Ideen ausschließlich auf deduktivem Wege aus einer Theorie abzuleiten, prinzipiell nicht erreichbar ist. Die Entwicklung praktischer Ideen bedarf *immer* auch des schöpferischen, nicht-deduktiven Denkens sowie der mittelbaren (experimentellen) und unmittelbaren (industriellen) Praxis zu ihrer eigenen Vervollkommnung.
Andererseits bilden heuristische Programme[59] zur Entwicklung technischer Prinzipien und ihrer Anpassung ein geeignetes Mittel, den Prozeß der technischen Konstruktions- und Entwicklungsarbeit zu rationalisieren. Hierbei bedient man sich wiederum theoretischer Kenntnisse, d. h. vor allem der Gesetzeskenntnisse als der entscheidenden Mittel, solche heuristischen Programme an algorithmische Programme anzunähern bzw. in Teilprogrammen auch zu substituieren.
Allerdings ist es heute kaum noch wahrscheinlich, wenn auch nicht ganz ausgeschlossen, daß neue und revolutionäre praktische Ideen ohne enge Verbindung mit Theorien (Gesetzeskenntnissen) entstehen. Darüber hinaus aber werden stets vertiefte, theoretische Kenntnisse die praktischen Ideen weiter qualifizieren. Um die enge Verbindung zwischen Theorie und technischer Strategie methodisch-strukturell zu untersuchen, wird man vielfach auf historische Untersuchungsergebnisse über diese Wechselwirkung zurückgreifen müssen, wobei zwei Fragen besonderes Interesse beanspruchen: die Frage nach der Eigenentwicklung der *technischen* Theorien und nach ihrem Einfluß auf den Entwicklungsstand der Technik sowie die Frage nach der Wechselwirkung zwischen naturwissenschaftlicher und technischer Theorie.
Ohne daß hier eigene neue Untersuchungsergebnisse vorliegen, sollen die wichtigsten Aussagen zu diesem Problem in zusammengefaßter Form folgen, wobei die Basis für diese Problematik ein dialektisch-materialistisches Verständnis des Verhältnisses von Natur und Technik bildet.
Karl Marx gibt bei der Definition der Arbeitsmittel, als des wichtigsten Bereichs der Technik, den grundlegenden Hinweis für das Verständnis dieses Verhältnisses: „Das Arbeitsmittel ist ein Ding oder ein Komplex von Dingen, die der Arbeiter zwischen sich und den Arbeitsgegenstand

[59] Vgl. Müller, J., Operationen und Verfahren des problemlösenden Denkens, in: Wissenschaftliche Zeitschrift der Technischen Hochschule Karl-Marx-Stadt, 1/2/1967, S. 41; Müller, J., Grundlagen der systematischen Heuristik, Berlin 1970.

schiebt und die ihm als Leiter seiner Tätigkeit auf diesen Gegenstand dienen. Er benutzt die mechanischen, physischen, chemischen Eigenschaften der Dinge, um sie als Machtmittel auf andere Dinge, seinem Zweck gemäß, wirken zu lassen.“[60]
Damit wird zum Ausdruck gebracht, daß Technik auf den Eigenschaften der Natur beruht. Wenn der Mensch die Natureigenschaften der Dinge seinem Zweck gemäß wirken läßt, benutzt er sie jedoch nicht in der Form, in der er sie vorfindet, sondern gibt diesen Eigenschaften Bemessungen, Kombinationen, Gestalten und Formen, die in der Natur selbst für gewöhnlich so nicht auftreten. Insofern können wir also sagen, daß Technik die ideelle Vorwegnahme der zu schaffenden Gebilde und Verfahren unabdingbar verlangt und daß somit Technik „realisierter Gedanke“[61] ist. In bestimmter Hinsicht geht der Mensch jedoch nicht über die Natur hinaus. Wenn man sagt, daß technisch nur das realisiert werden kann, *was die Naturgesetze ermöglichen*, so wird die Sachlage damit am besten beschrieben.
Eine andere Auffassung würde der grundlegenden These des dialektischen Materialismus von der „Einheit der Welt in ihrer Materialität“ widersprechen. So ist auch der Formulierung von J. Müller nicht zuzustimmen, daß der Mensch „die Dinge und Prozesse in einer solchen . . . Form wirken läßt, die von Natur entweder *gar nicht* (Hervorhebung – *H. W.*) oder mit einer Wahrscheinlichkeit *zustande käme*, die annähernd 0 ist“[62]. Dieses konjunktive „Gar nicht“ – auch wenn es *empirisch* weder bewiesen noch widerlegt werden kann – gehört entsprechend der obigen Beweisführung nicht in die Definition hinein, ganz abgesehen davon, daß damit bestimmten Mystifikationen in der philosophischen Interpretation der technischen Wissenschaften Vorschub geleistet werden könnte. Der Mensch sammelt Kenntnisse über die Natur und über seinen eigenen Umgang („Kampf“) mit ihr; auf der Grundlage dieser Kenntnisse wird er jedoch auf geistigem und praktischem Wege schöpferisch konstruktiv tätig.
Nach meiner Meinung wird diese Einheit von Kenntnisgewinnung und konstruktiver Idee im Hinblick auf die Technik etwas verdeckt, wenn die Autoren des Buches „Geschichte der Technik“ schreiben: „Die heutige Technik ist . . . die materielle Verwirklichung der Kenntnisse, die der

[60] Marx, K., Das Kapital, Bd. I, in: MEW, Bd. 23, Berlin 1962, S. 194.
[61] Müller, J., Philosophische Probleme der technischen Wissenschaften, in: Naturforschung und Weltbild (hrsg. von Guntau, M. und Wendt, H.), 2. Aufl., Berlin 1967, S. 348.
[62] Ebenda, S. 347.

Mensch im Kampf um die Beherrschung der Naturkräfte und ihre bewußte Anwendung gesammelt hat."[63]
Man wird also *Technik im Verhältnis zur Natur* zu verstehen haben als Realisation gedanklicher Konstruktionen der erkannten Eigenschaften der Naturdinge und -prozesse im Rahmen der durch die Naturgesetze abgegrenzten Möglichkeiten.
Hieraus folgt ohne weiteres, daß die wachsende Kenntnis der Naturgesetze die Beherrschbarkeit der Eigenschaften der Naturdinge und -prozesse ständig verbessert. Natürlich bewegt sich auch die Technik, die ohne theoretische Kenntnis, allein aus der praktischen Erfahrung geschaffen wurde, im Rahmen der objektiven Naturgesetze; deren Spielraum läßt sich jedoch nicht planmäßig beherrschen. Deshalb ist es von Interesse, die historische Entwicklung der Beziehungen von Theorie und Technik zu kennen. Mit der Entwicklung der industriellen Großproduktion, d. h. in der Phase der Entstehung der kapitalistischen Produktionsweise, begann die selbständige Herausbildung technischer Wissenschaften. Bis dahin waren naturwissenschaftliche und technisch-naturwissenschaftliche Theorie nicht getrennt. Daß die selbständige Herausbildung nicht früher begann, erklärt sich daraus, daß dafür vorher kein gesellschaftliches Bedürfnis vorlag. Die industrielle Großproduktion aber verlangte eine spezifisch-eigenständige Forschung, die das Niveau der bis dahin entwickelten naturwissenschaftlichen Erkenntnis überforderte. Zudem waren auch die naturwissenschaftlichen Erkenntnisse zu „breit", um in dieser Struktur den Forderungen der Industrie zu genügen.
Ähnlich wie die Autoren des Buches „Die Wissenschaft von der Wissenschaft" generell drei Entwicklungstypen[64] der Wissenschaften unterscheiden, nämlich empirisch-beschreibende, theoretisch-synthetische und mathematisierte Wissenschaften, arbeitet J. Müller drei Ebenen des Inhalts technischer Wissenschaft[65] heraus, die in ihrer genannten Reihenfolge ebenfalls als Entwicklungsfolgen von typischen Charakteristika technischer Wissenschaften verstanden werden können, womit aber nicht gesagt sein soll, daß es technische Wissenschaften gibt, die einen jeweiligen Typus in reiner Form repräsentieren:

[63] Sworykin, A. A., Osmowa, N. I., Tschernyschew, W. I. und Schuchardin, S. W., Geschichte der Technik, Leipzig 1964, S. 22/23.
[64] Die Wissenschaft von der Wissenschaft, Berlin 1968, S. 135–141.
[65] Müller, J., Philosophische Probleme der technischen Wissenschaften, in: Naturforschung und Weltbild (hrsg. von Guntau, M. und Wendt, H.), 2. Aufl., Berlin 1967, S. 351/352.

1. systematische Zusammenstellung experimentell bzw. versuchsmäßig ermittelter Kennziffern bzw. Kenngrößen;
2. Theorien, also Aussagensysteme über gesetzmäßige Zusammenhänge und Beziehungen über Verhalten oder Wirkungen von Werkstoffen, technischen Gebilden bzw. Energien;
3. mehr oder weniger stark axiomatisierte theoretische *Systeme* über umfangreiche Klassen technischer Zusammenhänge.

Alle technischen Wissenschaften bewegen sich auf die 3. Ebene hin, ohne jedoch alle das gleiche Niveau – entsprechend dieser Charakteristik – zu haben.

J. Bernal begründet diesen Trend in ähnlicher Weise wie folgt: „Eine wirklich *rationale* und anwendbare Wissenschaft kann nur dort entstehen, wo einige Hoffnung besteht, von den inneren Gesetzmäßigkeiten eines Teils der Umwelt soviel begreifen zu können, daß bewußt zum Vorteil der Menschen davon Gebrauch gemacht werden kann.“[66]

Ebenso wird die Auffassung von der zunehmenden Bedeutung technischer Theorien für die Entwicklung wissenschaftlich begründeter und optimaler technischer Strategien durch folgende Aussage Bernals unterstützt: „Die Führung bei technischen Veränderungen wird in Zukunft bei der Wissenschaft liegen; die Ära der Veränderungen nach Faustregeln ist vorüber.“[67]

In welch starkem Maße die Technikentwicklung eine eigene technische oder doch zumindest technik-gerechte naturwissenschaftliche Theorieentwicklung fordert, geht aus einer Untersuchung hervor, die K. Danzer über die Entwicklung der Spektrochemie angestellt hat. Danzer kommt dabei zu folgenden Aussagen:

„Aus der historischen Entwicklung der Spektrochemie ergeben sich einige Schlußfolgerungen allgemeiner Art. Eine der wichtigsten betrifft die Notwendigkeit eines gesicherten theoretischen Fundaments. Im Falle der Spektralanalyse setzten sich empirische Methoden nicht in der Praxis durch, erst nach der Schaffung der allgemeinen theoretischen Grundlagen und im besonderen nach der wissenschaftlichen Begründung der quantitativen Spektralanalyse fanden sie Eingang in die Technik. Die metallurgische Industrie interessierte nämlich vor allem, in welcher Menge bestimmte Verunreinigungen anwesend waren, ob die vorgeschriebenen Toleranzgrenzen eingehalten wurden. Die Angabe der Elemente allein genügte nicht.

Auch in anderer Hinsicht stimmten Leistungen der Spektrochemie und Forderungen der Technik nicht überein. Die Nachweisempfindlichkeit war für damalige Reinheitsforderungen viel zu hoch, dagegen ließ die Reproduzierbarkeit der Ergebnisse zu wünschen übrig. Die Kosten des Spektro-

[66] Bernal, J., Die Wissenschaft in der Geschichte, Berlin 1961, S. 64.
[67] Ebenda, S. 576.

chemischen Verfahrens waren außerdem zu hoch, solange Spektralapparate noch in Einzelfertigung von den optischen Werkstätten angefertigt wurden. Lediglich die Anforderungen an die Schnelligkeit konnten von den Spektroskopikern erfüllt werden, wenn die zu bestimmenden Elemente keinen zusätzlichen Aufwand verlangten, was oft der Fall war.
Erst als die Leistungen der Spektralanalyse den Forderungen der Technik nach und nach angeglichen wurden, wobei neben der apparativen Weiterentwicklung vor allem die tiefere theoretische Durchdringung eine wesentliche Rolle spielte, und als umgekehrt die Anforderungen an die Reinheit der Produkte immer mehr stiegen, kam es zu einer raschen industriellen Nutzung der spektrochemischen Verfahren."[68]

Über die Demonstration der Bedeutung der technischen Theorie für die Technik hinaus läßt das Beispiel ein Spezifikum technischer Theorien erkennen, das *allen* technischen Theorien zukommt (zum Unterschied von naturwissenschaftlichen Theorien, denen dieses Spezifikum *nicht notwendig* eigen ist): Die zu entwickelnden technischen Systeme müssen dimensioniert bzw. optimiert werden. In den technischen Wissenschaften erfüllt eine Theorie daher nur dann ihre Funktion, wenn sie quantitative Aussagen zu folgern gestattet.
Der allgemein ausgewiesene Trend der technischen Wissenschaften von einer Sammlung empirischer Kennziffern zu immer umfassenderer eigener Theorienentwicklung läßt sich u. a. an folgenden einzelnen Tendenzen ablesen:

- Zunehmende Verwendung erkannter Kausalbeziehungen und Gesetze im Bereich vorhandener Technik zur Vervollkommnung der technischen Theorie;
- Einführung mathematischer Ausdrücke in technische Erkenntnisse, entweder auf der 1. Stufe *ohne* oder auf der 2. Stufe *mit* naturwissenschaftlichen Erklärungen;
- experimentelle bzw. meßtechnische Präzisierung oder Korrektur vorliegender empirischer Erkenntnisse;
- Anwendung statistischer Methoden, um mit Hilfe der Rechentechnik empirische („halbtheoretische") Formeln, verbunden mit der Verarbeitung von Meßdaten, exakter nutzen zu können;
- Herleitung technischer Prinzipe aus naturwissenschaftlichen Theorien;
- Vereinheitlichung empirischer Formeln durch Axiomatisierung bzw. durch Zurückführung auf bestimmte Grundgleichungen;

[68] Danzer, K., Methodologisch-vergleichende Studie über die Entwicklung eines Meßverfahrens, Technische Hochschule Karl-Marx-Stadt 1968 (internes Manuskript), S. 13/14.

– Entwicklung übergeordneter Theorien, die es ermöglichen, bestehende Theorien mit unmittelbar empirischer Basis zu „erklären“ und damit zu Theoriensystemen zusammenzuschließen.

Weitere Details in dieser Richtung müssen theoriegeschichtlichen Untersuchungen vorbehalten bleiben.

Ich will nun noch einmal auf die Behauptung zurückkommen, daß die technischen Wissenschaften sich von den Naturwissenschaften lösten und eine relative Eigenentwicklung nahmen. Wie aus den obigen Ausführungen schon hervorgeht, ist die Selbständigkeit der technischen Theorie gegenüber den korrespondierenden naturwissenschaftlichen Theorien – oder einer davon – relativ. Tatsächlich entwickeln sich beide Bereiche in enger Wechselwirkung.

E. Jobst hat am Beispiel der Themodynamik in sorgfältigen theoriegeschichtlichen Untersuchungen zum Wechselverhältnis von technischer Wissenschaft und Naturwissenschaft nachgewiesen, daß in dem Wechselverhältnis die technische Wissenschaft (gemeint ist die Theorie) „eine aktive Rolle spielt und weit mehr ist als lediglich angewandte Naturwissenschaft.“[69] Ohne auf die historischen Stufen dieses Wechselverhältnis einzugehen, kann man seine Untersuchungsergebnisse zum aktuellen Stand der Wechselwirkung von Naturwissenschaft und technischer Wissenschaft übernehmen.

Wenn man von der grundlegenden Rolle der Naturwissenschaften in diesem Wechselverhältnis ausgeht, nämlich theoretisches Ausgangsmaterial für die *Konkretisierung* in der technischen Theorie zu liefern, und berücksichtigt, daß teilweise auch innerhalb der naturwissenschaftlichen experimentellen Forschung technische Prinzipien entwickelt werden (insbesondere auf dem Sektor der Meßgerätetechnik), so ergeben sich die aktiven Seiten der technischen Wissenschaft in diesem Wechselverhältnis wie folgt:

1. Die technische Wissenschaft ist ein keineswegs untergeordnetes, stimulierendes Element für die Entwicklung der Naturwissenschaft. Sie stößt z. B. auf Probleme, die sie an die Naturwissenschaft zurückverweist, was um so eher der Fall ist, je stärker sie selbst theoretisch arbeitet. Technische Wissenschaft löst in ihrer Arbeit Probleme, die als Problemlösungen allgemein-theoretischen Charakters zu werten sind. Darüberhinaus erlangen bestimmte naturwissenschaftliche Ergebnisse oftmals erst bei der Umsetzung in technische Theorien ihre volle Be-

[69] Jobst, E., Philosophische Probleme des Wechselverhältnisses von technischer Wissenschaft und Naturwissenschaft, Dissertation, Karl-Marx-Universität Leipzig, 1967, S. 6.

deutung und geben dann Anlaß zu neuen naturwissenschaftlichen Forschungen.
2. Die technische Wissenschaft fungiert als wesentliches Bindeglied zwischen allgemeiner Naturerkenntnis und Technik.
3. Die technische Wissenschaft verkörpert in bestimmter Hinsicht eine dialektische Negation der Naturwissenschaft.[70]
Die Wechselwirkung ist heute insgesamt schon so eng, daß Bernal, nachdem er die Entstehung von Gesetzesaussagen, Prinzipien, Hypothesen und Theorien erklärt hat, zu dem Schluß gelangt: „... gerade hier liegen die Ansatzpunkte für eine ständige Weiterentwicklung, denn aus solchen Hypothesen ergeben sich die praktischen Anwendungen der Wissenschaft. Diese ihrerseits geben, wenn sie funktionieren, häufiger aber noch, wenn sie das nicht tun, Anlaß zu neuen Beobachtungen, neuen Experimenten und neuen Theorien. Experiment, Deutung und Anwendung schreiten gemeinsam voran und bilden gemeinsam den effektiven, lebendigen und gesellschaftlichen Körper der Wissenschaft."[71]
In diesem Sinne spricht auch Jobst von einer „Verschmelzung" von Naturwissenschaft und technischer Wissenschaft, jedoch führt die Verschmelzung nicht zur Identität. „Nicht die Identität von technischer Wissenschaft und Naturwissenschaft, sondern deren Unterschied ist die Quelle wissenschaftlicher Entwicklung beider."[72]
Aus der Sicht der Wechselwirkung von naturwissenschaftlicher und technischer Theorie kommt E. Jobst zu spezifischen Kennzeichen der technischen Theorie, die z. T. mit den Thesen im vorigen Abschnitt übereinstimmen, im einzelnen aber noch weiter konkretisiert sind[73]:
1. Die technische Wissenschaft ist gezwungen, die Parameter der Funktion technischer Gebilde in die theoretische Arbeit einzubeziehen. Ihre theoretischen Untersuchungen müssen von vornherein die technische Realisierbarkeit implizieren, d. h., sie müssen Möglichkeiten und Wege für die technische Umsetzung der Theorie unmittelbar als Forschungskomponente betrachten. Sie sind insofern immer konkreter als die korrespondierenden naturwissenschaftlichen Erkenntnisse.

[70] Vgl. Ebenda, S. 98–103.
[71] Bernal, J., Die Wissenschaft in der Geschichte, Berlin 1961, S. 26/27.
[72] Jobst, E., Philosophische Probleme des Wechselverhältnisses von technischer Wissenschaft und Naturwissenschaft, Dissertation, Karl-Marx-Universität Leipzig, 1967, S. 102.
[73] Vgl. ebenda, S 112–114; vgl. auch bei Jobst, E., Spezifische Merkmale der technischen Wissenschaften in ihrem Wechselverhältnis zur Naturwissenschaft, in: Deutsche Zeitschrift für Philosophie, 8/1968, S. 931–933.

2. Die technische Wissenschaft kombiniert in der Regel naturwissenschaftliche Kenntnisse aus verschiedenen Disziplinen. Die Auswahlkriterien für die zu kombinierenden Erkenntnisse sind spezifisch technischen Charakters. So muß man stets die optimale Lösung eines technischen Problems anstreben, den realen, vorhandenen technischen Entwicklungsstand und den realen Stand der schon vorhandenen technischen Theorie berücksichtigen sowie gesellschaftliche Kriterien, nämlich ökonomische, energiewirtschaftliche, handelspolitische, soziale, arbeitspsychologische und andere Aspekte in Rechnung stellen.
3. In der technischen Wissenschaft besteht eine untrennbare Einheit von theoretischer Forschung und Entwicklungsarbeit. Dabei ist nach Jobst die technische Entwicklungsarbeit „notwendige Ergänzung der technischen Theorie im Prozeß des Aufsteigens vom Abstrakten zum Konkreten“[74].
4. Ein weiteres Spezifikum der technischen Wissenschaft besteht darin, daß diese ihre theoretischen Ergebnisse im Interesse einer rationellen Handhabung aufbereitet. Diese Notwendigkeit ergibt sich aus 1 und 3, besonders aber daraus, daß die technische Theorie auch im unmittelbaren Produktionsprozeß ständige Wirksamkeit garantieren muß, ohne daß zu ihrer Anwendung jedesmal ein unverhältnismäßig hoher Aufwand an gedanklicher Arbeit entsteht. Deshalb gehören Diagramme, Tabellenwerte u. a. notwendig zum Bestand der technischen Theorie. Es gilt der Grundsatz: So exakt wie nötig und so grob wie möglich![75] Das steht nicht in Widerspruch zur allgemeinen Forderung nach Mathematisierung technischer Theorien.

In welch starkem Maße die technische Theorienentwicklung von zwei Seiten beeinflußt wird, d. h. vom natur- und formalwissenschaftlichen Theorienvorrat der Potenz nach, wie auch von den Forderungen der Technik direkt, zeigt folgendes Beispiel aus der technischen Mechanik[76]:
Betrachtet man mechanische Größen bei Schwingvorgängen wie Dehnung, Schwingweg, Schwinggeschwindigkeit und Schwingbeschleunigung, so muß man feststellen, daß es noch vor einigen Jahrzehnten nur Meßverfahren gab, bei denen die gemessenen mechanischen Größen auf mechani-

[74] Jobst, E., Philosophische Probleme des Wechselverhältnisses von technischer Wissenschaft und Naturwissenschaft, Dissertation, Karl-Marx-Universität Leipzig, 1967, S. 122.
[75] Vgl. Müller, J., Zur Bestimmung der Begriffe „Technik“ und „technisches Gesetz“, in: Deutsche Zeitschrift für Philosophie, 12/1967, S. 1447.
[76] Das folgende Beispiel wurde von den Doktoranden Goiczyk, K.-H., Pichl, G., und Spielhagen, D., in ihrer Philosophie-Arbeit unter meiner Betreuung detailliert untersucht.

schem Wege in zu registrierende Größen (z. B. Zeigerbewegungen oder Schreibstiftbewegungen) umgesetzt wurden. Die Energie für die Umsetzung, Anzeige und Registrierung wurde dem Meßobjekt entnommen. Die mechanischen Meßverfahren arbeiteten aus den genannten Gründen teilweise ungenau und bedingten einen gewissen Mindestwert der zu messenden mechanischen Größen. Die Anwendungsmöglichkeiten fanden auch in der Baugröße der Meßaufnehmer ihre Grenze. Die Anwendung der genannten experimentellen Methoden war daher auf wenige Einzelfälle beschränkt. Auf diesem Stand der Entwicklung bildete der Einsatz experimenteller Methoden ein unwesentliches Teilgebiet der technischen Physik.

Zusammen mit der technischen Entwicklung, der Herausbildung des wissenschaftlichen Gerätebaus, wurden und werden die Meßverfahren weiterentwickelt und vervollkommnet. Das entscheidende neue Qualitätsmerkmal ist die Anwendung neuer Meßprinzipe, die auf elektischen Erscheinungen beruhen. Solche Meßprinzipe sind z. B.:

- Messung der mechanischen Dehnung durch Messung der Widerstandsänderung eines elektrischen Widerstandes, der mit dem Meßobjekt verbunden ist (Dehnungsmeßstreifen-Methode);
- Messung von Kräften und Beschleunigungen unter Ausnutzung des piezoelektrischen Effekts;
- Messung der Schwinggeschwindigkeit unter Ausnutzung des elektrodynamischen Effekts;
- Messung des Schwingweges durch Messung der Induktivitätsänderung bei Änderung der Lage eines Ferromagnetikums gegenüber einer Spule.

Diesen Meßprinzipien ist gemeinsam, daß die zu messende Größe in eine ihr proportionale elektrische Größe umgesetzt wird, die dann auf elektrischem Wege angezeigt und registriert werden kann. Die zugrunde liegenden physikalischen Erscheinungen sind zwar schon seit langem bekannt, entsprechende experimentelle Methoden der Mechanik konnten jedoch erst entwickelt werden, als auch die technische Möglichkeit der Messung (Anzeige und Registrierung) der bei der praktischen Realisierung dieser Prinzipe auftretenden sehr geringen elektrischen Größen (Spannung und Stromstärke) gegeben war. Der umfassenden Anwendung derartiger Methoden sind nunmehr keine prinzipiellen Schranken gesetzt. Das Gebiet der *experimentellen Methoden der Mechanik* entwickelt sich deshalb gegenwärtig zu einem besonderen Wissenschaftsgebiet innerhalb der Mechanik.

Aus diesen Darstellungen sei zusammenfassend festgehalten: Die aktuale wie die potentielle technische Strategie (praktische Idee) läßt sich aus der schöpferischen Anwendung der Erfahrungen gewinnen. Sie wird jedoch nur revolutioniert und qualifiziert durch ihre Verbindung mit der technischen Theorie und deren Entwicklung einerseits sowie durch die wechselseitige Befruchtung von technischer und naturwissenschaftlicher Theorie andererseits. Dies wiederum beruht auf der bewußten Stimulierung der Wechselwirkung von Produktion, Technik, tech-

nisch-wissenschaftlicher Strategie, technischer Theorie und naturwissenschaftlicher Theorie.
Es ist J. Bernal zuzustimmen, wenn er schreibt: „Die Stärke der technischen Tradition liegt darin, daß sie niemals ganz falsch sein kann; wenn etwas früher funktioniert hatte, wird es wahrscheinlich auch weiterhin funktionieren. Ihre Schwäche liegt darin, daß sie, bildlich gesprochen, ihre eingefahrenen Gleise nicht verlassen kann. Von ihr kann man zwar eine stetige und ständig zunehmende Vervollkommnung der Technik erwarten, einschneidende Veränderungen jedoch nur dann, wenn die Wissenschaft eingreift."[77] Und an anderer Stelle schreibt er: „Die Anforderungen der Technik liefern häufig, wenn auch nicht immer, jene Probleme, die den Anstoß zur Entwicklung neuer Zweige der Wissenschaft bilden, und die wissenschaftlichen Fortschritte werden wirksam festgehalten . . ., sobald sie in praktischen und gewinnbringenden Berufen aufgehen können."[78]
Es ergibt sich also, daß die zunehmende Theoretisierung der technischen Wissenschaften nützlich ist. Sie wird letztlich durch die Erfordernisse der Praxis selbst bewirkt.
Aus diesen Gründen kommt dem Problem des Wechselverhältnisses von Theorie und Strategie eine Schlüsselstellung zu, und seine Lösung ist von großer praktischer Tragweite. Die Dominanz in *jeder* Theorie kommt den Gesetzesaussagen zu. Deshalb soll von der methodisch-strukturellen Seite der Zusammenhang von Gesetzesaussagen und Strategien in den Mittelpunkt der weiteren Untersuchungen gerückt werden.
Grundlage für dieses Anliegen bildet eine detaillierte Darstellung der Rolle objektiver Gesetze und ihrer Erkenntnis, mit der sich das nächste Kapital beschäftigt, wobei die Fragen der Anwendung erkannter Gesetze nicht außer acht gelassen werden sollen.

[77] Bernal, J., Die Wissenschaft in der Geschichte, Berlin 1961, S. 31.
[78] Ebenda, S. 831.

2. Das Naturgesetz und seine Erkenntnis

2.1. Allgemeine Charakteristika der objektiven Naturgesetze

Kern jeder Theorie sind Gesetzesaussagen, die ihrerseits objektive Gesetze widerspiegeln. Man bezeichnet objektive Zusammenhänge zwischen Erscheinungen, die unter gleichen Bedingungen zugleich allgemein und notwendig bzw. in bestimmtem Grade wahrscheinlich (insgesamt also auch: wesentlich[79]) sind, als objektive Gesetze. Unter *Objektivität* sei verstanden, daß die Gesetze unabhängig von ihrer Erkenntnis durch den Menschen und unabhängig vom menschlichen Willen existieren.[80]
Das Gesetz umfaßt aus einer Klasse von Zusammenhängen genau die Zusammenhänge, die dieser Klasse gemeinsam sind. Das Allgemeine kann, wie Lenin es ausdrückte, ein Teilbereich sein, der in mehreren Einzelnen enthalten ist, es kann eine Seite des Einzelnen sein oder das Wesen des Einzelnen ausmachen.[81]
Engels formulierte, daß das Gesetz eine „Form der Allgemeinheit ist"[82].
Das Allgemeine ist das Invariante beim Übergang von einem Element

79 Damit schließe ich mich der Meinung von Kröber, G., an, der „allgemein *und* notwendig" und „wesentlich" als gleichbedeutend betrachtet (vgl. Kröber, G., Der philosophische Gesetzesbegriff in seiner Bedeutung für die Einzelwissenschaften, in: Deutsche Zeitschrift für Philosophie, 10/1962, S. 30). – Das wird auch der Leninschen Darstellung gerecht, der ja von „Gesetz" und „Wesen" als von Begriffen gleicher Potenz spricht (Lenin, W. I., Philosophische Hefte, in: Lenin, Werke, Bd. 38, Berlin 1964, S. 142).

80 Der Ausdruck „objektiv" ist meines Erachtens schwächer als „materiell". Für die Gesetze der Natur könnte unbedenklich auch von materieller Existenz gesprochen werden; da es jedoch Gesetze gibt, die *nicht* außerhalb des menschlichen Bewußtseins existieren, durchaus aber objektiv im definierten Sinne sind (z. B. Gesetze des Erkenntnisprozesses), ist zur generellen Charakterisierung der Gesetze der Begriff „objektiv" im umfassenden Sinne zutreffend.

81 Lenin, W. I., Philosophische Hefte, in: Lenin, Werke, Bd. 38, Berlin 1964, S. 340.

82 Engels, F., Dialektik der Natur, in: MEW, Bd. 20, Berlin 1962, S. 501.

einer Klasse zu einem anderen Element derselben Klasse. Allgemeinheit eines *Zusammenhanges* schließt im einzelnen dabei folgende Aspekte ein:

– Der Gesetzeszusammenhang ist innerhalb der gegebenen Bedingungen (Wirkungssphäre)[83] invariant[84] gegenüber Raum und Zeit.

– Im Rahmen der bestimmten Bedingungen gilt das Gesetz für *alle* der angegebenen Klasse zugehörigen Elemente (genauer: Elemente-Relationen).

Der Begriff der Allgemeinheit ist nur im Sinne der Extension einer Klasse von Relationen zu verstehen. Bei gleicher Extension kann die *Widerspiegelung* des Allgemeinen einen unterschiedlichen Grad der Abstraktion (intensionale Charakteristik) aufweisen. Da der Grad der Abstraktheit ausschließlich eine Kategorie der *Erkenntnis* (die objektive Realität ist immer konkret) darstellt, soll dieses Problem – das für die Anwendung erkannter Gesetze von großer Tragweite ist – später genauer behandelt werden. Ein Hinweis darauf war aber m. E. an dieser Stelle notwendig, um Mißverständnissen vorzubeugen.

Nicht alle allgemeinen Zusammenhänge sind auch notwendige Zusammenhänge.[85] Erst die Notwendigkeit oder definierte Wahrscheinlichkeit erhebt die allgemeinen Zusammenhänge zum Gesetz. Man spricht dann von einem notwendigen Zusammenhang, wenn zwischen zwei Ereignissen eine eindeutige Abhängigkeit besteht, d. h., daß sich unter gleichen Bedingungen dieser Zusammenhang in gleicher Weise wiederholt. Durch diese Charakteristik unterscheiden sich zufällige von not-

83 Kröber, G., vgl. u. a.: Über die Rolle der Bedingungen für das Wirken objektiver Gesetze, in: Deutsche Zeitschrift für Philosophie, 10/1962.

84 Lenin spricht davon, daß das Gesetz „das Dauerhafte (das Bleibende) in der Erscheinung" bzw. „das Identische in der Erscheinung" sei (Lenin, W. I., Philosophische Hefte, in: Lenin, Werke, Bd. 38, Berlin 1964, S. 141).

85 In diesem Sinne findet man ausführliche Darstellungen z. B. bei Kröber, G., Die logische Form von Gesetzesaussagen als Widerspiegelung der inneren Einheit des objektiven Gesetzes und seiner Wirkungsbedingungen, in: Wissenschaftliche Zeitschrift der Humboldt-Universität Berlin, Mathematisch-naturwissenschaftliche Reihe, 4–5/1965, S. 580–583; Kröber, G., Der philosophische Gesetzesbegriff in seiner Bedeutung für die Einzelwissenschaften, in: Der Gesetzesbegriff in der Philosophie und den Einzelwissenschaften (hrsg. von Kröber, G.), Berlin 1968, S. 29/30; Hörz, H., Der dialektische Determinismus in Natur und Gesellschaft, Berlin 1962, insbesondere S. 45–56; Nagel, E., The Structure of Science, London 1961, S. 49–52 u. v. a.

wendigen Zusammenhängen, was sich auch dahin formulieren läßt, daß ein Zufall ein Ereignis ist, „bei dem zwei Prozesse miteinander zusammentreffen, die keine innere Beziehung miteinander haben und sich deshalb auch nicht gegenseitig begründen.“[86]

Besteht die eindeutige oder definierte Abhängigkeit nicht nur zwischen zwei Ereignissen, sondern gilt sie *ausnahmslos*[87] für eine Klasse von Ereignisrelationen, dann handelt es sich um objektive Gesetze. Darin liegt auch die grundsätzliche „praktische“ Bedeutung der Gesetzeserkenntnis, daß nämlich jedes Gesetz die Notwendigkeit oder Wahrscheinlichkeit des Zusammenhanges nicht nur für die Klasse der durch die gleichen Bedingungen *aktual* existierenden Elementebeziehungen beinhaltet, sondern für alle *potentiellen* Elementebeziehungen unter gleichen Bedingungen.

Man kann G. Kröber darin zustimmen, daß umgekehrt die Notwendigkeit *eines* Zusammenhangs die Allgemeinheit potentiell enthält, aber erst die aktuale Allgemeinheit die Notwendigkeit zum Gesetz erhebt.[88] – Demgegenüber ist die Auffassung von H. Kuhlow, wonach „ein Gesetz keine Aussage über die objektiv reale Existenz einer Erscheinung macht ...“, wohl aber „die *Möglichkeit* einer Erscheinung und die Bedingungen für die Existenz einer Erscheinung ausspricht“[89], m. E. einseitig. Damit wird einer Auffassung Vorschub geleistet, die die Gesetze in das Reich einer übernatürlichen Macht verweist, von wo aus sie die Wirklichkeit lenken. Das entspricht aber nicht den Tatsachen und ist weltanschaulich nicht vertretbar.

Die obige Feststellung hat deshalb so große praktische Bedeutung, weil damit ausgedrückt wird, daß sich nicht nur unter gleichen Bedingungen der im Gesetz gegebene Zusammenhang wiederholt, sondern durch Schaffung dieser Bedingungen der gleiche Zusammenhang bewußt reproduziert werden kann; mit anderen Worten: Gesetzeskenntnis erlaubt, die Wirkungen menschlicher Handlungen sicher vorauszusagen.

86 Hörz, H., Probleme des physikalischen Weltbildes, in: Naturforschung und Weltbild (hrsg. von Guntau, M. und Wendt, H.), 2. Aufl., Berlin 1967, S. 64/65.

87 Vgl. Kröber, G., Der philosophische Gesetzesbegriff in seiner Bedeutung für die Einzelwissenschaften, in: Deutsche Zeitschrift für Philosophie 10/1962, S. 28.

88 Vgl. ebenda, S. 28–30.

89 Kuhlow, H., Mathematischer und physikalischer Strukturbegriff, in: Wege des Erkennens (hrsg. von Bellmann, R. und Laitko, H.), Berlin 1969, S. 251.

Ein bestimmter Gesetzeszusammenhang existiert objektiv nur dann, wenn die Bedingungen seiner Existenz gegeben sind. Diese wichtige Erkenntnis grenzt die dialektisch-materialistische Gesetzesauffassung eindeutig vom objektiven Idealismus ab: Die Existenz von Gesetzen ist an den wirklichen Entwicklungsprozeß der materiellen Welt gebunden, in der sich eben auch die Bedingungen für die objektive Existenz der Gesetze entwickeln; es bleibt kein Raum für das „In-Kraft-Setzen einer göttlichen Idee als Gesetz".

Die Existenzbedingungen der Gesetze können in folgende Gruppen eingeteilt werden:[90]

1. *Notwendige Bedingungen:*

a) nicht-spezifische: Sie müssen gegeben sein, damit das jeweilige Gesetz in Kraft treten kann, sie bestimmen aber noch keineswegs den gesetzmäßigen Zusammenhang selbst, die spezifische Eigenart des betreffenden Gesetzes. Es sind notwendige, nicht hinreichende Bedingungen.

b) Spezifische: Ihre Verwirklichung läßt die Gesamtheit der nicht-spezifischen Bedingungen hinreichend dafür werden, daß ein bestimmtes Gesetz objektiv existiert. Spezifische und nicht-spezifische Bedingungen zusammen sind also notwendige *und* hinreichende Bedingungen.

2. *Begleitbedingungen:*

Im Unterschied zu den notwendigen Bedingungen, die bestimmen, ob ein Gesetz objektiv existiert oder nicht, haben die Begleitbedingungen nur modifizierenden Einfluß. Sie modifizieren die Form bzw. die Art und Weise der Wirkung eines Gesetzes. Ob eine Bedingung eine notwendige ist oder nur eine Begleitbedingung, hängt allerdings auch vom Bezugssystem ab. Bedeutungsvoll ist die Unterscheidung aber auf jeden Fall, wenn Gesetze vorliegen, in denen austauschbare Konstanten (z. B. Materialkonstanten) vorkommen.

Als Beispiel sei das Gesetz über die lineare thermische Ausdehnung genannt:

$$l_T = l_0\,(1 + \beta \Delta T).$$

β ist eine Materialkonstante. Versteht man die genannte Gleichung als Ausdruck des Gesetzes schlechthin, so ist die Existenz von Kupfer,

[90] Vgl. Kröber, G., – Über die Rolle der Bedingungen für das Wirken objektiver Gesetze, in: Deutsche Zeitschrift für Philosophie, 10/1962, S. 1261–1277; Kröber, G., Einige Bemerkungen zur Kategorie des Gesetzes, in: Wissenschaftliche Zeitschrift der Humboldt-Universität Berlin, Mathematisch-naturwissenschaftliche Reihe, 3/1963, S. 435–437.

Blei oder Aluminium (entsprechend dann β_{Cu}, β_{Pb} oder β_{Al}) nur als Begleitbedingung gegenüber der notwendigen Bedingung, daß ein Festkörper gegeben sein muß, zu verstehen. Wählt man als Bezugsebene aber ein schon spezifiziertes Gesetz, z. B.:

$$l_{Cu_T} = l_{Cu_0} \cdot (1 + \beta_{Cu} \Delta T),$$

so muß die Anwesenheit von Kupfer als notwendige Bedingung Berücksichtigung finden.

Entsprechend dem (raum-zeitlichen) „Rahmen", der durch die objektiv reale Existenz der entsprechenden Bedingungen gegeben ist, wird die „Wirkungsphäre"[91] des Gesetzes charakterisiert, wobei die allgemeine Feststellung gilt, daß die Wirkungssphäre um so kleiner ist, je mehr Bedingungen für die Existenz eines Gesetzes notwendig sind, und umgekehrt.

Nachdem diese grundsätzlichen Feststellungen zu den allgemeinen Charakteristika objektiver Gesetze getroffen sind, soll nun eine eindeutige Festlegung zur Verwendung der Begriffe „Gesetz und Gesetzmäßigkeit" gegeben werden. Die Meinungen über den Inhalt des letztgenannten Begriffs gehen weit auseinander. Man sollte sich jedoch davon leiten lassen, daß man einen Begriff braucht, um das Verhältnis von (allgemeinem) Gesetz und (einzelnem) Prozeß bzw. Ereignis zu kennzeichnen. Wenn man dafür den Begriff „gesetzmäßiger Prozeß" bzw. „gesetzmäßiges Ereignis" verwendet, so scheint es am zweckmäßigsten und vernünftigsten, ohne in eine Polemik über die „Richtigkeit" dieser Begriffsverwendung einzutreten, nach folgender Definition zu verfahren:

Ein Prozeß bzw. Ereignis soll „gesetzmäßig" genannt werden, wenn dieser (einzelne „konkrete") Prozeß bzw. das Ereignis einem einzelnen Gesetz oder einem Komplex von Gesetzen *gemäß* verläuft bzw. eintritt.

Diese Definition stimmt weitgehend mit der von H. Laitko und W.-D. Sprung überein, die festlegen: „Wir wollen . . . unter ‚Gesetzmäßigkeit' vorwiegend verstehen, daß Prozesse konkreter, faßbarer Art ablaufen bzw. bestimmte Zustände sich realisieren *gemäß den ihnen immanten Gesetzen*, also durchaus nicht nur auf Grund der Wirkung eines einzelnen Gesetzes."[92]

[91] Kröber, G., Einige Bemerkungen zur Kategorie des Gesetzes, in: Wissenschaftliche Zeitschrift der Humboldt-Universität Berlin, Mathematisch-naturwissenschaftliche Reihe 3/1963, S. 437.

[92] Laitko, H. und Sprung, W.-D., Chemie und Weltanschauung, Leipzig-Jena-Berlin 1970, S. 122.

Man sollte m. E. aber beachten, daß z. B. in jenen Experimenten, in denen durch isolierende Eingriffe ein Gesetz weitgehend in „reiner" Form „dargestellt" wird, der einzelne Prozeß ebenfalls den Terminus „gesetzmäßiger Prozeß" verdient, so daß die Unterscheidung, ob ein Prozeß einem einzelnen Gesetz oder einem Komplex von Gesetzen gemäß verläuft, nicht von grundsätzlicher Bedeutung für die Definition ist.

2.2. Kausalität und Gesetz

Die Grundlage der Existenz aller Gesetze ist die Existenz des Kausalgesetzes, dementsprechend jeder Prozeß materielle Ursachen hat. Damit ist keinesfalls gesagt, daß jede Wirkung genau eine und nur eine Ursache hat, sondern nur, daß sie mindestens eine (materielle) Ursache hat. Weiterhin ist zu beachten, daß ein und dieselbe Ursache unter verschiedenen Bedingungen unterschiedliche Wirkungen, und daß eine Ursache unter gleichen Bedingungen auch mehrere Wirkungen hervorbringen kann.[93] Kausalität ist die Existenz von Ursache-Wirkungs-Verhältnissen in konkreten Zusammenhängen, d. h. „daß ein Prozeß auf den anderen verändernd einwirkt."[94] Die Existenz einer Kausalbeziehung sagt jedoch noch nichts über die Notwendigkeit des Vorgangs aus. Erst das Finden einer allgemeinen, notwendigen und wesentlichen Beziehung ist die Aufdeckung eines Gesetzes. *Kausalität ist damit die Grundlage für die Existenz von Gesetzen.*

Es ist m. E. jedoch problematisch, wenn Hörz formuliert: „Wir untersuchen ständig neue Komplexe von Kausalbeziehungen, decken aber nicht die Gesamtheit der Kausalbeziehungen selbst auf, sondern analysieren wesentliche und notwendige Beziehungen heraus."[95] Das ist richtig, wenn man unter „wesentlichen und notwendigen Beziehungen" nicht nur *Kausalbeziehungen* versteht, der Kontext der Hörzschen Ausführungen läßt aber diese Auslegung nicht ohne weiteres zu, sondern legt eher die Auffassung nahe, daß Gesetze immer eine spezifische Gruppe von wesentlichen und notwendigen Kausalbeziehungen seien.

Man sollte vor allem von der Feststellung ausgehen, daß in einer Kausalbeziehung ein Prozeß auf den anderen *verändernd* einwirkt. Diese For-

[93] Zur logischen Struktur dieser „Varianten" vgl. Klaus, G., Moderne Logik, Berlin 1967, S. 391/392.

[94] Hörz, H., Probleme des physikalischen Weltbildes, in: Naturforschung und Weltbild (hrsg. von Guntau, M. und Wendt, H.), 2. Aufl., Berlin 1967, S. 66.

[95] Ebenda, S. 67.

mulierung ist auf jeden Fall besser als die gröbere Sprechweise, daß „die Ursache die Wirkung hervorbringt". Bei letzterer Sprechweise stellt man sich nämlich zu leicht auch das Strukturmodell der Kausalität in einer groben und zu Mißdeutungen Anlaß gebenden Weise vor, nämlich:

$$U \rightarrow W.$$

Mißdeutungen entstehen insofern, als könne eine Erscheinung (Ursache) eine andere (Wirkung) quasi „aus dem Nichts in Existenz" bringen.[96] Die obige Formulierung assoziiert ein adäquateres Modell der Kausalbeziehungen, nämlich:

$$\Delta X \rightarrow (A_1 \rightarrow A_2) \quad \text{bzw.}$$
$$\Delta X \rightarrow \Delta A,$$

wobei ΔX die Ursache ist und eine Wirkung im Sinne einer Veränderung von A derart hervorbringt, daß A_2 aus A_1 hervorgeht bzw. A_2 auf A_1 folgt.

In diesem Sinne ist auch ein weiteres Modell für bestimmte Typen von Kausalbeziehungen als adäquat zu diskutieren:

$$\Delta X \rightarrow (\Delta A, \Delta B),$$
$$\text{wobei, } \Delta A = f(\Delta B),$$

d. h., die Ursache ΔX bringt gleichzeitig Veränderungen von A und B hervor, wobei ΔA und ΔB untereinander in funktionaler Abhängigkeit stehen, was im Sinne einer „physischen Äquivalenz" zu verstehen ist.

Unter der Voraussetzung, daß bestimmte Ursachen in der objektiven Realität mehr oder weniger allgemein existieren, haben auch die durch sie bewirkten Folgebeziehungen oder physischen Äquivalenzbeziehungen den Charakter der Allgemeinheit und Notwendigkeit, ohne selbst Kausalbeziehungen zu sein. Nichtsdestoweniger kann in vollem Maße die Aussage aufrecht erhalten werden, daß die Kausalität die Grundlage der Existenz *aller* objektiven Gesetze ist.

Daraus sollte man nicht schließen, daß überall dort, wo Gesetzesaussagen als mathematisch formulierte Funktion auftreten, ein objektives Gesetz zugrunde läge, das prinzipiell kein Kausalgesetz sei.[97] Auch

96 Ungenaue Formulierungen dieser Art von marxistischen Philosophen in den 50er Jahren waren z. B. dem Jesuitenpater G. A. Wetter gerade recht, um in infamer Weise gegen die marxistisch-leninistische Weltanschauung zu Felde zu ziehen.

97 Ich stimme also nicht mit G. Klaus überein, der schreibt, daß mathematische Funktionsgesetze *nie* die Kausalität enthalten, weil

mathematische Funktionen können unter Umständen Kausalbeziehungen bzw. objektive Kausalgesetze widerspiegeln, auch wenn das kaum auf den ersten Blick (Gleichheitszeichen!) erkennbar ist.

Beispiel dafür ist das schon erwähnte Gesetz über die thermische Längenausdehnung: $l_T = l_0\,(1+\beta\Delta T)$, das in der Schreibweise ($\Delta T \rightarrow \Delta l$) die Kausalität sichtbar werden läßt. Andererseits sind eben auch nicht alle Gesetze, die in mathematischer Funktion darstellbar sind, „verdeckte" Kausalgesetze. Typischer Repräsentant für ein in mathematischer Funktionalität dargestelltes Gesetz, das kein Kausalgesetz ist, ist das Fallgesetz, $s = \frac{1}{2}\,gt^2$, für das die Erdanziehung als Ursache der Funktionalbeziehung zwischen Fallweg und Fallzeit anzusehen ist. – In diesem Fall ist also die notwendige, spezifische Existenz*bedingung* des *Gesetzes* gleichzeitig die *Ursache* für den Gesetzes*zusammenhang*.

Die dargelegte Kausalitätsauffassung entspricht generell den Untersuchungsergebnissen zur Entwicklung einer Prozeßlogik von E. Lohr.[98] Daraus geht eindeutig hervor, daß Kausalität nicht als eine statische Erscheinung, sondern als *Prozeßerscheinung* aufzufassen ist. Lohr kommt zu folgender Darstellung der Kausalität:

$$0_{t_1} \rangle\!\!\rightarrow (X_{t_0} \Rightarrow Y_{t_1}),$$

in Worten: „Wenn zu einem Zeitpunkt t_1 0 wirkt, dann vollzieht sich ein Übergang von X zur Zeit t_0 nach Y zur Zeit t_1."[99]

Lohr stellt fest, daß sich diese Darstellung noch auf der Ebene des Modells eines klassich-deterministischen Kausalzusammenhanges bewegt, man jedoch das Modell auch auf stochastische Kausalverhältnisse auslegen muß und schlägt vor, genauer zu formulieren:

$$0_{t_1} \rangle\!\!\rightarrow (X_{t_0} \overset{p}{\Rightarrow} Y_{t_1}),$$

wobei p die Übergangswahrscheinlichkeit von X zu Y bedeutet, deren Wert durch $0 \ll p \leqq 1$ beschreibbar ist.[100]

sie stets extensional sind (Klaus, G., Moderne Logik, Berlin 1967, S. 392).

98 Vgl. Lohr, E., Einige Bemerkungen zum Begriff des Kausalverhältnisses und zu logischen Problemen der systematischen Heuristik, in: Wissenschaftliche Zeitschrift der Technischen Hochschule Karl-Marx-Stadt, Sonderheft 1, 1969, insbesondere S. 157–176.

99 Ebenda S. 146.

100 Ebenda S. 170/171; vgl. auch bei Kolman, E., Kausalität und Variationsprinzipien der Physik, in: Der Gesetzesbegriff in der Philosophie und den Einzelwissenschaften (hrsg. von Kröber, G.), Berlin 1968, S. 263–265.

Der Wahrscheinlichkeitsaspekt wird später genauer analysiert werden. Die Prozeßdarstellung an dieser Stelle ist jedoch geeignet, den Zusammenhang zwischen Kausalität und Gesetz tiefer zu erfassen. Das vorgeschlagene Modell von E. Lohr ist allerdings noch nicht ausreichend, um den Zusammenhang zwischen Kausalität und Äquivalenz-„gesetz" darzustellen, wie es das weiter oben beschriebene erweiterte Modell gestattet.

Auf den Prozeßcharakter der Kausalität weisen auch die Darstellungen von A. Strigatschew über das Kausalgesetz in der Physik hin, der formuliert:

„Für 2 Körper A_1 und A_2 gilt:

$$\Delta K_2 = -\Delta E_1 \qquad K = \text{Kausalität}, \quad E = \text{Energie}$$

bzw. $E + K \equiv 0$,

d. h., die Summe der Energie und der Kausalität jedes Objekts oder einer Gesamtheit von Objekten ist identisch Null." [101]

Da die Analyse des Verhältnisses von Kausalität und Gesetz letztlich den Sinn hat, Aussagen über die Anwendung von erkannten Naturgesetzen zur Gewinnung technischer Vorschriften machen zu können, soll auf zwei weitere Aspekte des Verhältnisses von Kausalität und Gesetz eingegangen werden, die in der Literatur beschrieben sind.

Ujomow, der sich wiederum auf A. S. Achmanov stützt, schlägt vor, bei Ursache-Wirkungs-Verhältnissen zwischen „Ursache" (U) und „Träger einer Ursache" (TdU) zu unterscheiden.[102]

Beispiele:

(1) Sinken des Schiffes „X" – *TdU:* Torpedobeschuß
(2) Sinken des Schiffes „Titanic" – *TdU:* Auflaufen auf Eisberg

Ursache (U) in beiden Fällen: Gewicht des Schiffes wird (durch eindringendes Wasser) größer als das Gewicht des durch das Schiff verdrängten Wassers. (Erklärung durch Gesetz)

Ujomow stellt nun fest: „Für die Wissenschaft ist U wichtig, für den Untersuchungsrichter *TdU*!" Es ist m. E. jedoch auch richtig, die Feststellung Ujomows für das gegebene Anliegen in folgender Weise

101 Strigatschew, A., Über das Kausalgesetz in der Physik, in: Der Gesetzesbegriff in der Philosophie und den Einzelwissenschaften (hrsg. von Kröber, G.), Berlin 1968, S. 255/256.

102 Vgl. Ujomow, A. I., Die Hauptformen und -regeln der Anologieschlüsse, in: Studien zur Logik der wissenschaftlichen Erkenntnis, Berlin 1967, S. 331/332.

zu erweitern: Für den *Techniker* ist die Kenntnis von (gesetzmäßigen) Ursachen sehr wichtig, noch wichtiger aber die Kenntnis der Träger der Ursachen.

Damit wird herausgestrichen, daß es für die prädiktive strategische Arbeit des Technikers möglich und wichtig ist, Kausalbeziehungen über bestimmte, bewußt *gestaltete* „Mechanismen" zur Wirkung zu bringen und sich bei der Gestaltung der „Träger der Ursache" nicht nur auf eine einzige Möglichkeit beschränken zu müssen.

Inwieweit dieser Terminus „Träger der Ursache" für den dialektischen Determinismus ein generell anwendbarer Denkansatz ist, soll mit dieser Aussage nicht entschieden werden. Es ist immerhin möglich, im „Träger der Ursache" auch alle „vorausgehenden Ursachen in einer Kausalkette" zu sehen oder ihn als spezifischen Teil des Bedingungsgefüges eines Kausalzusammenhangs, etwa im Sinne des „Anlasses" im Unterschied zur „Ursache" zu interpretieren. Auf jeden Fall stehen die obigen Überlegungen nicht im Gegensatz zur dialektischen Auffassung der Kausalität.

In bezug auf einen weiteren Aspekt der Beziehungen von Kausalität und Gesetz weist eine Aussage von W. M. Smirnov darauf hin, wie wichtig die Kenntnis von *gesetzmäßigen Kausalbeziehungen* ist, will man bestimmte Prozesse vollständig beherrschen: „Wenn der Forscher nur empirische, phänomenologische Abhängigkeiten kennt, kann er das System selbst nicht nachbilden, nicht neu schaffen. Wenn wir das Verhalten eines ‚Schwarzen Kastens' kennen und vorhersagen, können wir ihn noch nicht rekonstruieren. Die Erkenntnis muß nicht nur Regelmäßigkeit und Wiederholbarkeit feststellen, sondern auch den Grund, die Ursache dieser Regelmäßigkeit und Wiederholbarkeit aufdecken.

Deshalb ist eine besondere Erkenntnisetappe notwendig: die Bewegung vom empirisch gewonnenen Verhaltensschema zur Kenntnis des Systems selbst, seines Mechanismus und seiner Struktur; die Bewegung von der Kenntnis eines beständigen Zusammenhangs zwischen den Erscheinungen zur Erkenntnis kausaler Gesetzmäßigkeiten." [103]

Es ist m. E. hervorzuheben, daß die Kenntnis von Gesetzen aller Typen, auch wenn es nicht Kausalgesetze sind, in definierter Weise nützlich sein kann. Andererseits muß man aber auch ausdrücklich der Auffassung Sinowjews zustimmen, daß technische Konstruktion immer auch die Kenntnis von Kausalgesetzen verlangt.

[103] Smirnow, V. A., Wissensebenen und Etappen des Erkenntnisprozesses, in: Studien zur Logik der wissenschaftlichen Erkenntnis, Berlin 1967, S. 66.

Es sollen nun die wichtigsten Ergebnisse dieses Abschnittes in wenigen Thesen resümiert werden:

1. Alle objektiven Gesetze beruhen auf der Existenz „lückenloser" Kausalbeziehungen.
2. Kausalität bezieht sich ausnahmslos auf den Prozeßcharakter der durch die Ursachen bewirkten *Veränderungen* von Zuständen.
3. Zwischen Ursache und Träger der Ursache sollte unterschieden werden.
4. Nicht alle und nicht einmal die meisten bekannten objektiven Gesetze sind Kausalgesetze.
5. Kausalgesetze nehmen hinsichtlich der praktischen Tätigkeit des Menschen, in der er erkannte Gesetze ausnutzt, eine Vorzugsstellung ein.

2.3. Wie „wirkt" ein Naturgesetz?

Wenn man den Ausdruck „Wirken des Gesetzes" verwendet, muß man vermeiden, den Eindruck zu erwecken, als stelle das Gesetz ein „Steuerinstrument" dar, das gewissermaßen „von außen" in „konkrete" Prozesse eingereift. Das Gesetz ist das Allgemein-Notwendige *im* konkreten Prozeß, der darüberhinaus auch immer zufällige und unwesentliche Seiten enthält. Das Gesetz drückt aus, daß bestimmte wesentliche (allgemeine) Richtungen und Strukturen des konkreten Prozesses eindeutig und zwangsläufig oder mit definierter Wahrscheinlichkeit auftreten (und zwar unter gleichen Bedingungen immer wieder auftreten).

Es ist G. Kröber zuzustimmen, der schreibt: „Wenn wir sagen, ein objektives Gesetz wirkt, so soll das soviel bedeuten wie: es *besteht* (Hervorhebung – *H. W.*) ein objektiver, notwendiger, allgemeiner und wesentlicher Zusammenhang zwischen den und den Erscheinungen der objektiven Realität." [104]

Allerdings wäre es dann auch richtiger, im allgemeinen nicht von *Wirkungs*bedingungen der Gesetze zu sprechen, sondern von *Existenz*bedingungen. Nur jene Existenzbedingungen eines Gesetzes, die gleichzeitig als *Ursache* für eine im Gesetz erfaßte Folge- oder Äquivalenzbeziehung auftreten, verdienten dann den Namen *Wirkungs*bedingung

[104] Kröber, G., Noch einmal zur Rolle der Bedingungen für das Wirken objektiver Gesetze, in: Deutsche Zeitschrift für Philosophie 10/1963, S. 1259.

zu Recht. (In diesem Sinne ist die Existenz der Erdanziehung für das Fallgesetz eine Wirkungsbedingung, nicht aber die Anwesenheit eines fallendes Körpers.)

Wenn man den gesetzmäßigen Verlauf eines konkreten Prozesses betrachtet, sind außer den Existenzbedingungen (einschließlich der Wirkungsbedingungen) des Gesetzes selbst noch zwei weitere Typen von „Bedingungen" gegeben:

1. Die Anfangsbedingungen des Prozesses: Es sind die diskreten Merkmale des Zustandes der sich im Prozeß verändernden Dinge und Erscheinungen in einem gegebenen Zeitpunkt des Prozesses. Dabei ist „Anfang" relativ zu verstehen, und zwar sowohl im Sinne des ausgewählten Anfangspunktes innerhalb eines betrachteten Naturprozesses, als auch als Eingangszustand in einem technischen Prozeß.
2. Randbedingungen des Prozesses: Sie bedingen den Anfangszustand mit und begleiten den Prozeß seiner Veränderung.

Die *Rand*bedingungen des konkreten Prozesses können zusammen mit den Anfangsbedingungen als Teil der Begleitbedingungen oder auch als Teil der notwendigen Existenzbedingungen der im Prozeß wirkenden *Gesetze* auftreten. Die Menge der Bedingungen für die Existenz der Gesetze und des entsprechenden konkreten Prozesses können, müssen jedoch nicht identisch sein.

Man kann die Wirkung eines Gesetzes folgendermaßen beschreiben: *Wenn* bestimmte Existenzbedingungen (bzw. Wirkungsbedingungen) eines Gesetzes gegeben sind, *wenn* ein bestimmter Anfangszustand mit diskreten Eigenschaften gegeben ist und *wenn* bestimmte Randbedingungen des Prozesses gegeben sind, *dann und nur dann* tritt ein definierter Folgezustand mit Notwendigkeit auf.

Als Beispiel sei das Gesetz über die lineare thermische Ausdehnung wieder herangezogen:

$$l_T = l_0 (1 + \beta \Delta T) .$$

1. Existenzbedingung: Existenz eines Festkörpers
2. Existenzbedingung: Existenz eines Temperaturintervalls (gleichz. Wirkungsbedingung) ΔT
3. Existenzbedingung: (gleichz. Begleitbedingung) (β_{Cu})
1. Anfangsbedingung: Kupfer (Cu) bei T_1
2. Anfangsbedingung: l_1
1. Randbedingung des Prozesses: kein äußerer Widerstand wirkt der Ausdehnung entgegen
2. Randbedingung des Prozesses: ΔT klein (da β temperaturabhängig ist)

Gesetzeswirkung: ΔT führt zu l_2

Die Objektivität der Gesetze schließt ein, daß sie vom Menschen nicht geschaffen oder abgeschafft werden können. Bezieht man nun die Wirkung objektiver Gesetze auf das Handeln des Menschen, so kann man folgern: Die Naturgesetze zwingen den Menschen bei Strafe des Mißerfolges oder des geminderten Erfolgs unter gegebenen Zielstellungen in bestimmter Weise zu handeln oder sich zu verhalten.
Aus dieser Formulierung geht hervor, daß die Naturgesetze zwar auf das Handeln des Menschen einen Zwang ausüben, aber keinen absoluten, sondern einen bedingten. Das heißt, daß der Mensch zwar die Gesetze nicht beeinflussen kann, wohl aber die Bedingungen, unter denen gesetzmäßig konkrete Prozesse ablaufen. Das Maß der Möglichkeit für die Einflußnahme auf die Bedingungen gesetzmäßiger Naturprozesse ist jedoch historisch begrenzt, zum einen durch den materiellen Entwicklungsstand der historisch-konkreten Gesellschaft wie zum anderen natürlich auch durch das historische Erkenntnisniveau. Demzufolge wäre dann zu unterscheiden zwischen nichtbeeinflußbaren Bedingungen aus Unkenntnis und solchen, wo allein das Niveau der Praxis eine Beeinflussung (noch) nicht gestattet.
Durch die Bedingungsbeeinflussung kann der Mensch auf Grund seiner Kenntnisse der Gesetze konkrete Prozesse planmäßig und bewußt steuern. Die Begriffe „gesetzmäßiger Prozeß" und „gesteuerter Prozeß" sind also nicht sich gegenseitig ausschließende Begriffe. Bei konkreten Naturprozessen, bei denen die Bedingungen für ihren gesetzmäßigen Verlauf nicht oder unzureichend beeinflußbar sind, wie z. B. Sonnenfinsternis, Wetterentwicklung u. ä. kann jedoch die Kenntnis der die Prozesse bestimmenden Gesetze trotzdem in bestimmter Weise nützlich sein. Auch wenn man sagen muß, daß hier nicht nur die Gesetze, sondern die Prozesse selbst „unabdingbare Zwangsläufigkeiten" sind, kann der Mensch durch Kenntnis der Gesetze sein Verhalten gegebenenfalls zweckmäßig einrichten, um Schaden abzuwenden oder zu mildern.
Damit ist ein Ausgangspunkt erreicht, der den Übergang von den Charakteristika objektiver Gesetze und ihrer Wirkungsweisen zu Problemen der Gesetzeskenntnis gebietet, da für die Anwendung objektiver Gesetze ihre Erkenntnis eine unabdingbar notwendige, wenn auch nicht hinreichende Voraussetzung ist.

2.4. Die Gesetzesaussage und ihre formale Struktur

Die Gesetzesaussagen sind grundsätzlich von den objektiven Gesetzen zu unterscheiden, deren Widerspiegelung sie sind. Als Materialisten gehen wir davon aus, daß die objektiven Gesetze prinzipiell erkennbar sind, daß die Erkenntnis jedoch ein historischer und gesellschaftlicher Prozeß ist, durch den man immer tiefer in das Wesen der Dinge und Erscheinungen eindringt und dabei neue Gesetze entdeckt, bekannte Gesetze immer präziser erkennt sowie den Systemzusammenhang im Wirken objektiver Gesetze aufdeckt und damit zu immer umfassenderen und reiferen Theorien übergeht.

Man müßte meinen, daß sich – wenn definiert wurde, was ein objektives Gesetz ist – die Definition der Gesetzesaussage quasi von selbst ergibt. Tatsächlich ist dem nicht so, eben weil sich der Erkenntnisprozeß, der zwischen dem objektiven Gesetz und der Gesetzesaussage liegt, nicht ohne dialektische Widersprüche vollzieht, wobei die Gesetzesaussage nicht einfach durch „photographisches Kopieren" des objektiven Gesetzes gewonnen werden kann. Es gibt viele Typen von Aussagen, die man als „gesetzesartige Aussagen" (GAA) bezeichnen kann, ohne daß sie wirkliche „Gesetzesaussagen" sind.[105] M. Bunge schlägt folgendes sogenanntes „liberales Gesetzeskriterium" vor: „Eine Aussage ist eine Gesetzesaussage dann und nur dann, wenn sie a posteriori (d. h. nicht logisch wahr), in bestimmter Hinsicht allgemeingültig (sich nicht auf einmalige Objekte bezieht), in der gegebenen Zeit in einem Bereich befriedigend bestätigt worden ist und zu einer (gleichgültig, ob ausgereiften oder unausgereiften) Theorie gehört."[106]

Zwei der von Bunge vorgeschlagenen Kriterien sind aus materialistischer Sicht problematisch:

Erstens ist genauer zu bestimmen, was „in bestimmter Hinsicht allgemeingültig" heißen soll, weil aus den Gesetzesaussagen genau jene Allaussagen ausgeschlossen werden müssen, die nicht–nomologisch sind[107], d. h. sich auf zufällige Allgemeinheit[108] beziehen. Zufälliges

[105] Vgl. Bunge, M., Arten und Kriterien wissenschaftlicher Gesetze, in: Der Gesetzesbegriff in der Philosophie und den Einzelwissenschaften (hrsg. von Kröber, G.), Berlin 1968, S. 117–146.

[106] Ebenda, S. 145.

[107] Vgl. Reichenbach, H., Elements of Symbolic Logic, New York, 1948.

[108] Vgl. Kröber, G., Der philosophische Gesetzesbegriff in seiner Bedeutung für die Einzelwissenschaften, in: Der Gesetzesbegriff in der Philosophie und den Einzelwissenschaften (hrsg. von Kröber, G.), Berlin 1968, S. 29/30; Kröber, G., Die logische Form von Gesetzesaussagen als Widerspiegelung der inneren Einheit des objektiven Gesetzes und seiner Wirkungsbedingungen, in: Wissenschaftliche Zeitschrift der Humboldt-Universität Berlin, Mathematisch-naturwissenschaftliche Reihe, 4–5/1965, S. 580–583;
Hörz, H., Der dialektische Determinismus in Natur und Gesellschaft,

Allgemeines ist aber immer eine endliche Form der Allgemeinheit. Man sollte in der Definition deshalb bewußt positiv zum Ausdruck bringen, daß sich die Allgemeingültigkeit auf potentielle Unendlichkeit bezieht hinsichtlich der Menge der Elemente der Klasse, über die in der Gesetzesaussage reflektiert wird.

Zweitens ist die Bestimmung, daß die Gesetzesaussage stets „zu einer . . . Theorie" gehört, nicht präzise genug. Sicher ist es notwendig, daß von einer Gesetzesaussage nur dann gesprochen werden kann, wenn die Existenzbedingungen des Gesetzes definitiv mit angebbar sind; insofern – da die „Existenzbedingungen des Gesetzes" dem „Gesetz" selbst theoretisch übergeordnet sind – ist jede Gesetzesaussage in eine Aussagen- bzw. Hypothesenhierarchie eingebettet und deshalb einer Theorie zugeordnet. Andererseits kann die Gesetzesaussage durchaus außerhalb bestehender Theorien oder sogar zu ihnen in Widerspruch stehen: nicht, daß man dann nicht von einer Gesetzesaussage sprechen kann, sondern umgekehrt ist die bestehende Theorie unvollständig und überholungsbedürftig.

Man sollte deshalb definieren: Eine Aussage ist eine Gesetzesaussage dann und nur dann, wenn

– sie a postoriori ist (ohne daß sie absolut emprisch sein muß, nur rein analytische Aussagen sind auszuschließen),

– sie eine Allaussage ist, die sich auf die potentielle Unendlichkeit der Menge der Elemente der angegebenen Klasse bezieht,

– die Existenzbedingungen des entsprechenden objektiven Gesetzes definitiv angebbar sind,

– sie hinreichend bestätigt ist.

Diese Definition ist geeignet, den wirklichen Zusammenhang zwischen Gesetzesaussage und Vorschrift (methodische Regel, praktische Operationsaufforderung usw.) richtig zu analysieren. (Damit wird die im Abschnitt 1. 1. gebebene Definition gleichzeitig präzisiert.) Von hier aus ist nun der Übergang zu der Frage geöffnet, ob und wie die Gesetzesaussagen in einer abstrakten und formalen Weise generalisiert darstellbar sind. Mit der vorgegebenen Definition steht fest, daß das mit den Mitteln der extensionalen Logik allein nicht möglich ist.[109] Überhaupt

Berlin 1962, insbesondere S. 45–56; Nagel, E., The Structure of Science, London 1961, S. 49–52 u. v. a.

109 In diesem Sinne kritisiert V. A. Smirnow die Reichenbachsche Theorie der nomologischen Sätze.
(Smirnow, V. A., Wissenschaftsebenen und Etappen des Erkenntnisprozesses, in: Studien zur Logik der wissenschaftlichen Erkenntnis, Berlin 1967, S. 52/53).

reichen die bisherigen Mittel der Logik, auch die der Modalitätenlogik, nicht aus, um eine Formalisierung eindeutig vorzunehmen.
Die im allgemeinen übliche Form der Schreibweise von Gesetzesaussagen in der extensionalen Logik (B. Russell) lautet:

$$\forall (x)\ (A(x) \rightarrow B(x))\,.$$

Sie ist aber unzureichend, weil sie erstens die Paradoxien der „formalen" Implikation nicht ausschließt und weil zweitens nicht unterscheidbar ist, ob sich der All-Operator auf unendliche oder endliche Klassen erstreckt, wobei im letzteren Fall die Implikation *kein* Ausdruck eines *notwendigen* Zusammenhangs ist.[110] Es kommt darauf an, eine Schreibweise zu haben, die den Intentionen des Gesetzesbegriffs (bzw. des Begriffes der Gesetzesaussage) adäquat ist. Das erfordert aber, zunächst einmal prinzipiell zwischen logischen und physischen Folgebeziehungen zu unterscheiden, wie es von A. A. Sinowjew vorgeschlagen wird.[111]
Dabei vertritt Sinowjew die Auffassung: „Die physische Folgebeziehung kann mit Hilfe der formalen Logik . . . erforscht werden, wird dadurch aber nicht zu einem Problem der formalen Logik selbst und läßt sich nicht restlos auf letztere reduzieren. Sie bleibt ein Problem der Erkenntnistheorie und Ontologie, mit welchen Mitteln sie auch erforscht wird."[112]
Sinowjew stellt folgende Grundüberlegungen an:[113] Es gibt zunächst die logische Folgebeziehung $(x \rightarrow y)$:[114] d. h., y kann (auf der Grundlage von Schlußregeln) aus x abgeleitet werden, wobei $(x \rightarrow y)$ von höherer semantischer Stufe ist als x und y.
y wird aus $x_1, \ldots x_n$ auf Grund der Betrachtung der rein äußeren Struktureigenschaften von $x_1, \ldots x_n$ gewonnen, wobei die $x_1, \ldots x_n$ hinreichend sind, um y zu erhalten.
Davon ist die physische Folgebeziehung $(x \Rightarrow y)$ zu unterscheiden, d. h., der Zusammenhang „wenn x, dann y" ist nur empirisch feststellbar

110 Vgl. ebenda, S. 51.

111 Vgl. Sinowjew, A. A., Die logische und die physische Folgebeziehung, in: Studien zur Logik der wissenschaftlichen Erkenntnis, Berlin 1967, S. 113ff.

112 Ebenda, S. 157.

113 Vgl. ebenda, S. 115–122 (Es wird jedoch eine andere Symbolik als die von Sinowjew verwendet).

114 Im Unterschied zu Sinowjew, der an dieser Stelle das Zeichen „$\vdash$" verwendet, steht hier das Zeichen „$\rightarrow$"; in Übereinstimmung mit Sinowjew ist darunter aber nicht nur das Symbol für logische Implikation zu verstehen, sondern für *logische Ableitbarkeit* überhaupt.

(bzw. aus allgemeinen Ausdrücken logisch *als Ganzes* ableitbar), wobei $(x \Rightarrow y)$ von derselben semantischen Stufe ist wie x und y.
$(x \Rightarrow y)$ besteht aus zwei Aussagen x und y oder wird daraus gewonnen, wobei x und y unmittelbar oder in transformierter Gestalt ihre Teile sind (andere Aussagen gehen nicht ein). y folgt nicht logisch aus x.
Den Zusammenhang zwischen physischer und logischer Folgebeziehung kennzeichnet Sinowjew wie folgt:

$$(x \Rightarrow y),\ x \rightarrow y$$

bzw. $$((x \Rightarrow y) \wedge x) \rightarrow y\,.$$

Dieser Zusammenhang in der dargestellten Weise ist von außerordentlichem Einfluß auf das Verständnis der praktischen Bedeutung der Gesetzeserkenntnis und muß weiter verfolgt werden, ohne daß es in dieser Studie darum gehen kann, eine neue intuitive Logik aufzubauen.
Bevor ein eigener Vorschlag für die Formalisierung von Gesetzesaussagen gemacht wird, soll noch ein weiterer Ansatz diskutiert werden, der von G. Kröber unterbreitet wird.[115] Es geht darum, die Existenzbedingungen des objektiven Gesetzes in die formale Struktur der Gesetzesaussagen mit dem Ziel aufzunehmen, Allaussagen, die nur numerisch (zufällig) allgemein sind, aus der Klasse der Gesetzesaussagen auszuschließen. G. Kröber untersucht deshalb folgenden Ausdruck:[116]

$$\forall p\ ((p \in A\{y\}) \rightarrow (p \in B_R))\,,$$

wobei: $\{y\}$ „die hinreichende Gesamtheit notwendiger Wirkungsbedingungen eines Gesetzes",
$A\{y\}$ „die Klasse von Erscheinungen, in denen die hinreichende Gesamtheit der notwendigen Wirkungsbedingungen eines objektiven Gesetzes realisiert",
R „die gesetzmäßige Beziehung",
B_R „die Klasse von Erscheinungen für die diese gesetzmäßige Beziehung Gültigkeit hat"
und p „eine Erscheinung der objektiven Realität" ist.

Auf Grund differenzierter Überlegungen kommt G. Kröber zu dem Schluß, daß diese Formel sowohl für Gesetzesaussagen wie für nur numerisch (zufällige) allgemeine Aussagen gilt, daß man jedoch Gesetzesaussagen aus dieser Gemeinsamkeit herausheben kann, weil für sie im

115 Kröber, G., Die logische Form von Gesetzesaussagen als Widerspiegelung der inneren Einheit des objektiven Gesetzes und seiner Wirkungsbedingungen, in: Wissenschaftliche Zeitschrift der Humboldt-Universität Berlin, Mathematisch-naturwissenschaftliche Reihe, 4–5/1965.
116 Ebenda, S. 581.

Unterschied zu den numerisch (zufällig) allgemeinen Aussagen auch die Aussage gilt:[117]

$$\forall p\,((p \in B_R) \rightarrow (p \in A\{y\})).$$

Genau genommen gilt also für die Gesetzesaussagen allein, daß die Klasse der Erscheinungen, in denen die Existenzbedingungen des Gesetzes realisiert sind, der Klasse der Erscheinungen, in denen die gesetzmäßigen Beziehungen existieren, äquivalent ist. – Diese Äquivalenz ist eine physische und keine logische Äquivalenz. Damit kann nun eine formale Darstellung der Gesetzesaussagen gegeben werden, die der objektiven Situation gerecht ist, den Ansprüchen der formalen Logik nicht widerspricht und darüberhinaus geeignet ist, für die Untersuchung der Anwendung von Gesetzesaussagen eine ausreichend exakte Grundlage zu sein.

Man kann also definieren, daß jede Gesetzesaussage folgende formale Struktur hat:

$$_g\forall x\,[EB(x) \Leftrightarrow (A(x) \Rightarrow B(x))],$$
$$\text{mit } 0 \ll < g < 1.$$

Dabei kommt den Symbolen im einzelnen folgende Bedeutung zu:

x – Erscheinung der objektiven Realität (Ereignis, Ding, Prozeß)

EB – Existenzbedingungen für den eigentlichen Gesetzeszusammenhang, d. h.: x umgebende Ereignisse, Zustände, Eigenschaften

A, B – Eigenschaften, Zustände u. ä. von x

g – Bestätigungsgrad bzw. sogenannte induktive Wahrhscheinlichkeit;
der Ausdruck „$g\,\forall(x)$ . . . mit $(0 \ll < g < 1)$" bedeutet also in Worten: „Mit einer gewissen Wahrscheinlichkeit, die sehr nahe bei 1 liegt, gilt für alle x . . ."

$\Rightarrow$ – physische Folgebeziehung, z. B. zeitliche Aufeinanderfolge, Koexistenz, Kausalzusammenhang oder u. U. auch Äquivalenz zwischen Eigenschaften, Zuständen u. ä.

$\Leftrightarrow$ – physische Äquivalenz (im gegebenen Fall zwischen den Existenzbedingungen des Gesetzes und dem eigentlichen Gesetzeszusammenhang)

Damit ist auch der verbalen Definition der Gesetzesaussage Genüge getan:

– Daß die GA a posteriori ist, wird durch physische Folgebeziehungen verdeutlicht.

– Es handelt sich um eine Allaussage, die sich auf eine potentiell un-

[117] Ebenda, S. 582.

endliche Klasse bezieht, was durch die physische Äquivalenz zwischen Existenzbedingungen und Gesetzeszusammenhang gekennzeichnet ist.[118]

– Die Existenzbedingungen des Gesetzes sind explizit genannt.

– Die hinreichende Bestätigung wird durch g (induktive Wahrscheinlichkeit bzw. Glaubwürdigkeit) gekennzeichnet, das einen Wert nahe bei 1 haben muß, ohne daß $g = 1$ werden kann und ohne daß g exakt numerisch angebbar ist.

Im weiteren läßt sich meistens folgende verkürzte Schreibweise verwenden:

$$EB(x) \Leftrightarrow (A(x) \Rightarrow B(x))$$

Das ist insofern vertretbar, als angenommen werden darf, daß bei hinreichend überprüften und bestätigten Gesetzesaussagen vor allem in der konkreten Anwendung der „Rest an Unglaubwürdigkeit" vernachlässigt werden kann.

Die physischen Folgebeziehungen unterscheiden sich nun aber weiter nach verschiedenen Typen, die in ihren wesentlichen Merkmalen schon im Abschnitt über die allgemeinen Charakteristika der objektiven Naturgesetze, insbesondere in den Erläuterungen über Kausalität und Gesetz dargestellt wurden.

Es soll unterschieden werden und stets in gleicher Weise bezeichnet:

Typ 1 ($A \overset{Kau}{\Rightarrow} B$) – allgemein, notwendiger Kausalzusammenhang

Typ 2 ($A \overset{Fo}{\Rightarrow} B$) – allgemein, notwendige zeitliche Aufeinanderfolge

Typ 3 ($A \overset{Kx}{\Rightarrow} B$) – allgemein, notwendige Koexistenz

Typ 4 ($A \overset{NHB}{\Leftrightarrow} B$) – A und B stehen im Zusammenhang einer allgemeingültigen (empirischen) notwendigen und hinreichenden Bedingung (in physischer Äquivalenz) zueinander

Typ 5 ($A \overset{Fk}{\Rightarrow} B$) oder ($A \overset{Fk}{\Leftrightarrow} B$) – allgemein, notwendige Funktionalität (quantitative Abhängigkeit)

Typ 6 ($A \underset{p}{\Rightarrow} B$) – der allgemeine Zusammenhang zwischen A und B ist eine objektive Wahrscheinlichkeitsbeziehung (statistischer oder probabilistischer Zusammenhang)

[118] Es sei noch einmal ausdrücklich betont, daß Äquivalenz niemals mit Identität verwechselt werden darf; die Existenzbedingungen des Gesetzes sind also nicht identisch mit dem Gesetzeszusammenhang, ein „Fehler", der insbesondere beim weltanschaulich idealistischen Konditionalismus eine Rolle spielt (vgl. dazu: Kröber, G., Vom Konditionalis-

In ähnlicher Weise unterscheidet Smirnow zwei Hauptgruppen von Zusammenhängen: empirische Abhängigkeiten und kausale Gestzmäßigkeiten, wobei er für die erste Gruppe folgende Untergruppen nennt:[119] „quantitative Abhängigkeit" (entspricht Typ 5), „zeitliche Aufeinanderfolge" (Typ 2); „Gleichzeitigkeit" (etwa Typ 4), „Zusammenbestehen" (Typ 3), „gegenseitiges Ausschließen" usw.

2.5. Empirische und theoretische Gesetzesaussagen

Viele Autoren weisen auf den Unterschied zwischen empirischen und theoretischen Gesetzen hin und analysieren diesen Unterschied. Man sollte aber m. E. grundsätzlich nicht von „empirischen und theoretischen Gesetzen" sprechen, sondern von empirischen und theoretischen Gesetzesaussagen. Sieht man von den Gesetzesaussagen der Formalwissenschaft ab, die definitionsgemäß keine Gesetzesaussagen im angegebenen Sinne sind, da sie nicht a posteriori gebildet werden, so besteht der Unterschied zwischen empirischen und theoretischen Gesetzesaussagen erstens in der Art und Weise ihrer Gewinnung und zweitens in der Sprache, in der sie formuliert sind. Grundsätzlich wird aber in beiden Typen von Gesetzesaussagen eine Klasse *physischer* Zusammenhänge zwischen Ereignissen erfaßt, gleichgültig, ob die Ereignisse mit Observablen oder mit theoretischen Ausdrücken beschrieben werden. Insofern entspricht den empirischen und theoretischen Gesetzesaussagen keine adäquate Unterscheidung zwischen empirischen und theoretischen objektiven Gesetzen.
Die Unterscheidung der Gesetzesaussagen ist entstanden, weil sich eindeutig zeigte, daß nur mit empirischen Mitteln (z. B. mittels der Millschen Methoden), oder, genauer gesagt, allein mittels „reiner Induktion" das Problem der Gesetzesfindung nicht gelöst werden konnte. So stellt z. B. G. J. Rusawin fest: „In der Mehrzahl der Fälle hingegen ist die Entdeckung eines Gesetzes das Resultat einer Vermutung, der wissenschaftlichen Praxis und der Intuition des Wissenschaftlers."[120]

mus zum dialektischen Determinismus? in: Deutsche Zeitschrift für Philosophie 11/1970, S. 1405–1411).

[119] Smirnow, V. A., Wissensebenen und Etappen des Erkenntnisprozesses, in: Studien zur Logik der wissenschaftlichen Erkenntnis, Berlin 1967, S. 63.

[120] Rusawin, G. I., Die Wahrscheinlichkeitslogik und ihre Rolle in der wissenschaftlichen Forschung, in: Studien zur Logik der wissenschaftlichen Erkenntnis, Berlin 1967, S. 250.

Insofern ist es einfach falsch, wenn J. M. Bochenski schreibt (wobei er die klassische positivistische Position übernimmt): „Die Gesetze sind (reduktiv) *direkt* auf Grund von Protokollaussagen aufgestellt – die Theorien dagegen indirekt; sie gründen (reduktiv) unmittelbar auf den Gesetzen. Die Gesetze sind *Verallgemeinerungen* der Protokollaussagen, d. h. sie enthalten keine außerlogischen Ausdrücke, die nicht schon in den Protokollaussagen vorhanden sind, . . ." Anschließend stellt Bochenski dann die Theorie den Gesetzen entgegen, wenn er weiter schreibt: „. . .; dagegen enthalten die Theorien in der Regel neue in den Gesetzen, auf welche sie gründen, nicht vorhandene ‚theoretische Ausdrücke' . . . Sie sind also keine bloße Verallgemeinerungen der Gesetze."[121]

Abgesehen davon, daß jede wissenschaftliche Beobachtungsaussage und demzufolge auch deren Verallgemeinerung ein Begriffssystem voraussetzt, wodurch sie von vornherein auf eine Theorie bezogen ist[122], ist es positivistischer Unfug zu behaupten, daß erstens Gesetzesaussagen nur dann als solche angesprochen werden können, wenn sie ausschließlich Observable enthalten und zweitens Theorien faktisch keine Widerspiegelung objektiver Gesetze enthalten, weil sie nicht nur Observable, sondern auch theoretische Ausdrücke enthalten. Aber das liegt auf der positivistischen Grundlinie; so kann man die Assoziation provozieren, daß Theorien reine Gedankenkonstruktionen sind, die keine objektiven Gesetze widerspiegeln, bzw. umgekehrt, kann man die objektive Wahrheit der Mehrheit der Gesetzesaussagen in Zweifel ziehen.

Man sollte jedoch zwischen Aussagen, die nur Ausdrücke der unmittelbaren Beobachtung enthalten, und solchen, die auch Ausdrücke enthalten, die nicht Ausdrücke der unmittelbaren Beobachtung sind, unterscheiden. V. A. Smirnow nennt folgende Typen von „Sätzen der Wissenschaftssprache"[123]:

1. Sätze, die individuelle Sachverhalte feststellen,
2. Sätze, die empirische Abhängigkeiten (allgemeine, wissenschaftliche Sachverhalte) festellen,
3. Sätze, die theoretische Gesetze ausdrücken.

[121] Bochenski, I. M., Die zeitgenössischen Denkmethoden, 5. Aufl., Bern-München 1965, S. 106.

[122] Vgl. Parthey, H., Die empirische Basis naturwissenschaftlicher Erkenntnis (hrsg. Bellmann, R. und Laitko, H.), Berlin 1969, S. 75.

[123] Vgl. Smirnow, V. A., Wissensebenen und Etappen des Erkenntnisprozesses, in: Studien zur Logik der wissenschaftlichen Erkenntnis, Berlin 1967, S. 58.

Smirnow fixiert dementsprechend drei Untersprachen der Wissenschaftssprache[124]:
1. *Die Beobachtungssprache*; in ihr werden individuelle Sachverhalte dargestellt, sie enthält nur Terme der Beobachtung;
2. *die Sprache der empirischen Konstruktion*; sie enthält Sätze über individuelle Sachverhalte und empirische Abhängigkeiten; in ihr kommen Individuenvariable, Operatoren und durch explizite oder operationale Definition auf Beobachtungsprädikate reduzierbare Prädikate vor;
3. *die Sprache der theoretischen Konstruktion*; sie enthält Sätze aller drei Typen. „In der Sprache der theoretischen Konstruktionen werden Theorien aufgebaut, deren Sätze sich auf mögliche Objekte beziehen. Um anwendbar zu sein, muß eine Theorie, die in der Sprache der theoretischen Konstruktion formuliert ist, durch Regeln ergänzt werden, die die Möglichkeit geben, von den Sätzen der Sprache der empirischen Abhängigkeiten, von der Kenntnis theoretischer Modelle zur Kenntnis empirischer Objekte überzugehen."
Dieser Unterscheidung von Smirnow entspricht in etwa auch das sogenannte „duale Theorienschema" von W. Leinfellner.[125]
M. Bunge[126] unterscheidet in dieser Hinsicht zwischen „empirischen *gesetzesartigen Aussagen* (GAA)" und „transzendenten GAA", wobei er dieser Unterscheidung folgende Typen von Prädikaten zuordnet soweit sie wissenschaftlich und somit auch überprüfbar sind. Das heißt positiv, daß sie Prädikate von Gesetzesaussagen dieser beiden Klassen sind:

1. empirische GAA:
   a) manifeste, nicht-dispositionale Prädikate (z. B. „hart")
   b) beobachtete Dispositionsprädikate (z. B. „löslich")
2. transzendente GAA:
   a) theoretische Gegebenheiten (z. B. „Masse"),
   b) erschlossene Gegebenheiten (z. B. „Planetenbahn"),
   c) logische Konstruktionen (z. B. „Durchschnittsdichte").

In diesem Zusammenhang ist die Unterscheidung von B. Juhos in Gesetze 1. und 2. Stufe von Interesse:[127]

[124] Vgl. ebenda, S. 58/59.

[125] Vgl. Leinfellner, W., Einführung in die Erkenntnis und Wissenschaftstheorie, Mannheim 1965, S. 96–142; derselbe, Struktur und Aufbau wissenschaftlicher Theorien, Wien-Würzburg, 1965, S. 171–178.

[126] Vgl. Bunge, M., Arten und Kriterien wissenschaftlicher Gesetze, in: Der Gesetzesbegriff in der Philosophie und den Einzelwissenschaften (hrsg. von Kröber, G.), Berlin 1968, S. 131–133.

[127] Vgl. Juhos, B., Die Erkenntnis und ihre Leistung, Wien 1950, S. 32–36 und 45–47.

Gesetze 1. Stufe: Sie sind empirische Implikationen. „Folgt auf die Gültigkeit einer Reihe von singulären Sätzen, die über gleiche oder ähnliche Fälle aussagen immer die Gültigkeit einer zweiten Reihe von singulären Sätzen, die über andere, aber doch unter sich gleiche oder ähnliche Fälle aussagen, dann liegt ein Gesetz 1. Stufe ($A \rightarrow B$) vor.“ [128]
In diesem Sinn sind z. B. physikalische (dimensionierte) Konstanten und Beschreibungen von allgemeinen Anomalien auch als Gesetze 1. Stufe anzusehen.
Gesetze 2. Stufe: „Ein Gesetz 2. Stufe sagt aus, daß der stetigen Änderung der A_n immer eine bestimmte stetige Änderung der B_n entspricht ($A_n \rightarrow B_n$)“.[129] Besonders erwähnenswerte Eigenschaften dieser Gesetze sind: a) In Gesetzen 2. Stufe wird auf keines der zur Aufstellung benutzten Gesetze 1. Stufe explizit Bezug genommen; bei Gesetzen 1. Stufe ist das in bezug auf die singulären Sätze, die ihnen zugrunde liegen, der Fall. b) Die in den Gesetzen 1. Stufe auftretenden expliziten Ausdrücke (z. B. Konstante, Anomalien) sind im Gesetz 2. Stufe durch Funktionen von Variablen ersetzt.
Zusammenfassend kann man folgende Eigenschaften der empirischen und theoretischen Gesetzesaussagen festhalten:
Empirische GA werden überwiegend durch direkte Verallgemeinerung von singulären Beobachtungsaussagen (bzw. Meßaussagen) gewonnen, wobei auf die zugrunde liegenden Singuläraussagen explizit Bezug genommen wird. Sie enthalten Individuenvariable und ausschließlich Beobachtungsprädikate bzw. Prädikate, die auf solche reduziert werden können. Es ist jedoch möglich, daß empirische GA auch hypothetisch-deduktiv als Ganzes aus Theorien erschlossen werden bzw. auf intuitiv-konstruktivem Wege gewonnen werden. In beiden letzteren Fällen sind die beschriebenen allgemeinen empirischen Zusammenhänge so lange hypothetisch, wie sie nicht ausreichend bestätigt sind.
Theoretische GA können nicht durch direkte Verallgemeinerung gewonnen werden. Sie enthalten immer mindestens einen theoretischen Term, der nicht unmittelbares Beobachtungsprädikat ist. Somit spielen intuitiv-konstruktive Überlegungen bei ihrer Aufstellung immer eine Rolle, wobei der am häufigsten auftretende Aspekt der intuitiven Konstruktion vielleicht am anschaulichsten mit dem Begriff „Interpolation bis auf Stetigkeit“ gekennzeichnet werden kann. Die wichtigsten theoretischen Therme sind Funktionen von Eigenschaftsvariablen.
Die Unterscheidung wurde deshalb so genau herausgearbeitet, weil sich

[128] Ebenda, S. 32.
[129] Ebenda, S. 46.

diese Typen von Gesetzesaussagen auch grundsätzlich in der Anwendung in der Technik unterscheiden. In der technischen Praxis hat man es prinzipiell mit Objekten zu tun, die weder abstrakt noch allgemein sind. Wendet man empirische Gesetzesaussagen an, so gelingt das direkt durch einfache Spezifikation. Die Anwendung von theoretischen GA ist jedoch direkt nicht möglich. Aus ihnen müssen erst empirische GA hergeleitet werden (ohne daß damit die theoretischen GA dabei vollständig auf empirische GA reduziert werden), ehe deren Spezifikation zur Anwendung führt.
Genauere Untersuchungen mit spezifischen Beispielen bleiben dem 3. Kapitel vorbehalten.

2.6. Probleme der Vertiefung der Gesetzeserkenntnis

Der technischen Wissenschaft und der Technik ist es nicht gleichgültig, was auf dem Gebiet der Gesetzeserkenntnis geschieht. Das betrifft selbstverständlich zunächst die Entdeckung neuer objektiver Gesetze in technik-relevanten Gegenstandsbereichen, das betrifft aber auch die Frage der Vertiefung der Erkenntnis von schon bekannten Gesetzen.
Das Problem der Vertiefung der Gesetzeskenntnis hat für den Technik-Wissenschaftler zwei interessante Aspekte:
a) die zunehmende Annäherung des Bestätigungsgrades einer gesetzesartigen Aussage an $g=1$ und damit den Übergang von der gesetzesartigen Aussage zur Gesetzesaussage;
b) die Ausdehnung des Extensionalitätsgrades der Gesetzesaussage bei gleichzeitiger Konkretisierung.[130]
Beide Aspekte hängen auch untereinander zusammen, was noch zu zeigen sein wird.
Betrachtet man zunächst die gesetzesartigen Aussagen, die in Gesetzesaussagen übergehen können, so interessieren zwei Typen besonders: die Hypothesen (echte und Ad-hoc-Hypothesen) und die „Regeln". In diesem Zusammenhang muß zunächst die Frage geklärt werden, warum gesetzesartige Aussagen, die keine Gesetzesaussagen sind, überhaupt Bedeutung haben. – Setzt man einmal voraus, daß Gesetzesaussagen die Herleitung von potentiellen Aufforderungen derart gestattet, daß ihre Befolgung mit an Sicherheit grenzender Wahrscheinlichkeit zu einem geplanten Resultat führt, so leitet sich schon aus dieser Formulierung ab, daß die Kenntnis von gesetzesartigen Aussagen, deren Wahr-

[130] Die „reine" Verallgemeinerung ist ziemlich uninteressant.

heitswert nicht nahe 1 ist, nützlich sein kann. Auch aus ihnen sind potentielle Aufforderungen mit durchaus großem Neuheitswert herleitbar, allerdings wird die Anwendung in dem Maße „unsicher" sein, wie der Wahrheitswert der gesetzesartigen Aussage von 1 verschieden ist. – In der Tat zeigt sich in der Technik, daß aus kühnen Hypothesen, die noch keineswegs hochgradig bestätigt sind, technische Prinzipe entwickelt werden. Im gegebenen Fall leistet die Technik dann selbst (sozusagen „nebenbei") einen Beitrag zur Verifikation der Hypothese. Sie kann aber nicht (oder nicht immer) auf die Verifikation durch die Naturwissenschaft selbst „warten", weil dann oftmals schon wieder neue Hypothesen Anlaß zu noch kühneren technischen Prinzipien geben:

Zunächst sollen die Hypothesen genauer analysiert werden: In Anlehnung an die formale Struktur der Gesetzesaussagen kann man Hypothesen als einzelne Allaussagen folgender Form bezeichnen:

$$_g\forall x\,[EB(x) \Leftrightarrow (A(x) \Rightarrow B(x))]$$
$$\text{mit } 0 < g < 1$$

Zum Unterschied von manch anderem Sprachgebrauch werden in diesem Fall Singuläraussagen, die aus Hypothesen gefolgert sind, als „hypothetische Folgerungen" und Theorien (Aussagessysteme), die als Ganzes noch nicht hochgradig bestätigt sind, als „hypothetische Theorien" bezeichnet. H. Parthey und D. Wahl[131], die den „hypothetischen Theorien" den Terminus „Hypothese" zuordnen, stellen hinsichtlich der „hypothetischen Theorien" fest, daß sie zwei Untermengen wissenschaftlicher Aussagen enthalten:

1. eine Menge bereits als wahr festgestellter Aussagen,
2. eine Menge als wahr angenommener Aussagen.

Hypothesen können also auch „als wahr angenommene" Aussagen (Allaussagen) verstanden werden, wobei die „Annahme" jedoch nicht willkürlich sein kann, sondern bestimmten Kriterien unterworfen ist:

1. Die Hypothese muß bestätigungsfähig sein, d. h. es müssen Singuläraussagen ableitbar sein, die der direkten Überprüfung zugänglich sind. Enthält die Allaussage prinzipiell nicht auf Prädikate der unmittelbaren Beobachtung reduzierbare Prädikate, so handelt es sich um eine sinnlose bzw. Scheinhypothese.
2. Die Hypothese muß sich logisch widerspruchsfrei in die entsprechend bestätigte Theorie eingliedern lassen. Es kann allerdings der Fall ein-

[131] Vgl. Parthey, H. und Wahl, D., Die experimentelle Methode in Natur- und Gesellschaftswissenschaften, Berlin 1966, S. 107/108.

treten, daß eine logisch nicht „einpaßbare" Hypothese, die für sich einen bestimmten empirischen Bestätigungsgrad besitzt, Anlaß zur Überprüfung der entsprechenden Theorie gibt.

3. Die Hypothese darf sich in keinem untersuchten Fall der Überprüfung als falsch erwiesen haben.

4. Die Hypothese muß Folgerungen auch auf solche individuellen Sachverhalte zulassen, deren Widerspiegelung nicht in dem Bestand der Singuläraussagen enthalten sind, aus denen durch Verallgemeinerung die Hypothese gebildet wurde.

Man kann zwischen echten und ad-hoc-Hypothesen unterscheiden. Ad-hoc-Hypothesen erfüllen das 4. Kriterium nicht. Sie lassen eine Erklärung neuer Sachverhalte oder die Ableitung prognostischer Aussagen nicht zu. Wo sie vorkommen, bieten sie darüber hinaus auch keine echten Erklärungen der Singuläraussagen, aus denen sie gewonnen wurden. Sie sind demgemäß nicht als Bestandteil der Menge wissenschaftlicher Aussagen zu betrachten[132] und damit auch für die technischen Wissenschaften relativ uninteressant. Sie können bestenfalls als verkürzte Schreibweise einer Menge bekannter empirischer Abhängigkeiten nützlich sein. Eine absolute vollständige Bestätigung einer Hypothese ist vom streng logischen Standpunkt prinzipiell unmöglich. Jede Bestätigung verläuft formal nach folgendem Schema in zwei Schritten:[133]

1. Schritt (logisch): logisch richtige Ableitung einer deduktiven Folge;
2. Schritt (praktisch): empirische Überprüfung der logischen Folge.

Da die Hypothesen aber – wie die Gesetzesaussagen immer eine Aussage mit potentiellem Unendlichkeitscharakter ist, führt jede einzelne Falsifikation einer Folge zur Falsifikation der ganzen Hypothese, jede einzelne Verifikation einer Folge aber nur zur Erhöhung des Bestätigungsgrades der Hypothese, nicht aber zu ihrer absoluten Verifikation. Es ist also zu berücksichtigen, daß nicht nur die Verallgemeinerung eine Form der reduktiven Methode ist, sondern auch alle Verifikationsverfahren von Hypothesen.

Anders ist es zwar mit der vollständigen Induktion[134], aber die gibt es nur in Formalwissenschaften und ist dort in strengem Sinne eigentlich ein deduktives Verfahren. Vollständige Induktion in den theoretischen Wissenschaften ist nur möglich, wenn endliche Klassen von Erschei-

[132] Vgl. z. B. Juhos, B., Die Erkenntnis und ihre Leistung, Wien 1950, S. 59/60.

[133] In Anlehnung an Leinfellner, W., Struktur und Aufbau wissenschaftlicher Theorien, Wien-Würzburg, 1965, S. 19.

[134] Vgl. Polya, G., Schule des Denkens, Bern 1949, S. 136.

nungen vorliegen, aber dann genügt die Allaussage nicht mehr den anderen Kriterien, die sie als echte Hypothese, d. h. als gesetzesartige Aussage ausweisen würden. Auch das Haubersche Theorem[135] gestattet es nicht, auf logischem Wege zu einer zwingenden Induktion zu kommen, weil es nur auf solche Sonderfälle anwendbar ist, in denen eine absolute Isolation verschiedenster einzelner Ursachen und Wirkungen sowie deren endliche (mindestens definit abzählbare) Anzahl angenommen werden kann. So etwas gibt es jedoch in bezug auf die objektiv realen Gegenstandsbereiche der theoretischen Wissenschaften in praxi nicht.
Mit diesen Überlegungen ist auch die Feststellung nahegelegt, daß es absolute Gesetzesaussagen im Sinne einer vollständigen Verifikation nicht geben kann. Der Beweis für diese Feststellung folgt hier zwar den Gesetzen der Logik, resultiert aber letztlich aus der philosophisch-materialistischen These von der universellen Wechselwirkung in der materiellen Welt, in der die einzelnen objektiven Gesetze nur relativ beständig und relativ selbständige Zusammenhänge sind und demzufolge auch ihre Erkenntnis nicht absolut sein kann.
Aus dieser Feststellung resultiert eine Konsequenz für die technischen Wissenschaften, die schon an dieser Stelle genannt werden muß: Da keine Gesetzesaussage absolut wahr ist, kann technische Entwicklungs- und Konstruktionsarbeit, die sich ausschließlich auf gedankliche Herleitung technischer Vorschriften aus Gesetzesaussagen stützt und diese Vorschriften praktisch umsetzt, nicht zu einem absolut sicheren Ergebnis führen. Sie bedarf immer der Überprüfung und gegebenenfalls der Korrektur durch das technische Experiment.
Allerdings ist es eben ein entscheidender Unterschied, ob von gesetzesartigen Aussagen ausgegangen wird, die einen niedrigen (Hypothesen) oder einen hohen Bestätigungsgrad haben. Letztere sollen – und die Praxis lehrt, daß man das mit vollem Recht tun kann – uneingeschränkt als Gesetzesaussagen bezeichnet werden, ohne daß man jedesmal hinzufügen muß: „bis auf einen kleinen Rest, der zur vollen Bestätigung fehlt."
Ohne auf alle Möglichkeiten der Verfeinerung der induktiven bzw. der reduktiven Methode eingehen zu können, soll gesagt werden, daß es eine Reihe von Verfahren gibt, die es gestatten, mit endlichen Schritten eine hochgradige Bestätigung der Gesetzesaussagen zu erreichen. K. Berka hat dazu in quasi-quantitativer Darstellung einen Überblick gegeben[136],

[135] Vgl. Segeth, W., Elementare Logik, Berlin 1967, S. 148.
[136] Vgl. Berka, K., Logische Verfahren in der experimentellen Methode, in: Parthey, H. und Wahl, D., Die experimentelle Methode in Natur- und Gesellschaftswissenschaften, Berlin 1966, S. 141–155.

wobei insbesondere folgende Feststellung von Bedeutung ist: „Die Bestätigung einer nicht erwarteten Folge ist für die Annahme einer Hypothese überzeugender als die Bestätigung einer Folge, deren Bestätigung nicht angezweifelt wurde.“ [137]

Die zwei bekanntesten Beispiele für die Bedeutung dieser methodischen Regel sind folgende: Die richtige Vorausberechnung der Planetenbahn des bis dato *unbekannten* Planeten Neptun aus den Störungen der Uranusbahn durch Leverrier und die anschließende Entdeckung des Neptun durch J. G. Galle 1846 brachte den Newtonschen Gravitationsgesetzen einen weit höheren Bestätigungsgrad als alle zuvor an *bekannten* Planeten verifizierten prognostischen Aussagen. Das zweite Beispiel bezieht sich auf die Entdeckung des chemischen Elementes Germanium 1885, das zusammen mit seinen Eigenschaften von Mendelejew auf Grundlage der Prinzipien (Gesetze) des Periodischen Systems der Elemente schon 1871 vorausgesagt worden war. Die Entdeckung des Elementes war eine glänzende Bestätigung für das Periodische System der Elemente.

Insbesondere darf aber G. Polya das Verdienst zugeschrieben werden, eine vollständige systematisierte Darstellung verschiedenster Formen plausiblen (induktiven und analogischen) Schließens entwickelt zu haben.[138]

Auf eines seiner Schemata, nämlich die Erweiterung des sogenannten „induktiven Grundschemas“, sei hier besonders hingewiesen, weil es ein tieferes Verständnis für die Rolle der technischen Wissenschaften in bezug auf die Naturwissenschaften erlaubt:[139]

– Aus H folgt F_{n+1}
– F_{n+1} sehr verschieden von den zuvor verifizierten Konsequenzen $F_1, F_2, \ldots, F_n$ von H
– F_{n+1} *wahr*
– H *viel* glaubwürdiger

(H bedeutet Hypothese; F ist das Symbol für die einzelne aus H gezogen hypothetische Folgerung).

Da technische Objekte immer sehr verschieden von Naturobjekten sind, tragen verifizierte technische Folgerungen aus naturwissenschaftlichen Hypothesen immer in hohem Maße dazu bei, den Bestätigungsgrad einer naturwissenschaftlichen Hypothese zu erhöhen.

Zum Schluß dieser Ausführungen sei darauf hingeweisen, daß in den zurückliegenden Überlegungen (und so wird auch im folgenden verfahren)

137 Ebenda, S. 151.

138 Vgl. Polya, Mathematik und plausibles Schließen, Bd. II, Typen und Strukturen plausibler Folgerung, Basel und Stuttgart 1963, S. 178–182.

139 Vgl. Ebenda, S. 17.

der klassische Wahrheitsbegriff zugrunde gelegt wurde, derselbe, den auch Lenin benutzte, um auf dieser Basis die Dialektik von relativer und absoluter Wahrheit zu begründen.[140] Die Definition von H. Wessel: „Zwischen einem elementaren Aussagesatz und einem ihm entsprechenden Sachverhalt besteht die Wahrheitsrelation dann und nur dann, wenn zwischen ihnen eine gewisse Übereinstimmungsrelation besteht, die mit Hilfe des Kriteriums der Praxis ihrer höchsten Entwicklungsstufe feststellbar ist“[141], ist zwar nicht falsch (das kann ja eine Definition auch niemals sein), aber den Ansprüchen einer wirklichkeitsgerechten Darstellung der Erkenntnisentwicklung wird sie nicht – oder nur sehr „umständlich“ – gerecht. Wenn man „Wahrheit“ und „Wahrheitsüberprüfung“ nicht unterscheidet, taucht man mit ziemlicher Sicherheit in einen Dschungel von Relativismus, insbesondere dann, wenn es um mehr als um „Elementaraussagen“ geht.[142]

Als nächstes sind die sogenannten „Regeln“ zu analysieren, die sich von Hypothesen im vorher definierten Sinne unterscheiden, aber auch gewisse Ähnlichkeiten mit ihnen aufweisen. Es sei vorweg bemerkt, daß es im folgenden nicht um Regeln im Sinne von Vorschriften geht, etwa methodische Regeln, Verhaltensregeln o. ä., sondern um bestimmte gesetzesartige Aussagen, die im üblichen wissenschaftlichen Sprachgebrauch ebenfall den Namen „Regeln“ tragen.

Jedem ist die Spruchweisheit bekannt: „Ausnahmen bestätigen die Regel!“ Dieser Ausspruch hat eine Doppelbedeutung, die in jedem Fall sehr sinnvoll ist: Wird „Regel“ mehr als „Hypothese“ verstanden, so heißt das, daß eine als unwahrscheinlich geltende Folge („Ausnahme“) die Regel (Hypothese) stärker bestätigt als eine als wahrscheinlich geltende. Der Spruch hat aber auch eine andere interessante Bedeutung: Gibt es Ausnahmen in den Folgerungen aus einer Allaussage (also Fälle, die falsifiziert werden), wobei diese Fälle aber bedeutend weniger häufig auftreten als Verifikationen von Folgen, so bestätigen diese Ausnahmen, daß es sich nicht um eine Gesetzesaussage handelt, sondern eben um eine Regel.

140 Lenin, W. I., Materialismus und Empiriokritizismus, in: Lenin, Werke, Bd. 14, Berlin 1962, S. 116–132.

141 Wessel, H., Über mögliche Explikationen der Termini „relative Wahrheit“ und „absolute Wahrheit“, in: Wege des Erkennens (hrsg. von Bellmann, R. und Laitko, H.), Berlin 1969, S. 231.

142 Diese Definition kritisiert von Wittich, D., Der marxistische Begriff „objektive Wahrheit“, in: Deutsche Zeitschrift für Philosophie, 8/1971, S. 962/63.

Die Regel wie die Hypothese sind also keine Gesetzesaussagen. Der Unterschied der Regel[143] zur Hypothese besteht aber darin, daß:
- falsifizierte Fälle bekannt sind,
- der (angenommene) Gesetzeszusammenhang mit vagen Termini wie „nahezu", „etwa" u. ä. formuliert wird,
- die Existenzbedingungen des Gesetzeszusammenhanges nicht oder nur sehr vage angegeben werden.

Es seien zwei Beispiele solcher Regeln angeführt:
Erstens die Dulong-Petitsche Regel: [144] Für *zahlreiche* feste Elemente *in der Nähe* der Zimmertemperatur gilt, daß das Produkt aus spezifischer Wärme und Masse eines g-Atoms, d. h. die Atomwärme *nahezu* konstant ist und *etwa* den Wert 6,2 cal/Grad · g-Atom besitzt.
Zweitens die Regel über das Verhältnis von Zugfestigkeit und Dauerfestigkeit in unlegierten und niedriglegierten Stählen:

Es gilt:
$\sigma_{bw} \cong (0{,}4–0{,}6)\sigma_{zB}$
$\sigma_{zd\,W} \cong (0{,}35–0{,}50)\sigma_{zB}$

Zeichenerklärung:
$\sigma_{b\,W}$ – Biegewechselfestigkeit
$\sigma_{zd\,W}$ – Zug-Druck-Wechselfestigkeit
σ_{zB} – Zugfestigkeit

In Worten lautet die Regel wie folgt: In unlegierten und niedriglegierten Stählen beträgt die Biegewechselfestigkeit *etwa* das 0,4- *bis* 0,6fache der normalen Zugfestigkeit.

Formal kann man Regeln nicht genauso wie Hypothesen darstellen, denn es geht nicht darum, daß die Glaubwürdigkeit eingeschränkt ist, sondern man weiß ja, daß der angenommene Zusammenhang nicht für alle x gilt. Allerdings ist es wohl auch nicht ausreichend, davon zu sprechen, daß hier schlechthin eine Existentialaussage vorliegt[145],

143 Vgl. auch Guntau, M., Das Gesetz in den geologischen Wissenschaften, in: Zum Gesetzesproblem in den geologischen Wissenschaften, Freiberger Forschungsheft, D 51, Leipzig 1965, S. 21; Laitko, H. und Sprung W.-D., Chemie und Weltanschauung, Leipzig-Jena-Berlin 1970, S. 142/143.

144 Entnommen bei Eucken, A. und Wicke, E., Grundriß der physikalischen Chemie, 2. Aufl., Leipzig 1958, S. 131.

145 Das entspricht einer Korrektur der eigenen ehemals vertretenen Auffassung, wie sie dargestellt ist in: Wendt, H., Die Wechselbeziehungen zwischen technischen und theoretischen Wissenschaften, in: Wissenschaftliche Zeitschrift der Technischen Hochschule Karl-Marx-Stadt, Sonderheft 1/1969, S. 209.

etwa in der Form,

$$\exists(x)\,[EB(x) \Leftrightarrow (A(x) \Rightarrow B(x))]\,,$$

denn $\exists(x)$ heißt ja nur „es gibt ...“, und es bliebe offen, ob die Zahl der „positiven“ Fälle (gegenüber den Ausnahmen) gleich 1, gering oder häufig ist. Es ist also notwendig, den Regeln eine adäquatere Struktur zuzuschreiben:

$$\exists n(x)\,[EB(x) \underset{g}{\Leftrightarrow} (A(x) \Rightarrow B(x))]\,, \quad \text{mit: } 0 < g < 1/1 \ll n < \infty\,.$$

Dabei ist zu berücksichtigen, daß der tatsächliche Wert von n bei echten Regeln numerisch nicht angegeben werden kann. Daß hier für den physischen Zusammenhang zwischen Existenzbedingung und Gesetzeszusammenhang ein Wahrscheinlichkeitsfaktor g (induktive Wahrscheinlichkeit) und nicht p (statistische Wahrscheinlichkeit) angegeben wird, weist darauf hin, daß es Regeln in der objektiven Realität nicht gibt, sondern nur Gesetze; $g < 1$ heißt also, daß die Kenntnis der Existenzbedingungen des objektiven Gesetzes, das auch der Regel zugrunde liegt, unvollständig ist und nicht zwangsläufig, daß an dieser Stelle ein objektiver statistischer Zusammenhang vorliegt.

W. Leinfellner meint, daß dieser Typ von gesetzesartigen Aussagen „den allgemeinen Fall von Hypothesenbildung in den theoretischen Wissenschaften darstellt“[146]. Das trifft jedoch nur auf empirische Gesetzesaussagen zu; sie haben tatsächlich oft den Charakter von „Regeln“. Es trifft nicht zu für Hypothesen, die den Charakter theoretischer Gesetzesaussagen haben. Man sollte den Begriff „Regeln“ für diesen Typ gesetzesartiger Aussagen auch beibehalten, denn aus ihrer spezifischen formalen Struktur lassen sich *verschiedene* Arten der „Präzisierung“ der Erkenntnis zeigen, wobei der Übergang zu bestimmten Hypothesen (im vorher definierten Sinne) exakt beschreibbar ist.

Der erste Fall der Präzisierung betrifft den Übergang zu einer Hypothese, die der Erkenntnis eines dynamischen Gesetzes entspricht, durch die Präzisierung der Erkenntnis der Existenzbedingungen:

Die Existenzbedingungen werden eingeschränkt. EB geht über in EB^*, wobei $K(EB^*) \subset K(EB)$, d. h., daß die Klasse der „neuen“ Existenzbedingungen in der Klasse der ursprünglich genannten Existenzbedingungen enthalten ist. Gleichzeitig wird dadurch die Klasse der in Betracht gezogenen Elemente x auf die Klasse der Elemente x' eingeschränkt. Entscheidend ist, daß die Einschränkung der Existenzbe-

[146] Leinfellner, W., Struktur und Aufbau wissenschaftlicher Theorien, Wien-Würzburg, 1965, S. 23.

dingungen genau so weit betrieben wird, daß man statt „$\exists n(x)$ . . ." nun mit Gewißheit sagen kann „$g \forall (x')$ . . ." oder in Worten: durch die Einschränkung der Existenzbedingungen, unter denen ursprünglich Ausnahmen in der Gültigkeit der Regel auftraten, werden die Ausnahmen eliminiert, und unter den „neuen" Existenzbedingungen, die allerdings auch eine Verringerung der erfaßten „Fälle" einschließt, gilt die Regel nun ausnahmslos, ist also gar keine Regel im definierten Sinne mehr, sondern eine normale Hypothese. Durch die Präzisierung der Bedingungen wird also der Zusammenhang zwischen den Existenzbedingungen des Gesetzeszusammenhangs und dem Gesamtzusammenhang selbst erkentnismäßig eindeutig; die dort gemachte Angabe g geht also nach 1.

Das soll am Beispiel der Entwicklung der Theorie der spezifischen Wärme[147] demonstriert werden, wozu noch einmal die Dulong-Petitsche Regel genannt sei: Für zahlreiche feste Elemente in der Nähe der Zimmertemperatur gilt, daß das Produkt aus spezifischer Wärme und Masse eines g-Atoms, d. h. die Atomwärme nahezu konstant ist und etwa den Wert 6,2 cal/g-Atom · Grad besitzt.

Boltzmann hat als erster nun einen theoretischen Ansatz entwickelt, der die Regel auf eine Hypothese präzisierte. Er formulierte das „Gesetz" über die innere Energie fester Körper (mit 6 Freiheitsgraden):

$$U = 6\,\frac{RT}{2} = 3\,RT$$

R = universelle Gaskonstante
T = absolute Temperatur

demnach ergibt sich die spezifische Wärme:

$$c_v = \left(\frac{\partial U}{\partial T}\right)_v = 3\,R = 3 \cdot 1{,}986 \approx 6 \text{ cal/Mol} \cdot \text{grd.}$$

Die dabei vorgenommene Einschränkung der (EB) auf (EB^*) läßt sich wie folgt ausdrücken: „gilt für alle festen Körper *dann, wenn* sie der Boltzmann-Statistik genügen". Damit ist die Existenzbedingung auch exakt angegeben. Die gleichzeitige Einschränkung der Klasse der betrachteten Elemente auf eine kleinere Allklasse wird deutlich, wenn man die gemachte Aussage noch einmal anders formuliert:

„Für *alle* festen Körper, die der Boltzmann-Statistik genügen, gilt, . . ."

Der zweite Fall der Präzisierung einer Regel betrifft den Übergang zu einer Hypothese, die der Erkenntnis eines statistischen Gesetzes entspricht, durch quantitative Präzisierung des Verhältnisses „positiver" und „negativer" Fälle. Dabei treten wiederum zwei unterscheidbare Fälle auf:

[147] Zusammengestellt auf der Grundlage von Täubert, P., Metallphysik, Leipzig 1963, S. 29–42.

Im ersten Fall handelt es sich um den Übergang zu einer statistischen Hypothese mit einem *konstanten* Wahrscheinlichkeitswert in folgenden Schritten:

- $1 \ll n < \infty$ geht über in $n = n_k\%$.
- Damit geht aber auch $\exists n(x)$ in $_g(n_k\% \forall(x))$ über, wobei die Angabe g notwendig ist, weil n nun keine abzählbare Menge mehr ist, sondern Ausdruck für einen „Teil einer potentiell unendlichen Klasse".
- (EB) bleibt erhalten (wird gegebenenfalls zwar noch konkretisiert, aber extensional nicht verändert).
- Gleichzeitig geht die induktive Wahrscheinlichkeit g des *erkannten* Zusammenhangs zwischen den Existenzbedingungen des Gesetzes und dem Gesetzeszusammenhang selbst gegen 1.

Als Beispiel könnte man folgende Regel formulieren:

In Industrieländern bleibt der übergroße Anteil der Neugeborenen am Leben.

Die Soziologen und Sozialhygieniker sind heute aber in der Lage, hier eindeutige Gesetzmäßigkeiten zu formulieren, etwa in der Weise:

Unter den sozialen Bedingungen im Lande X beträgt die Säuglingssterblichkeit $n\%$. (Dabei ist der Zusammenhang zwischen Sozialbedingungen und Säuglingssterblichkeit tatsächlich nicht nur ein zufälliger statistischer Wert, sondern ein gesetzmäßiger.)

Als zweiten Fall kann man den Übergang zu einer funktional-statistischen Hypothese ansehen. Mehrere Regeln ein und derselben Klasse werden so zusammengefaßt, daß die Menge aller

$$[\exists n_i(x)] = [\forall(x) \ldots]$$

ergibt und die unterschiedlichen

$$(A_i(x) \Rightarrow B_i(x))$$

in *einer* Wahrscheinlichkeits*funktion* erfaßt werden, also in

$$(A(x) \underset{p}{\Rightarrow} B(x))$$

übergehen.

Im folgenden Beispiel wird aus Gründen der Demonstration ein wenig „konstruiert". Man könnte folgende Menge von Regeln aufstellen: Es gibt Röntgenstrahlen, die, wenn sie am Kristallgitter von Kupfer gebeugt werden, auf dem Bildschirm an der Stelle $a(x_1, y_1)$ auftreffen. Andere treffen an der Stelle $b\ (x_2, y_2)$ auf usw. Die Wissenschaft hat daraus folgende funktional-statistische Hypothese (Gesetz) entwickelt:

Die Gesamtverteilung der Röntgenreflexe auf einem Bildschirm nach der Beugung eines Röntgenstrahles an einem Kupferkristallgitter entspricht einer exakten Orts- und Intensitätsverteilungsfunktion (Wahrscheinlichkeitsfunktion).

Damit sind nun die wichtigsten Formen des Übergangs von gesetzesartigen Aussagen zu Gesetzaussagen erfaßt. Im folgenden sollen die Möglichkeiten der Verallgemeinerung von Gesetzesaussagen überprüft werden, wobei die zuvor gewonnenen Ergebnisse in erheblichem Maße nützlich sein werden.

Es gibt zwei Grundvoraussetzungen:

1. Eine Verallgemeinerung von Gesetzesaussagen bei gleichbleibendem Abstraktionsgrad ist eine Verallgemeinerung, die wohl als erweiterte, nicht aber als vertiefte Gesetzeserkenntnis angesprochen werden kann.
2. Jeder Anstoß zu einer vertieften Gesetzeserkenntnis geht von einer Falsifikation einer Hypothese aus.

Zur ersten These sei gesagt, daß unter Verallgemeinerung im strengen Sinne nur die Erhöhung des Extensionalitätsgrades einer Allaussage verstanden werden sollte, also die Feststellung, daß ein erkannter Gesetzeszusammenhang einer umfangreicheren Klasse von Erscheinungen zukommt als zuvor angenommen. Durch den Abstraktionsgrad hingegen wird die Intension einer Gesetzesaussage erfaßt, d. h. vor allem die Zahl von Merkmalen und der Grad der Differenzierung der Merkmalseigenschaften, die in die Gesetzesaussage eingehen. In der Gesetzeserkenntnis haben also Verallgemeinerung und Abstraktion nicht unbedingt eine gekoppelte Tendenz. Auf keinen Fall ist das sogenannte „Reziprozitätsgesetz von Inhalt und Umfang der Begriffe“ von Port Royal auf Gesetzesaussagen anwendbar. Es ist also durchaus möglich, daß im Prozeß der Gesetzeserkenntnis die gleiche Klasse von Erscheinungen mehr oder weniger konkret in einer Gesetzesaussage beschrieben wird. Um Mißverständnisse auszuschließen, sollte deshalb mit eindeutigen Termini operiert werden:

Verallgemeinerung – Spezifizierung
Abstraktion – Konkretisierung

Die zweite These bezieht sich nur auf *vertiefte* Gesetzeserkenntnis. Über die Anstöße zur erweiterten Gesetzeserkenntnis (Verallgemeinerung bei gleichem oder erhöhtem Abstraktionsgrad) wird hier kein Urteil gefällt. Sie kann wohl nicht von Falsifikationen ausgehen; das aber bleibt hier außerhalb der Betrachtung. Auch die „erste“ Aufstellung von empirischen Gesetzesaussagen geht natürlich nicht von Falsifikationen aus. – Eine Falsifikation – beispielsweise einer naturwissenschaftlichen Hypothese – muß auch nicht bewußt und gezielt nur mittels der experimentellen Methode feststellbar sein; sie kann durchaus zufällig – und das ist sogar der häufigere Fall – in der Praxis der technischen Entwicklungsarbeit oder in der Produktionspraxis erfolgen.
Die Verfahren zur Bestätigung einer Hypothese wurden schon unter-

sucht. Was geschieht bei der Falsifikation, und zwar logisch sowohl wie praktisch-historisch?

Gemeinhin wird bei der Hypothesenfalsifikation logisch der „modus tollens“ herangezogen:

$$\frac{\begin{array}{l} Hy \rightarrow Fo \\ Fo \text{ falsch} \end{array}}{Hy \text{ falsch}}$$

Das heißt, mit einer einzigen als falsch feststellbaren logischen Folgerung aus einer Hypothese ist einwandfrei beweisbar, daß die ganze Hypothese falsch ist. Was heißt das aber: „Die ganze Hypothese ist falsch“? Das soll tiefer untersucht werden.

Die Hypothese hat die Struktur

$${}_g\forall x\, [EB(x) \Leftrightarrow (A(x) \Rightarrow B(x))]\,, \quad \text{mit } 0 < g < 1\,.$$

Stellt sich eine logische Folgerung als falsch heraus, z. B.

$$\overline{B(x_i)}\,,$$

so läßt sich logisch folgendes ableiten:

Man könnte schreiben

$${}_g\forall (x)\, [\,.\,.\,.\,.\,]\,, \quad \text{mit } g = 0\,.$$

Das heißt aber nicht

$$\forall (x)\, \overline{[\,.\,.\,.\,.\,]}\,,$$

sondern

$$\overline{\forall (x)}\, [\,.\,.\,.\,.\,].$$

Dabei wird durchaus logisch einwandfrei der Alloperator negiert, nicht aber die ganze hypothetische *Allausssage.*[148] Das zu betonen ist von enormer Wichtigkeit. Tatsächlich (nicht logisch) setzt man darüberhinaus bei einer echten Hypothese voraus, daß die bisher untersuchten Folgerungen die Hypothese bestätigten und daß die Falsifikationen nur in solchen Bereichen der (zuvor als gültig angenommenen) Wirkungssphäre des Gesetzeszusammenhanges auftreten, die noch nicht untersucht waren. Man sondert also Allaussagen der angegebenen Struktur, die in keinem Fall empirisch bestätigt waren und bei der empirischen Überprüfung ihrer Folgerungen nur zu Falsifikationen führten, aus der Klasse der *wissenschaftlichen* Hypothesen aus. Falsifikationen von

[148] Vgl. Segeth, W., Elementare Logik, Berlin 1967, S. 136.

Scheinhypothesen erfolgen also tatsächlich in der Form:

$$\forall(x)\,\overline{[\ldots\ldots\ldots\ldots\ldots]}\,.$$

Zieht man darüberhinaus die prädikaten-logischen Gesetze heran, so gilt

$$\overline{\forall(x)}F(x) \leftrightarrow \exists(x)\overline{F(x)}\,.$$

Logisch schließt der Ausdruck $\overline{\forall(x)F(x)}$ die Möglichkeit ein, daß kein x die Eigenschaft F hat, *methodologisch* ist jedoch zu unterstellen, daß diese Möglichkeit bei der Falsifikation *echter Hypothesen* faktisch ausgeschlossen ist.

Folgendes methodologische Gesetz ist deshalb formulierbar:

Liegt eine echte Hypothese der Form

$$_g\forall(x)\,[EB(x) \Leftrightarrow (A(x) \Rightarrow B(x))]\,,\quad \text{mit } 0 < g < 1$$

vor und werden einzelne $B(x_i)$. falsifiziert, so wird der Alloperator der hypothetischen Aussage falsifiziert, man erhält

$$_g\overline{\forall(x)}\,[EB(x) \Leftrightarrow (A(x) \Rightarrow B(x))]\,,\quad \text{mit } g = 1\,.$$

Dieser Ausdruck ist *methodologisch äquivalent* dem Ausdruck

$$\exists n(x)\,[EB(x) \Leftrightarrow (A(x) \Rightarrow B(x))\,,\quad \text{mit } 1 \ll n < \infty\,.$$

Wenn vielfach geschrieben wird, daß es in vielen Fällen nicht angemessen ist, die Hypothese nach Falsifizierung völlig zu verwerfen, sondern es richtiger ist, sie zu präzisieren und abzugrenzen, so ist das vollkommen richtig. Mit den vorangegangenen Überlegungen ist jedoch ein exakter Ausgangspunkt fixiert worden, der es erlaubt, die folgenden methodischen Schritte bei der Hypothesenpräzisierung auch exakt zu belegen. Der Hinweis von H. Parthey und D. Wahl, daß bei Falsifikation die Hypothese verworfen bzw. modifiziert[149] wird, läßt sich präzisieren: Es kann genauer gesagt werden, wann „verworfen" und wann „modifiziert" wird.

Sieht man sich noch einmal genauer an, was aus der falsifizierten Hypothese geworden ist, so stellt man fest, daß sie genau der Formel der „Regel" entspricht. Damit sind im Prinzip auch alle Möglichkeiten der „Präzisierung" gegeben, wie sie im Abschnitt über „Regeln" besprochen worden sind. Darüberhinaus ist zu berücksichtigen, daß diese „Regeln" nicht auf empirischem Wege direkt gewonnen wurden,

[149] Vgl. Parthey, H. und Wahl, D., Die experimentelle Methode in Natur- und Gesellschaftswissenschaften, Berlin 1966, S. 109.

sondern indirekt durch empirische Falsifikation einer Hypothese. Dadurch ist aber (man entschuldige den vagen Ausdruck) ein „moralischer Stimulus" gegeben, eine präzisierte Hypothese, die mindestens die ursprüngliche Allklasse umfaßt, wiederzugewinnen. Man möchte sagen, die falsifizierte Hypothese „drängt" zur Präzisierung (Konkretisierung) *und* Verallgemeinerung.

Sieht man von den Möglichkeiten ab, daß eine Regel in eine statistische Gesetzesaussage übergeht, so wird häufig folgender Weg der Vertiefung der Gesetzeserkenntnis beschritten:

(1) $_g\forall(x)\,[EB(x)\Leftrightarrow(A(x)\Rightarrow B(x))],\quad 0<g<1;$

(2) $_g\overline{\forall(x)}\,[EB(x)\Leftrightarrow(A(x)\Rightarrow B(x))],\quad g=1;$

äqu.: $\exists n(x)\,[EB(x)\Leftrightarrow(A(x)\Rightarrow B(x))],\quad 1\ll n<\infty;$

(3) $_g\forall(x')\,[EB^*(x')\Leftrightarrow(A(x')\Rightarrow B(x'))],\quad 0<g<1,$

wobei $K(EB^*)\subset K(EB)$
und $K(x')\subset K(x)$;

(4a) $_g\forall(x)\,[EB(x)\Leftrightarrow(A(x),\,C_{EB},\,B(x))],\quad 0<g<1,$

oder besser

(4b) $_g\forall(x)\,[EB(x)\Leftrightarrow(A(x),\,f_{(EB)},\,B(x))],\quad 0<g<1.$

Die Schritte auf diesem vorgezeigten Weg haben folgende Bedeutung: Die ursprüngliche Hypothese ist in (1) erfaßt. Durch einzelne Falsifikationen wird die ganze Hypothese zunächst in Frage gestellt; es bleibt aber die Erkenntnis, daß in bestimmten Fällen („Regeln") der ursprünglich angenommene Zusammenhang richtig erfaßt ist (2). Durch Einschränkung der Existenzbedingungen und dadurch auch der in Betracht gezogenen Ereignisse, Zustände u. ä. wird eine Hypothese mit verringerter Wirkungssphäre gewonnen (3), in der der ursprünglich angenommene Zusammenhang wiederum ausnahmslos gilt. Die Wiedergewinnung einer echten Hypothese für die ursprüngliche Wirkungssphäre geschieht in der Art, daß ein Teil der nunmehr in ihrer differenzierten Bedeutung präziser erkannten Existenzbedingungen entweder als Konstante (4a) oder als Variable in Form einer Funktion (4b) in den eigentlichen Gesetzeszusammenhang aufgenommen wird.

Beispiele hierzu lassen sich in allen Wissenschaften finden. Das bekannteste ist sicherlich die Weiterentwicklung der Galilei- zur Lorentztransformation:
1. Die Galilei-Transformation, d. h. das Additionstheorem der Geschwindigkeiten mechanischer Bewegungen gilt in diesem Fall als Ausgangshypothese:
$x' = x - vt, \; t' = t$
Es wurde angenommen, daß die Galilei-Transformation für alle Geschwindigkeiten unabhängig von der Größe der Geschwindigkeit Gültigkeit besitzt.
2. Im 19. Jahrhundert, insbesondere durch den Michelson-Versuch (Bestätigung der Konstanz der Lichtgeschwindigkeit), konnte die Galilei-Transformation jedoch *in bestimmten Fällen* falsifiziert werden. Es blieb die Erkenntnis, daß sie jedoch in bestimmten Fällen nach wie vor Gültigkeit besitzt.
3. Durch Einschränkung der Bedingungen von „für alle Geschwindigkeiten" auf „für alle Geschwindigkeiten, die sehr klein gegenüber der Lichtgeschwindigkeit sind," konnte nachgewiesen werden, daß die Galilei-Transformation ausnahmslos gültig ist.
4. Die ursprüngliche Wirkungssphäre mit der Bedingung „für alle Geschwindigkeiten" wurde durch die Lorentz-Transformation (Grundlage der Relativitätstheorie) wiedergewonnen:

$$x' = \frac{x - vt}{\sqrt{1 - \left(\frac{v}{c}\right)^2}}, \; y' = y, \; z' = z, \; t' = \frac{t - \frac{vx}{c^2}}{\sqrt{1 - \left(\frac{v}{c}\right)^2}}.$$

(c = Lichtgeschwindigkeit)

In ihr erscheint der Einfluß der Größe der Geschwindigkeit als Funktion nun im Gesetzeszusammenhang selbst. Die Galilei-Transformation („bei kleinen Geschwindigkeiten") ist als Grenzfall in der Lorentz-Transformation enthalten.
Ein sehr eindrucksvolles Beispiel liefert auch die Entwicklung der Theorie der spezifischen Wärme, die wegen Kompliziertheit und Umfang hier jedoch nicht wiedergegeben werden soll.
Um auch die Aufnahme von Konstanten (4a) in der Entwicklung von Gesetzesaussagen zu zeigen, sei auf die Weiterentwicklung der Boyle-Mariotte'schen Gleichung hingewiesen:

– Boyle-Mariotte'sches Gesetz:

$p \cdot v$ = constant (bei konstanter Temperatur)
p = Druck
v = Volumen

– Universelle Gasgleichung

$p \cdot V = R \cdot T$
R = universelle Gaskonstante $\left(= 1{,}99 \frac{\text{cal}}{\text{Grad} \cdot \text{Mol}}\right)$
V = Molvolumen
T = Temperatur

Die ursprüngliche Existenzbedingung des Boyle-Mariotte'schen Gesetzes ist für alle Temperaturen verallgemeinert und gleichzeitig als Variable funktional in die eigentliche Gesetzesaussage aufgenommen worden (4b). Trotzdem gilt noch die einschränkende Bedingung, daß die Gültigkeit nur für Gase gilt, die dem Zustand idealer Gase nahekommen.

– van der Waalsche Gleichung:

$$\left(p+\frac{a}{V^2}\right)(V-b)=R\cdot T$$

Mit der Aufnahme der Konstanten *a* und *b* (Fall 4a) wird der Bedingung idealer Gase in der Gesetzesaussage selbst Rechnung getragen, die darin besteht, daß bei Gasen mit relativ hoher Dichte der Innendruck und das Eigenvolumen nicht vernachlässigbar sind.

Als Übernahme von spezifischen Bedingungen als Konstante in den Gesetzeszusammenhang selbst (Fall 4a) muß auch die explizite Ausweisung von Anomalien verstanden werden: z. B. die Dichte-Anomalie des Wassers bei 4 °C.

Der ganze Weg der „Verallgemeinerung mit Konkretisierung" kann nun in kurzen Worten noch einmal wie folgt beschrieben werden:

1. Nach der Falsifikation einer Hypothese tritt zunächst eine Spezifizierung des Individuenbereiches durch Präzisierung der Existenzbedingungen des Gesetzes (Aufnahme neuerkannter, einschränkender Bedingungen) ein.

2. Danach erfolgt die Wieder-Verallgemeinerung durch Aufhebung der einschränkenden Bedingungen. Das ist durch Übernahme dieser Bedingungen entweder als Konstante oder als Variable (bzw. Funktion von Variablen) in den formulierten Gesetzeszusammenhang möglich. Es kommt auch vor, daß eine Bedingung zuerst als Konstante im formulierten Gesetzeszusammenhang Aufnahme findet und später mit der Weiterentwicklung einer bestimmten Theorie von dort her in eine Variable umgewandelt wird.

Diese Form der Verallgemeinerung geht also tatsächlich mit Konkretisierung einher. Die Darstellung entspricht etwa auch der verbalen Klassifizierung von Verallgemeinerungen in zwei Typen, wie sie von G. Polya für die induktive Methode in der Mathematik vorgenommen wird:[150]

Typ 1: „Ersetzen einer Konstanten durch eine Variable"
Typ 2: „Aufheben einer Einschränkung".

In gewissem Sinne wird durch die dargestellten Schritte auch der Aufstieg der empirischen zu den theoretischen Gesetzesaussagen besser

150 Polya, G., Mathematik und plausibles Schließen, Bd. 1: Induktion und Analogie in der Mathematik, Basel/Stuttgart 1962, S. 34.

einsichtig, obwohl – wie gesagt – der Ausgangspunkt auch eine Hypothese von der Art einer theoretischen Gesetzesaussage sein kann.
Dem Übergang von Konstanten zu Variablen als Form der Verallgemeinerung entspricht auch Juhos' Darstellung vom Zusammenhang der Gesetze 1. Stufe mit jenen 2. Stufe.[151]
Betrachtet man die Schriftfolge bei der „Verallgemeinerung mit Konkretisierung" noch einmal unter anderem Aspekt, so läßt sich sagen, daß sie auch einer (möglichen) formalen Darstellung des verallgemeinerten Korrespondenzprinzips entspricht, von dem I. W. Kusnezow bemerkt, daß es die Bedeutung eines fundamentalen Entwicklungsgesetzes physikalischer Theorien angenommen hat.[152]
H. Laitko gibt folgende verbale Definition des Korrespondenzprinzips: „Wenn 2 Theorien *A* und *B* gegeben sind und der Verifikationsbereich von *B* ein Teilgebiet des Verifikationsbereiches *A* ist, dann stehen sie im Verhältnis der Korrespondenz. Der formale Apparat von *A* kann durch Ausführung bestimmter Operationen, die der Elimination bestimmter Parameter dienen, in den formalen Apparat von *A* überführt werden. Dieser Übergang ist – im Gegensatz zum umgekehrten – eindeutig. Im Verifikationsbereich von *B* muß die Anwendung von *A* und *B* praktisch identische Resultate ergeben."[153]
Die philosophisch-erkenntnistheoretische Bedeutung des Korrespondenzprinzips sieht H. Laitko darin, daß die „formale Einschränkung (der klassischen Prinzipien durch Bedingungen) hier inhaltliche Verallgemeinerung bedeutet"[154]. Es ist also durchaus möglich zu behaupten, daß die gegebene Darstellung (ebenso wie das Korrespondenzprinzip) als eine Interpretation des dialektischen Zusammenhangs von relativer und absoluter Wahrheit angesehen werden kann.
Gleichzeitig wird einer Forderung von G. Kröber Rechnung getragen, der schreibt: „Es wäre u. E. eine lohnende Aufgabe, die Entwicklung der einzelnen Wissenschaften als einen Prozeß der Erkenntnis immer allgemeinerer Gesetzmäßigkeiten darzustellen, als einen Erkenntnisprozeß, in dessen Verlauf vormals als spezifisch angesehene Wirkungs-

[151] Juhos, B., Die Erkenntis und ihre Leistung, Wien 1950, S. 46.
[152] Kuznecov, I. V., Vzaimosvjaz' fizičeskich teorij i razvitie sovremennoj fiziki elementarnych častic, in: Filosofskie problemy fiziki elementarnych častic, Moskva 1964, S. 16.
[153] Laitko, H., Das Korrespondenzprinzip als Methode der theoretischen Erkenntnis, in: Wege des Erkennens (hrsg. von Bellmann, R. und Laitko, H.), Berlin 1969, S. 143.
[154] Ebenda, S. 138.

bedingungen von Gesetzen als nichtspezifische Bedingungen neuentdeckter Gesetze erkannt werden."[155] Oder an anderer Stelle: „Es wäre z. B. eine lohnende Aufgabe, unter dem Aspekt des Begriffs der Wirkungsbedingungen verschiedener Ordnung das Fortschreiten der naturwissenschaftlichen Gesetzeserkenntnis von relativer Wahrheit niederer Ordnung zu solchen höherer Ordnung zu untersuchen."[156] Die Darlegung des Problems der Vertiefung der Gesetzeserkenntnis erfolgte deshalb so ausführlich, weil verallgemeinerte und konkretisierte Gesetzesaussagen einen höheren strategischen Wert besitzen als Gesetzesaussagen mit einem hohen Abstraktionsgrad. Damit ist ein klar formulierter Ausgangspunkt gewonnen, von dem aus die Differenzierungen des strategischen Wertes in bezug auf die verschiedenen Typen von Gesetzesaussagen besser beschreibbar werden (siehe Abschnitt 3.4.).

2.7. Zur Klassifikation der Gesetzesaussagen

In Zusammenfassung aller bisherigen Überlegungen wird im folgenden eine Klassifikation der Gesetzesaussagen vorgenommen. Bei dieser Klassifikation sind von vornherein gewisse Zweckmäßigkeitsüberlegungen eingeflossen hinsichtlich der Verwendbarkeit der Klassifikation der Gesetzesaussagen für die Klassifikation von Anwendungstypen in technischen Vorschriften. Gleichwohl wird die Objektivität der Klassifikation der Gesetzesaussagen gewahrt; die Zweckmäßigkeitsüberlegungen zielen auf die Elimination von Klassifikationskriterien, die für die technischen Wissenschaften weniger von belang sind[157], z. B. die Systemzugehörigkeit der Gesetzesaussagen, bestimmte logische Gesichtspunkte wie Prädikatenstufe, Anzahl der Argumentstellen u. ä., bestimmte pragmatische Aspekte usw. Hierbei wird ganz bewußt von einer Klassifikation der Gesetzes*aussagen* und nicht von einer Klassifikation der Gesetze gesprochen: Da jede bewußte Ausnutzung objektiver Gesetze notwendigerweise von deren

[155] Kröber, G., Noch einmal zur Rolle der Bedingungen . . ., in: Deutsche Zeitschrift für Philosophie, 10/1963, S. 1259.

[156] Kröber, G., Die logische Form von Gesetzesaussagen . . ., in: Wissenschaftliche Zeitschrift der Humboldt-Universität Berlin, Mathematisch-naturwissenschaftliche Reihe, 4–5/1965, S. 580.

[157] Vgl. z. B. Bunge, M., Arten und Kriterien wissenschaftlicher Gesetze, in: Der Gesetzesbegriff in der Philosophie und den Einzelwissenschaften (hrsg. von Kröber, G.) Berlin 1968, S. 118–138.

Erkenntnis ausgehen muß, interessiert nicht nur, welche verschiedenen Typen von objektiven Gesetzen in der objektiven Realität existieren, sondern auch, welche Unterschiede es in ihrer Widerspiegelung als Gesetzesaussagen gibt. Außer den subjektunabhängigen Kriterien kommen dadurch Kriterien, die sich aus dem Stand des Erkenntnisprozesses ergeben, hinzu. Beide Arten von Kriterien sind für die Anwendung von Bedeutung. Außerdem wird berücksichtigt, daß sich auch die Klassifikation nach Objektkriterien zunächst auf Gesetzes*aussagen* stützen muß; eine a-priori-Klassifikation, die gleichzeitig den Anspruch auf Wissenschaftlichkeit erhebt, kann es nicht geben. Das bedeutet aber auch, daß die objektiven Kriterien keine *absolute* Subjektunabhängigkeit beanspruchen können.

(A) *Unterscheidung der Gesetzesaussagen nach subjektunabhängigen (objektiven) Kriterien:*

An erster Stelle muß der Gegenstand der Gesetzesaussage als Klassifikationskriterium genannt werden. Da jedoch in der vorliegenden Untersuchung vorausgesetzt wird, daß die Gesetze bei der Lösung von Problemen nur gegenstandsbezogen angewendet werden, andererseits aus der Gegenstandsverschiedenheit der Naturgesetze keine unterschiedlichen Anwendungstypen resultieren (würde man die Gesetze der Gesellschaft untersuchen, wäre das allerdings nicht so), wird bei den folgenden Untersuchungen dieses Kriterium nicht berücksichtigt und deshalb auch nicht ausdrücklich eingeordnet.

(A_1) *Unterscheidung der Gesetzesaussagen nach dem Allgemeinheitsgrad*

Die Gesetze besitzen eine unterschiedliche Wirkungssphäre (Extension). Durch die Gesetzesaussage wird ein unterschiedlich großer Umfang von Dingen, Eigenschaften und Relationen erfaßt. Eine interne Klassifikation nach diesem Kriterium mit wiederum klassifikatorischen Begriffen (wie universell, gattungsspezifisch, artspezifisch u. ä.) ist wenig sinnvoll, nach metrischen Prinzipien andererseits unmöglich. Dieses Kriterium ist deshalb nur verwendbar, wenn sinnvolle Komparationen gegeben sind, also bei echter Subordination.

(A_2) *Unterscheidung von dynamischen* ($A_{2.1}$) *und statistischen* ($A_{2.2}$) *„Gesetzen"*

$A_{2.1}$ *Dynamische „Gesetze"*: Sie charakterisieren eine Klasse von Zusammenhängen so, daß jeder betreffende elementare Zusammenhang eindeutig bestimmt ist.

$A_{2.2}$ *Statistische „Gesetze"*: Sie charakterisieren eine Klasse von Zusammenhängen so, daß die Eindeutigkeit des Zusammenhanges für die Klasse als Ganzes gilt. Jeder elementare Zusammenhang ist und bleibt in bezug auf die Klasse zufällig, ist dabei aber integrierender (nicht „summierender") Bestandteil der Klasse als Ganzes und wird durch das „Gesetz" als real möglicher (wahrscheinlicher) Zusammenhang bestimmt. Aus der äußeren Formulierung von Gesetzesaussagen ist nicht ohne weiteres zu erkennen, ob es sich um dynamische oder statistische Gesetze handelt; es ist meist erforderlich, den Charakter bestimmter Konstanten zu erkennen (z. B. Boltzmann-Konstante, Halbwertszeit des Uranzerfalls u. ä.).

$A_{2.3}$ *Probabilistische „Gesetze"*: Die als $A_{2.2}$ benannten statistischen Gesetze lassen eine Häufigkeitsinterpretation entsprechend der Axiomatik von Kolmogoroff zu. Genaugenommen handelt es sich[158] um sogenannte „statistische Gesetze 1. Art." „Die Verteilungsfunktion ist hier Charakteristikum realer Gesamtheiten" (in der Physik: „Gesamtheiten von Mikroteilchen"). Die probabilistischen „Gesetze" oder auch „statistischen Gesetze 2. Art" lassen primär eine Häufigkeitsinterpretation nicht zu. Sie sind u. a. Gegenstand der Quantenmechanik. „Die Verteilungsfunktion ist hier Charakteristikum der *einzelnen* Mikroteilchen, insbesondere ihrer potentiellen Möglichkeiten zur Wechselwirkung mit dem Makroobjekt". (Die probabilistischen Gesetze werden in dieser Studie nicht weiter zur Untersuchung herangezogen, da sie in den vom Autor untersuchten technischen Bereichen keine Anwendung finden).

(A_3) *Unterscheidung nach dem Typ des Zusammenhanges* ($A(x) \Rightarrow B(x)$)

($A_{3.1}$) *Unterscheidung nach der Funktionalität des Zusammenhanges*

$A_{3.1.1}$ *Funktional„gesetze"* ($A(x) \overset{Fk}{\Rightarrow} B(x)$) bzw. ($A(x) \overset{Fk}{\Leftrightarrow} B(x)$): Die Gesetzesaussage enthält (Relations-)Funktionen in mathematischer Gestalt. Objektiv bedeutet das, daß in irgendeiner Form Eigenschaftsvariable existieren.

$A_{3.1.2}$ *A-funktionale „Gesetze"*: Die Gesetzesaussage enthält keine mathematischen Funktionen. Objektiv bedeutet das, daß in keiner Form Eigenschaftsvariable gegeben sind, anders gesagt: Es existieren nur eine oder mehrere Individuenvariable, erfaßte Eigenschaften bzw. Relationen treten als Konstante auf.

[158] Vgl. Bellmann, R., Verschiedene Typen von Gesetzen der Wissenschaft, Dissertation, Humboldt-Universität Berlin 1965, S. 78–81 und 134–135.

($A_{3.2}$) *Unterscheidung unabhängig von der Funktionalität des Zusammenhanges*

$A_{3.2.1}$ *Koexistenz„gesetz“* $(A(x) \overset{Kx}{\Rightarrow} B(x))$: Koexistenz„gesetze“ stellen einen allgemeinen, notwendigen und zeitunabhängigen Zusammenhang zwischen einem Individuenbereich und seinen Merkmalen dar.

$A_{3.2.1.1}$ *Konkomitanz„gesetze“*: Koexistenz„gesetze“ sollen dann Konkomitanz„gesetze“ genannt werden, wenn es sich bei den Merkmalen um Eigenschaften irgendwelcher Art handelt mit Ausnahme der Eigenschaft „Struktur“, wobei unter Struktur eine (vornehmlich räumliche) relativ stabile Zuordnung von Teilen eines Ganzen verstanden werden soll.

$A_{3.2.1.2}$ *Struktur„gesetze“*: Struktur„gesetze“ sind Gesetzesaussagen, in denen einem bestimmten Individuenbereich eine bestimmte Struktur im oben definierten Sinne zugeschrieben wird.

$A_{3.2.2}$ *Äquivalenz„gesetze“* $(A(x) \overset{NHB}{\Leftrightarrow} B(x))$: Äquivalenz„gesetze“ stellen einen allgemeinen, notwendigen und hinreichenden sowie zeitunabhängigen Zusammenhang zwischen verschiedenen Eigenschaften ein und desselben Objekts oder Prozesses oder zwischen Objekt und Eigenschaft bzw. Relation dar; die Eigenschaften oder Objekt und Eigenschaft (bzw. Relation) sind also gegenseitig eindeutig voneinander abhängig.

$A_{3.2.3}$ *Bewegungs- und Entwicklungs„gesetze“* $(A(x) \overset{\Delta t}{\Rightarrow} B(x))$: Bewegungs- und Entwicklungs„gesetze“ kennzeichnen Zustandsveränderungen, die in einem Prozeß allgemein und notwendig ablaufen. Dabei ist eine Zeitabhängigkeit immer vorhanden, auch wenn der Zeitparameter in der Gesetzesaussage nicht immer explizit auftritt.

$A_{3.2.3.1}$ *Kausal„gesetze“* $(A(x) \overset{kau}{\Rightarrow} B(x))$: Kausal„gesetze“ machen über den allgemein notwendigen Zusammenhang zwischen Erscheinungen eine Aussage, bei dem jede Veränderung $\Delta B(x_m, x_n)$ eindeutig durch ein Ereignis $A(x_n)$ bzw. $\Delta A(x'_{n+1}, x_n)$ hervorgebracht wird.

$A_{3.2.3.2}$ *Folge„gesetze“* $(A(x) \overset{Fo}{\Rightarrow} B(x))$: Folge„gesetze“ stellen allgemein notwendige Zustandsfolgen dar, ohne daß die aufeinander folgenden Zustände im Ursache-Wirkungs-Verhältnis stehen. Die verschiedenen Zustände und ihre Aufeinanderfolge haben natürlich Ursachen; in der Gesetzesaussage werden die Ursachen aber entweder nur als (wirkende!) Existenzbedingung oder gar nicht genannt.

(B) *Unterscheidung der Gesetzesaussagen nach Kriterien des Erkenntnisstandes*

(B_1) *Unterscheidung nach dem Bestätigungsgrad der Hypothese*

Da der Bestätigungsgrad prinzipiell nicht numerisch angegeben werden kann und auch komparative Unterscheidungen äußerst schwierig sind, sollte man nur klassifikatorisch unterscheiden zwischen:

$B_{1.1}$ Gesetzesaussagen mit $0 \ll g < 1$
$B_{1.2}$ Hypothesen mit $0 < g < 1$.

(B_2) *Unterscheidung nach dem Grad der präzisen Erfassung der Existenzbedingungen des Gesetzes*

B_2 „Regeln" mit der Form:

$$\exists n(x)\,[EB(x) \Leftrightarrow (A(x) \Rightarrow B(x))]\,,$$
$$\text{mit } 1 \ll n < \infty\,.$$

(Im Unterschied zu den „Regeln" wären dann wieder die Gesetzesaussagen zu nennen, die jedoch schon unter $B_{1.1}$ fixiert sind.)

(B_3) *Unterscheidung nach der Explikationsschärfe der in der Gesetzesaussage verwendeten Begriffe*

$B_{3.1}$ GA, die nur klassifikatorische Begriffe verwenden;
$B_{3.2}$ GA, die neben klassifikatorischen auch topologische Begriffe verwenden;
$B_{3.3}$ GA, die neben klassifikatorischen und/oder topologischen Begriffen auch metrische Begriffe verwenden.

(B) *Unterscheidung nach der Art der in der Gesetzesaussage verwendeten Prädikate*

$B_{4.1}$ GA, die nur Beobachtungs- (bzw. Meß-)ausdrücke enthalten.
$B_{4.2}$ GA, die auch theoretische Ausdrücke enthalten.

(B_5) *Unterscheidung nach dem Abstraktionsgrad*

Man könnte diese Unterscheidung mit gewissem Recht danach vornehmen, wie hoch die Stellenzahl der Prädikate (insgesamt) ist, die in der Gesetzesaussage vorkommen. Damit wäre aber der Abstraktionsgrad noch nicht eindeutig bestimmt. Deshalb werden hier keine Unter-

gruppen fixiert, sondern es wird in der späteren Untersuchung von Anwendungen von Gesetzesaussagen in verschiedenen Stadien des Erkenntnisprozesses an konkreten Beispielen die Differenzierung (von B_5 und A_1) gezeigt werden.
In der nachfolgenden Tabelle (Abb. 1) wird eine Übersicht der Klassifikation der Gesetzesaussagen gegeben.

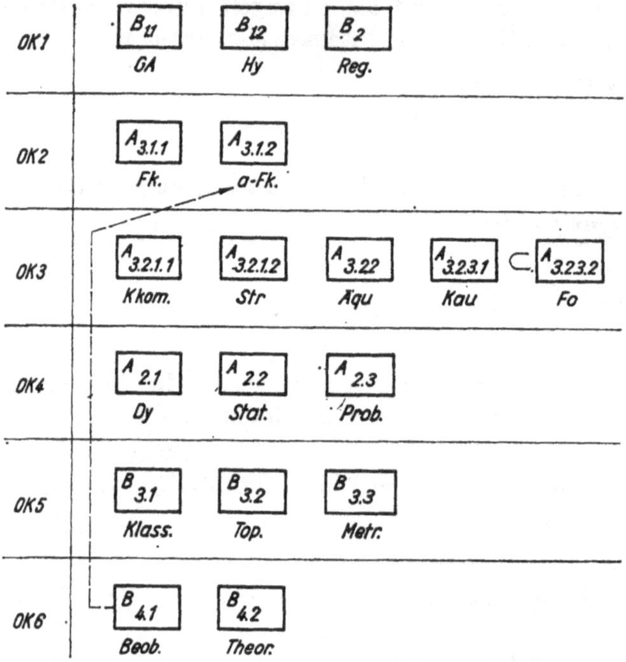

Abb. 1: Vollständiges Schema zur Klassifikation von Gesetzesaussagen

Für die Anwendung des Schemas gelten folgende Regeln:

1. Gesetzesaussagen sind vollständig klassifiziert, wenn sie je einer Klasse aller Oberklassen OK 1 bis OK 6 zugeordnet sind.
2. Klassen von Gesetzesaussagen in *einer Reihe* schließen sich paarweise gegenseitig aus. *Ausnahme:* alle „Kausal„gesetze“ [159] sind auch Folge-*„gesetze“*, jedoch nicht umgekehrt.

[159] Es sei an dieser Stelle noch einmal ausdrücklich darauf hingewiesen, daß hier und im weiteren folgende Ausdrücke synonym verwendet werden:
a) „Gesetz“ – Gesetzesaussage
b) Gesetz – objektives Gesetz

3. Alle Klassenverbindungen (Durchschnittsbildungen) zwischen Klassen verschiedener Oberklassen sind mögliche Verbindungen (ergeben nicht die Null-Klasse als Durchschnitt). *Ausnahme:* „Gesetze", in denen nur Beobachtungsterme vorkommen, können nur a-funktional sein. Insgesamt gibt es also 17 Klassen von Gesetzesaussagen in 6 Oberklassen.

Im folgenden sollen für alle 17 Klassen und für bestimmte Klassenkombinationen von Typen von Gesetzesaussagen Beispiele bzw. weitere Erläuterungen gegeben werden:

1. Hypothesen

An der Formulierung konkreter gesetzesartiger Aussagen ist der Unterschied von Hypothesen und Gesetzesaussagen nicht feststellbar; nur aus der genauen Kenntnis des Entwicklungsstandes einer Theorie ist abschätzbar, wie hoch der Bestätigungsgrad etwa ist.

2. „Regeln"

a) Es sei erstens noch einmal die Dulong-Petitsche-Regel genannt: „Für zahlreiche feste Elemente in der Nähe der Zimmertemperatur gilt, daß das Produkt aus spezifischer Wärme und Masse eines g-Atoms, d. h. die Atomwärme nahezu konstant ist und etwa den Wert 6,2 cal/g-Atom · Grad besitzt."

Die vollständige Klassifikation dieser Regel lautet:

$$B_2 - A_{3.1.2} - A_{3.2.1.1} - A_{2.1} - B_{3.3} - B_{4.2}\,.$$

Warum sprechen wir hier von einem dynamischen „Gesetz" ($A_{2,1}$)? – Für die Zuordnung zu den dynamischen „Gesetzen" spielt die Frage der Erkenntnistiefe eine Rolle. Bei der Aufstellung der „Regel" war – im Unterschied zur späteren Erkenntnis des wirklichen Gesetzes – nicht bekannt, daß der Zusammenhang eine statistische Basis hat.
Warum $B_{4.2}$? – Die „Regel" wurde zwar empirisch gewonnen, der Terminus „spezifische Wärme" ist aber eindeutig ein theoretischer Ausdruck.
b) Regel über das Verhältnis von Zugfestigkeit und Dauerfestigkeit in unlegierten und niedriglegierten Stählen:

Es gilt:

$$\sigma_{bw} \cong (0{,}4 \text{ bis } 0{,}6)\sigma_{zB}$$
$$\sigma_{zdW} \cong (0{,}35 \text{ bis } 0{,}50)\,\sigma_{zB}$$
σ_{bw} = Biegewechselfestigkeit
σ_{zdW} = Zug-Druck-Wechselfestigkeit
σ_{zB} = Zugfestigkeit

Die vollständige Klassifikation der Regel lautet:

$$B_2 - A_{3.1.1} - A_{3.2.2} - A_{2.1} - B_{3.3} - B_{4.2}\,.$$

Warum Äquivalenz„gesetz" ($A_{3.2.2}$)? – Die physische Äquivalenz bezieht sich auf den inneren Zusammenhang zwischen Zugfestigkeit und Wechselfestigkeit. Zwischen diesem Zusammenhang und seiner Existenzbedingung (unlegierte und niedriglegierte Stähle) ist die physische Äquivalenz nicht sicher, deshalb auch „Regel". An diesem Beispiel sieht man noch einmal, daß die verbale Feststellung, daß „der Zusammenhang zwischen Gesetz und seinen Existenzbedingungen nicht sicher erkannt ist", der Schreibweise „$\exists n(x)$ [. . .]", in der für die betrachteten n Individualfälle der Zusammenhang als sicher angenommen wird, semantisch äquivalent ist.

3. Funktional„gesetze"

a) Hooksches Gesetz für die Dehnung ideal-elastischer Festkörper:

$$\sigma = \varepsilon \cdot E;$$

σ = Spannung
ε = Dehnung
E = Elastizitätsmodul (Materialkonstante; $f_{(T)}$).

Die vollständige Klassifikation lautet:

$$B_{1.1} - A_{3.1.1} - A_{3.2.3.1} - A_{2.1} - B_{3.3} - B_{4.2}.$$

Warum sprechen wir von einem Kausalgesetz ($A_{3.2.3.1}$)?

Weil tatsächlich jede Spannungsänderung eine Dehnungsänderung hervorbringt. Physische Äquivalenz liegt nicht vor, da eine Längenänderung auch durch Temperaturveränderung hervorgebracht werden kann (bei gleichbleibender Spannung).

b) Gesetz der Beugung der Röntgenstrahlen in Kristallen (nach W. Bragg):

$$n \cdot \lambda = d \cdot 2 \sin \vartheta$$

n = 1, 2, 3, 4, . . .
λ = Wellenlänge der einfallenden Röntgenstrahlen
ϑ = Reflexionswinkel
d = Abstand der Gitterebenen im Kristall

Das heißt, alle auftretenden Reflexionsrichtungen bei der Beugung von Röntgenstrahlen an Kristallgittern genügen diesem Gesetz (allerdings nur annähernd).

Die vollständige Klassifikation lautet:

$$B_{1.1}(B_{1.2}) - A_{3.1.1}(A_{3.1.2}) - A_{3.2.2} - A_{2.1} - B_{3.3} - B_{4.2}.$$

Warum handelt es sich hier um ein dynamisches „Gesetz" ($A_{2.1}$)? – In späterer Erkenntnis stellte man fest, daß die Beugung ein statistischer Vorgang ist, aber auf dem genannten Erkenntnisstand (deshalb auch besser: Hypothese $B_{1.2}$) wurde die Beugung wie eine Reflexion und deshalb „dynamisch" behandelt.

Warum die Klassifikation $A_{3.1.1}(A_{3.1.2})$? – Alle Variablen der Gleichung (n, λ, ϑ, d) sind zwar numerisch bestimmbar, jedoch sind nicht alle vier Variable kontinuierlich veränderbar: zunächst kann für n nicht jede beliebige positive Zahl stehen, sondern nur ganze Zahlen, außerdem sind die Gitterabstände d in einem konkreten Kristallgitter nicht beliebige, sondern genau definierte Abstände. Trotz der metrischen Begriffe und der Variabilität der durch die Begriffe benannten Eigenschaften liegt also kein Funktionalgesetz idealer Form vor.

c) Fall„gesetz“:

$$s = \frac{1}{2} gt^2$$

Vollständige Klassifikation:

$$B_{1.1} - A_{3.1.1} - A_{3.2.3.2} - A_{2.1} - B_{3.3} - B_{4.2}.$$

Das Fall„gesetz“ ist sowohl ein Funktionalgesetz als auch ein Folge„gesetz“ in einer Form.

4. A-funktionale „Gesetze“

Da in der Oberklasse OK 3 noch weitere Beispiele angegeben werden, die sich zum Teil auf a-funktionale „Gesetze“ beziehen, soll hier nur ein Beispiel genannt werden:

a) Reines Aluminim hat einen Schmelzpunkt von 660 °C

Vollständige Klassifikation:

$$B_{1.1} - A_{3.1.2} - A_{3.2.1.1} - A_{2.1} - B_{3.3} - B_{4.2}.$$

Warum $B_{4.2}$? – „Schmelzpunkt“ ist eindeutig ein theoretischer Term (im Unterschied zum Terminus „schmilzt“).

5. Konkomitanz„gesetze“

a) Zu dem unter 4a) genannten Beispiel, das ja auch einem Konkomitanzgesetz entspricht, lassen sich weitere Konkomitanzgesetze, die sich auf denselben Individuenbereich (reines Aluminium!) beziehen und der gleichen Gesamtklassifikationsgruppe angehören, hinzufügen: Reines Aluminium hat

- einen Schmelzpunkt von 660 °C
- einen Siedepunkt (bei 760 Torr) von 2060 °C
- eine Wichte von 2,7 g/cm³
- eine spezifische Wärme (bei 0 °C) von 0,215 cal/g · °C
- eine Schmelzwärme von 92,7 cal/g
- einen linearen Wärmeausdehnungskoeffizienten (bei 0 °C) von $23{,}9 \cdot 10^{-6}$/°C
- eine Wärmeleitfähigkeit von 0,53 cal/cm · °C · s
- eine elektrische Leitfähigkeit (bei 20 °C) von 37,6m/Ω · mm²
- einen Elastizitätsmodul von 7220kg/mm².

Von Bedeutung ist folgendes: Die *Gesamtheit* aller dieser Konkomitanz„gesetze“, die sich ja alle auf reines Aluminium beziehen, ergeben *ein* Äquivalenz„gesetz“:

$$\begin{array}{l} \text{Aus } A(x) \overset{Kkom}{\Rightarrow} B_1(x) \\ \text{und } A(x) \Rightarrow B_2(x) \\ \text{und } A(x) \Rightarrow B_3(x) \text{ usw.} \\ \hline \text{wird } A(x) \overset{NHB}{\Leftrightarrow} (B_1(x) \wedge B_2(x) \wedge B_3(x) \ldots). \end{array}$$

Dieses neue „Gesetz“ entspricht der vollständigen Klassifikation:

$$B_{1.1}(B_{1.2}) - A_{3.1.2} - \boldsymbol{A_{3.2.2}} - A_{2.1} - B_{3.3} - B_{4.2}\,.$$

b) Es sei noch ein sehr einfaches „Gesetz“ als Beispiel hinzugefügt, das aber durchaus allen Kriterien einer vollständigen Gesetzesaussage genügt: „Eis schwimmt auf Wasser“.

Vollständige Klassifikation:

$$B_{1.1} - A_{3.1.2} - \boldsymbol{A_{3.2.1.1}} - A_{2.1} - B_{3.1} - B_{4.1}\,.$$

6. Struktur„gesetze“

a) Kupfer kristallisiert kubisch-flächenzentriert (kfz). Vollständige Klassifikation:

$$B_{1.1} - A_{3.1.2} - \boldsymbol{A_{3.2.1.2}} - A_{2.1} - B_{3.1} - B_{4.2}\,.$$

b) In Vielkristallen ist die Versetzungsdichte an den Korngrößen größer als im Korninnern:

$$B_2 - A_{3.1.2} - \boldsymbol{A_{3.2.1.2}} - A_{2.2} - B_{3.2} - B_{4.2}\,.$$

7. Äquivalenz„gesetze“

Es sollen zwei Beispiele gewählt werden, die vor allem den Unterschied zwischen funktionalen und a-funktionalen Äquivalenz„gesetzen“ demonstrieren:

a) $E = m \cdot c^2$ (Einsteinsche Formel über die Äquivalenz von Masse und Energie)

Vollständige Klassifikation:

$$B_{1.1} - \boldsymbol{A_{3.1.1}} - \boldsymbol{A_{3.2.2}} - A_{2.1} - B_{3.3} - B_{4.2}\,.$$

In gleicher Weise gilt dieser Klassifikationstyp auch für

- die Zustandsgleichung der Gase $p \cdot V = RT$
- das Massenwirkungsgesetz (Guldberg/Wage 1867)

$$K_c = \frac{{}^cC \cdot {}^cD}{{}^cA \cdot {}^cB} \quad \text{bzw.} \quad K_p = \frac{{}^pC \cdot {}^pD}{{}^pA \cdot {}^pB}.$$

c = Konzentration (in Lösungen)
p = Partialdruck (in Gasgemischen)

und viele andere „Gesetze“.

b) Es sei zunächst ein Konkomitanzgesetz genannt: „Natriumdampf verbrennt mit gelber Flamme“.

Vollständige Klassifikation:

$$B_{1.1} - A_{3.1.2} - \boldsymbol{A_{3.2.1.1}} - A_{2.1} - B_{3.1} - B_{4.1}\,.$$

Bei tieferer Erkenntnis zeigte sich (mit Entwicklung der optischen Spektrallehre), daß verbrennender Natriumdampf im Linienspektrum eine charakteristische „gelbe Doppellinie“ zeigt (Na-D-Linie), deren Frequenz eindeutig fixiert ist.

Damit wurde aber ein Gesetz erkannt, in dem der Zusammenhang zwischen einem Individuenbereich und einer reproduzierbaren Eigenschaft umkehrbar eindeutig bestimmt ist, also:

$$A(x) \overset{NHB}{\Leftrightarrow} B(x)\,,$$

d. h. A und B stehen zueinander im Verhältnis einer notwendigen und hinreichenden Bedingung (ohne funktional zu sein).

Die vollständige Klassifikation lautet:

$$\mathrm{B}_{1.1} - A_{3.1.2} - A_{3.2.2} - \mathrm{A}_{2.1} - \mathrm{B}_{3.3} - \mathrm{B}_{4.2}\,.$$

c) Es sei noch einmal an das Beispiel (5a) erinnert, in dem gezeigt wurde, wie aus einer *Gesamtheit* von Konkomitanz„gesetzen" *ein* Äquivalenz„-gesetz" gewonnen wurde. Beide Beispiele (5a und 7b) unterscheiden sich darin, daß die Glaubwürdigkeit bzw. der Bestätigungsgrad des „Gesetzes" über das Na-Spektrum größer ist, weil theoretisch fester untermauert, als die Glaubwürdigkeit der physischen Äquivalenz zwischen Aluminium und seiner spezifischen Summe von Eigenschaften, weil der Zusammenhang zwischen den Eigenschaften theoretisch nicht erfaßt ist.

8. Kausal„gesetze"

a) Es sei zunächst ein a-funktionales Kausal„gesetz" genannt: Schlägt ein elektrischer Funken durch ein Gemisch von gasförmigem Wasserstoff und Sauerstoff, so verschwindet das Gas und es entsteht flüssiges Wasser (H_20).

Vollständige Klassifikation:

$$\mathrm{B}_{1.1} - \mathrm{A}_{3.1.2} - A_{3.2.3.1} - \mathrm{A}_{2.1} - \mathrm{B}_{3.1} - \mathrm{B}_{4.1}\,.$$

b) Als Beispiel für funktionale Kausal„gesetze" wurde schon das Hooksche Gesetz genannt (Beispiel 3a). Es seien hier noch die zwei Fick'schen Diffusionsgesetze genannt:

1. Ficksches Diffusionsgesetz $S = -D\,\frac{\partial c}{\partial x}$

2. Ficksches Diffusionsgesetz $\frac{\partial c}{\partial t} = D\,\frac{\partial^2 c}{\partial x^2}$

S = Teilchenstromdichte $\frac{g}{d \cdot cm^2}$

D = Diffusionskonstante $(f_{(t)})\,\frac{cm^2}{d\,(\mathrm{Tage})}$

$\frac{\partial c}{\partial x}$ = Konzentrationsgefälle $\frac{g}{cm^3 \cdot cm}$

t = Diffusionsdauer

x = Weg

d. h., das Konzentrationsgefälle ist Ursache für die Diffusionsstärke und die Diffusionsgeschwindigkeit.

Vollständige Klassifikation beider Gesetze:

$$\mathrm{B}_{1.1} - \mathrm{A}_{3.1.1} - A_{3.2.3.1} - \mathrm{A}_{2.2} - \mathrm{B}_{3.3} - \mathrm{B}_{4.2}\,.$$

9. Folge„gesetze"

a) Fall„gesetz":

$$s = \frac{1}{2} g t^2$$

Vollständige Klassifikation:

$$B_{1.1} - A_{3.1.1} - A_{3.2.3.2} - A_{2.1} - B_{3.3} - B_{4.2}.$$

Dieser häufige Typ der *funktionalen Folge„gesetze"* ist den funktionalen Äquivalenz„gesetzen" in der formalen Struktur gleich. Die Besonderheit besteht darin, daß die „Zeit" („Dauer") als expliciter Parameter auftritt, wodurch eine Gesetzesaussage entsteht, in der ausgesagt wird, in welcher Weise sich eine Größe in der Zeit ändert.

„Gesetze," in denen *partielle Ableitungen von Zustandsgrößen nach der Zeit* auftreten, sind ebenfalls „Folgegesetze", weisen aber auf einen spezifischen Typ hin, nämlich auf „Kausalgesetze" (vgl.: 2. Ficksches Diffusionsgesetz im Beispiel 8b).

Die „Folgegesetze" wurden der großen Gruppe der Bewegungs- und Entwicklungsgesetze zugeordnet. Sie lassen sich *inhaltlich* auch in folgender Weise unterscheiden:

(I. Beispiel 9a) „Gesetz" über quantitative Veränderungen (Bewegungsgesetze im engeren Sinne)

II. „Gesetze" über qualitative (reversible) Veränderungen

III. Eine Gruppe von „Folgegesetzen", die nur für die Technik als Ganzes (allerdings natürlich nicht nur in der Technik, sondern darüberhinaus in allen historischen Wissenschaften) eine Rolle spielen und deshalb hier auch ohne Beispiel erwähnt wurden: „Gesetze" über qualitative, irreversible Veränderungen, also „Entwicklungsgesetze" im engeren Sinne.

10. Dynamische „Gesetze"

Spezifische Beispiele brauchen hier nicht mehr angeführt zu werden, da sie in Beispielen zu anderen Klassifikationsgruppen mehrfach vertreten waren.

11. Statistische „Gesetze"

Es werden einige Beispiele genannt, die die Kombination des Typs der statistischen „Gesetze" mit Klassifikationsgruppen der OK2 und OK3 zeigen:

a) Die Halbwertszeit des radioaktiven (α-) Zerfalls des Uranisotops $_{92}U^{235}$ beträgt $0{,}715 \cdot 10^9$ Jahre.

Vollständige Klassifikation:

$$B_{1.1} - A_{3.1.2} - A_{3.2.2}(!) - A_{2.2} - B_{3.3} - B_{4.2}.$$

b) Die Lebenserwartung der Menschen im Staate X beträgt Y Jahre.

Vollständige Klassifikation:

$$B_{1.1} - A_{3.1.2} - A_{3.2.1.1} - A_{2.2} - B_{3.3} - B_{4.2}.$$

Hier liegt tatsächlich ein Konkomitanzgesetz vor (im Unterschied zum Beispiel 11a), denn der statistische Zusammenhang zwischen X und Y ist nicht umkehrbar eindeutig.
c) Der Fehlordnungsgrad der atomaren Fehlordnung bei reinen Stoffen beträgt:

$$\frac{n}{N} = e^{-\frac{U_L}{kT}}$$

N = Gesamtzahl der Gitteratome
n = Zahl der Leerstellen
U_L = Energie zur Bildung einer Leerstelle

Vollständige Klassifikation:

$$\mathrm{B}_{1.1} - \mathrm{A}_{3.1.1} - \mathrm{A}_{3.2.3.1}(!) - A_{2.2} - \mathrm{B}_{3.3} - \mathrm{B}_{4.2}\,.$$

Es liegt tatsächlich ein „Kausal"gesetz vor, auch wenn der Begriff „Fehlordnungsgrad" auf ein Struktur„gesetz" zu weisen scheint. In dem vorliegenden „Gesetz" wird aber nicht schlechthin eine bestimmt Struktur im Sinne einer Eigenschaft einem Individuenbereich zugeschrieben, sondern es wird die Struktur im Sinne einer Wirkung durch eine Ursache (Energiegröße) erklärt.
12. „Gesetze" der Klassifikationsgruppen der Oberklasse OK 5 sind schon in mehreren Beispielen genannt worden. Es sollen nur noch zwei ergänzende Beispiele zur Klasse der „Gesetze" mit topologischen Begriffen genannt werden.
a) „Kupfer leitet Wärme besser als Aluminium und dieses besser als Eisen."

Vollständige Klassifikation:

$$\mathrm{B}_{1.1} - \mathrm{A}_{3.1.2} - \mathrm{A}_{3.2.1.1} - \mathrm{A}_{2.1} - B_{3.2} - \mathrm{B}_{4.1}\,.$$

b) Entsprechend der Mohsschen Härteskala können Körper von solchen, die in der Härteskala einen höheren Stellenwert haben, geritzt werden. (Mohssche Härteskala: 1. Talk, 2. Gips oder Steinsalz, 3. Kalkspat, 4. Flußspat, 5. Apatit, 6. Feldspat, 7. Quarz, 8. Topas, 9. Korund, 10. Diamant.)

Vollständige Klassifikation:

$$\mathrm{B}_{1.1} - \mathrm{A}_{3.1.2} - \mathrm{A}_{3.2.1.1} - \mathrm{A}_{2.1} - B_{3.2} - \mathrm{B}_{4.1}\,.$$

Warum $\mathrm{B}_{4.1}$? – Nicht nur der Begriff „Härte", sondern auch der Begriff „Härteskala" ist ein reiner Term der Beobachtung; es liegt keinerlei Theoriebezug vor.
13. Für die Klasse der Gesetzesaussagen, die nur Beobachtungsterme enthalten ($\mathrm{B}_{4.1}$), und solche, die auch theoretische Terme enthalten ($\mathrm{B}_{4.2}$), sind in den vorausgenannten Beispielen ausreichend Demonstrationen gegeben.
Aus den dargestellten Beispielen lassen sich einige zusätzliche verallgemeinerte Aussagen über die Klassifikation von Gesetzesaussagen gewinnen:

Bei der Klassifikation von Gesetzesaussagen wurde generell zwischen subjektunabhängigen (objektiven) Kriterien sowie Kriterien des Erkenntnistandes unterschieden und gleichzeitig darauf hingewiesen, daß die Objektivität der erstgenannten Kriterien nicht absolut ist. Man kann jetzt genauer feststellen, worin die Relativität besteht.

Im Beispiel 3b wird deutlich, wie ein dynamisches in ein statistisches „Gesetz" und in den Beispielen 5a und 7b, wie Konkomitanz„gesetze" in Äquivalenz„gesetze" übergehen. Heißt das, daß „Dynamik" oder „Konkomitanz" nur Kategorien des Verstandes sind, denen objektiv (materiell) nichts Adäquates entspricht? Das heißt es nicht! „Dynamik" und „Konkomitanz" sind durchaus materielle Charakteristika der Naturerscheinungen und -prozesse, aber es sind eben nur Seiten, nur Momente der Wirklichkeit. Deshalb ist es möglich, daß im Laufe des Erkenntnisprozesses sichtbar wird, daß beispielsweise eine gesetzmäßige Konkomitanzbeziehung nur Teil einer umfassenderen (physischen) Äquivalenzbeziehung ist und diese wiederum nur eine Seite (nur die Erscheinungsform) einer gesetzmäßigen Kausalbeziehung darstellt, während diese wiederum nur Teil eines Systems von Kausalgesetzen (das in einer umfassenden Theorie widergespiegelt wird) ist.

Diese Erklärung wird sofort einsichtig, wenn wir bedenken, daß alle einzelnen objektiven Gesetze allgemeineren, objektiven Charakteristika unterliegen, die in folgenden grundsätzlichen Thesen und philosophischen Gesetzesaussagen des dialektischen Materialismus erfaßt sind:

– in der These von der Einheit der Welt in ihrer Materialität,
– in den „Grund„gesetzen" der Dialektik (einschließlich der These von der Absolutheit der Bewegung und der Relativität der „Ruhe"),
– in der universellen Gültigkeit des Kausalgesetzes,
– in der These von der Universalität der Wechselwirkung.

Damit ist klar, daß jedes einzelne objektive Gesetz Teil des materiellen Gesamtzusammenhanges ist und deshalb objektiv auch nur relativ isoliert existiert. Der Erkenntnisprozeß, in dem die objektiven Gesetze erkannt werden, muß notgedrungen zunächst bewußt zerstückeln, isolieren, trennen, „töten"[160]; das Erkenntnissubjekt muß sich der Tatsache aber stets bewußt bleiben, daß die materielle Welt in Wirklichkeit nicht „tot" ist. Der fortschreitende Erkenntnisprozeß hebt die Isolierung, die Grenzen, die „Tötungen" der lebendigen Wirklichkeit Schritt für Schritt auf und dringt dadurch immer tiefer in das Wesen der Dinge und Prozesse ein.

[160] Lenin, W. I., Philosophische Hefte, in: Lenin, Werke, Bd. 38, Berlin 1964, S. 246.

Zum Abschluß dieses Kapitels soll auf Versuche anderer Autoren zur Klassifikation von Gesetzesaussagen eingegangen werden:
Die umfangreichste Klassifikation stammt nach meiner Kenntnis von M. Bunge.[161] Allerdings verbindet Bunge mit seiner Klassifikation ein anderes Anliegen als es das in der vorliegenden Studie ist; er versucht herauszufinden, „... welches ... die Charakteristika sind, die die Klasse der Gesetzsaussagen aus der größeren Klasse der GAA (gesetzesartigen Aussagen) herausheben"[162]. Deshalb wird von Bunge genaugenommen auch keine Klassifikation der GA, sondern eine der GAA vorgenommen. Trotzdem kann man dabei die Herangehensweise nicht ohne weiteres akzeptieren. Entsprechend einem materialistischen Standpunkt muß jeder Definition von Gesetzesaussagen eine Definition dessen, was objektive Gesetze sind, vorausgehen. Indem Bunge ontologische, semantische, logische, erkenntnistheoretische und methodologische Gesichtspunkte ohne jede differenzierte Gewichtung nebeneinanderstellt und sich letztlich ausschließlich von einer semantischen Analyse der verschiedensten Aussagen leiten läßt, verläßt er den Boden des Ideellen nicht, so daß er schließlich auch zu einer Definition der Gesetzesaussagen kommt, die m. E. nicht allen Ansprüchen genügt.
Ein anderer Klassifikationsversuch, der allerdings keinen Anspruch auf Vollständigkeit erhebt, wird von E. Nagel unternommen. Er unterscheidet folgende Typen[163]:
1. Konkomitanzgesetz
2. Gesetze einer „unveränderlichen Reihenfolge von voneinander abhängigen Ereignissen oder Eigenschaften"
2a) Kausalgesetze
2b) Entwicklungs- oder historische Gesetze
3. Statistische Gesetze
4. Funktionalgesetze
4a) „Numerische Gesetze, die eine gegenseitige Abhängigkeit zwischen Größen in der Weise feststellen, daß eine Variation von einer von ihnen mit gleichzeitigen Veränderungen in den anderen verbunden ist" (z. B.: $p \cdot V = R \cdot T$).
4b) „Numerische Gesetze, die aussagen, in welcher Weise eine Größe sich in der Zeit ändert, und noch allgemeiner, wie eine Veränderung

161 Bunge, M., Arten und Kriterien wissenschaftlicher Gesetze, in: Der Gesetzesbegriff in der Philosophie und den Einzelwissenschaften (hrsg. von Kröber, G.), Berlin 1968, S. 117–146.
162 Ebenda, S. 118.
163 Vgl. Nagel, E., The Structure of Science, London 1961, S. 75–78.

in einer Größe pro Zeiteinheit auf andere Größen ... bezogen ist" $\left(\text{z. B.: } s = \frac{1}{2}gt^2\right)$.

Aus dieser Klassifikation konnte eine Reihe von Anregungen aufgegriffen werden, ohne daß jedoch das ganze Schema verwandt wurde. Im Grunde geht auch Nagel ausschließlich von Gesetzesaussagen aus, insbesondere schließt er aus Typen von Erklärungen auf Typen von Gesetzesaussagen zurück. Das ist an sich ein möglicher Weg, da aber Nagel weder die Objektivität der Gesetze berücksichtigt (und damit die materielle Einheit der Welt) noch den wirklichen Erkenntnisprozeß, ist sein Schema starr. Außerdem ist die Einordnung der Kausal„gesetze" fragwürdig; sie entspringt augenfällig der Anlehnung an die positivistische Grundposition, „die Beobachtbarkeit einer Folge" als Kriterium der objektiven Kausalität überzuordnen. Auch die Separierung der statistischen Gesetze von den anderen Charakteristiken ist m. E. nicht richtig. Bei Nagel werden die „Durchschnittsklassen" gar nicht in Erwägung gezogen.

So widersprüchlich Nagels Darstellungen auch sind, läßt sich doch eine weitere Anregung gewinnen. Nagel kommt aus der Unterscheidung von „Erklärungen individueller Ereignisse" und „Erklärungen von Gesetzen zu einer definierten Unterscheidung von Gesetzesaussagen verschiedenen Allgemeinheitsgrades.[164] Für eine zumindest topologische Unterscheidung scheint dieses Klassifikationsverfahren m. E. sehr sinnfällig. Ähnlich spricht auch W. Leinfellner von Hypothesenhierarchien.[165] Da aber sowohl von Nagel als auch von Leinfellner die Beziehungen zwischen Extension und Intension von Gesetzesaussagen nicht ausreichend berücksichtigt werden und der Gesichtspunkt der Extensionalität zu isoliert behandelt wird (was auf ihren prinzipiell idealistischen Standpunkt zurückzuführen ist), reichen für die folgenden Untersuchungen diese Unterscheidungsmöglichkeiten nicht aus. Eine sinnvolle Klassifikation von Gesetzesaussagen muß die Allgemeinheit (Extension) und Abstraktion (Intension) gleichermaßen berücksichtigen.

Eine Vielzahl von marxistisch-leninistischen Autoren hat ebenfalls zahlreiche Beiträge zu einzelnen Unterscheidungen von objektiven Gesetzestypen veröffentlicht. Unterscheidungen der Gesetze nach ihrem Allgemeinheitsgrad, Unterscheidungen zwischen dynamischen und statistischen Gesetzen sowie Struktur- und Bewegungs-bzw. Entwicklungsgesetzen stehen im Vordergrund. Dabei werden vor allem natürlich die materiellen Unterscheidungsmerkmale untersucht. (Die Ergebnisse

[164] Vgl. ebenda, S. 32–35.

[165] Vgl. Leinfellner, W., Einführung in die Erkenntnis- und Wissenschaftstheorie, Mannheim 1965, vgl. z. B. S. 101–105.

dieser Untersuchungen sind in die vorliegende Darstellung eingeflossen, wobei auf eine Reihe von Autoren ausdrücklich hingewiesen wurde.)
Eine Klassifikation der Gesetzesaussagen kann jedoch mit einer Klassifikation objektiver Gesetze nicht identisch sein, andererseits ist eine Klassifikation der Gesetzesaussagen ein unabdingbares Erfordernis, will man die Ausnutzung der objektiven Gesetze untersuchen. Wie schon mehrfach erwähnt, geht ja die Ausnutzung jedes objektiven Gesetzes notwendigerweise von einem ideellen Modell aus, d. h. direkt von der *Gesetzesaussage* und *nicht vom objektiven Gesetz*. Die Klassifikation der Gesetzesaussagen muß also neben den objektiven Kriterien auch die Kriterien des Erkenntnisprozesses unbedingt berücksichtigen.
Die vorgeschlagene Klassifikation der Gesetzesaussagen aus der Sicht der marxistisch-leninistischen Philosophie versteht sich als ein erster Versuch, dem sicher Korrekturen und Ergänzungen folgen werden. Bestimmte Anregungen hinsichtlich der Einarbeitung von Kriterien des Erkenntnisprozesses in die Klassifikation von Gesetzesaussagen wurden dabei von verschiedenen bereits genannten Autoren übernommen.[166]
Ein Prüffeld für die Sinnfälligkeit der angegebenen Klassifikation der Gesetzesaussagen liegt in der Untersuchung von Typen technischer Vorschriften, die aus den verschiedenen Typen von Gesetzesaussagen (Natur„gesetzen") gewonnen werden können. Diese Untersuchung, die auf die Unterscheidung des „strategischen Wertes" verschiedener Gesetzestypen hinausläuft, soll im 3. Kapitel durchgeführt werden.

166 Insbesondere: Kröber, G., Die logische Form von Gesetzesaussagen, in: Wissenschaftliche Zeitschrift der Humboldt-Universität Berlin, Mathematisch-naturwissenschaftliche Reihe, 4/5/1965; Sinowjew, A. A., Die logische und die physische Folgebeziehung, in: Studien zur Logik der wissenschaftlichen Erkenntnis, Berlin 1967; Smirnow, V. A., Wissensebenen und Etappen des Erkenntnisprozesses, in: Studien zur Logik der wissenschaftlichen Erkenntnis, Berlin 1967; Bellmann, R. und Laitko, H., Beschreibung und Erklärung – Kategorien einer Erkenntnis- und Methodentheorie der Naturwissenschaften, in: Wege des Erkennens (hrsg. von Bellmann, R. und Laitko, H.), Berlin 1969; Laitko, H., Das Korrespondenzprinzip als Methode der theoretischen Erkenntnis, in: Wege des Erkennens (hrsg. von Bellmann, R. und Laitko, H.), Berlin 1969; Die Wisenschaft von der Wissenschaft, Berlin 1968; Guntau, M., Das Gesetz in den geologischen Wissenschaften, in: Zum Gesetzesproblem in den geologischen Wissenschaften, Freiberger Forschungshefte, D 51, Leipzig 1965; Löther, R., Vergleich, Klassifikation und Analogie, in: Wege des Erkennens (hrsg. von Bellmann, R. und Laitko, H.), Berlin 1969; Richter F., Vereinfachung und Idealisierung, in: Wege des Erkennens (hrsg. von Bellmann, R. und Laitko, H.), Berlin 1969.

3. Der Übergang von der Gesetzesaussage zur technischen Vorschrift

3.1. Grundformen der Anwendung von Gesetzeserkenntnissen

Grundlage der Anwendung erkannter objektiver Naturgesetze ist der Zusammenhang zwischen physischen und logischen Folgebeziehungen. Demnach gilt

$$((x \Rightarrow y) \wedge x) \rightarrow y\,.$$

Geht man von der formalen Struktur der Gesetzesaussagen aus, also von der Formel

$$[EB(x) \Leftrightarrow (A(x) \Rightarrow B(x))] \text{ „für alle } x_i\text{“},$$ [167]

so ergibt sich der Zusammenhang

$$[(EB(x) \Leftrightarrow (A(x) \Rightarrow B(x))) \wedge EB(x_i) \wedge A(x_i)] \rightarrow B(x_i)\,.$$

Nimmt man an, daß $[EB(x) \Leftrightarrow (Ax) \Rightarrow B(x))]$ eine Gesetzesaussage mit der induktiven Wahrscheinlichkeit $g = 1$ ist, so ist bei der tatsächlichen Existenz der $EB(x_i)$ und des $A(x_i)$ der Schluß auf $B(x_i)$ *logisch zwingend*! Anders gesagt: betrachtet man EB, A und B als Aussagen über Individuen bzw. Eigenschaften oder Relationen, so ergibt der Schluß auf $B(x_i)$ logisch zwingend eine wahre Aussage.
Von diesem Grundzusammenhang lassen sich *alle* Anwendungsmöglichkeiten erkannter Naturgesetze herleiten.
Die Grundstruktur dieser Formel wird auch dann nicht verändert, wenn die induktive Wahrscheinlichkeit der GA nicht gleich 1 ist, also $g < 1$, und/oder wenn der physische Zusammenhang zwischen A und B ein statistischer Zusammenhang ist, also $p < 1$. Beide Wahrscheinlichkeitseinschränkungen schränken aber (einzeln oder zusammen) die Sicherheit des Schlusses auf $B(x_i)$ ein, d. h. $B(x_i)$ – als Aussage betrachtet – wird eine „wahrscheinliche“ Aussage. Die physische Wahrscheinlichkeit des Eintretens von B (x_i) – als objektives Ereignis betrachtet –

[167] Die Bezeichnungen „x“ und „x_i“ sind insofern unterscheidbar, als „x“ ein jeweils beliebiges Element der „Klasse aller x“ symbolisiert, „x_i“ jedoch ein jeweils ausgewähltes, bestimmtes Element.

wird selbstverständlich von der induktiven Wahrscheinlichkeit der Gesetzesaussage *nicht* beeinflußt. Da aber in der vorliegenden Untersuchung primär die gedanklichen Prozesse bei der Anwendung erkannter Gesetze interessieren, müssen beide Wahrscheinlichkeiten gleichermaßen Berücksichtigung finden. Das heißt nichts anderes, als daß die induktive Wahrscheinlichkeit der Gesetzesaussage sowohl wie die statistische Wahrscheinlichkeit des Gesetzeszusammenhangs auf die „hypothetische Folgerung" übertragen werden. Man muß also stets genauer schreiben:

$$[(EB(x) \Leftrightarrow (A(x) \Rightarrow B(x))) \wedge EB(x_i) \wedge A(x_i)] \underset{g,p}{\rightarrow} B(x_i),$$

wobei g und p nur im Grenzfall gleich 1 sind ($B(x_i)$ also auch nur im Grenzfall eine wahre Aussage ist).

Aus dieser Grundformel lassen sich drei grundsätzliche Anwendungsmöglichkeiten herleiten, von denen zwei schon vielfach in der Literatur beschrieben wurden:

1. *Explanation*

Rückgreifend auf das Hempel-Oppenheimsche Erklärungsschema wird die Erklärung u. a. wie folgt beschrieben: „Eine wissenschaftliche Erklärung ist die Ableitung einer Aussage, die das zu erklärende Objekt beschreibt (Explanandum) aus einem Aussagesystem, das Gesetzesaussagen und Aussagen über bestimmte, das Objekt begleitende Bedingungen enthält (Explanans)." [168]

Schematisch:

$$\text{Ableitung} \; \left[\frac{\text{Explanans}}{\text{Explanandum}} \right.$$

$$\begin{array}{rl} \text{Genauer gilt also: } (G_1, \ldots\ldots, G_n) & \text{Gesetzesaussagen} \\ \text{und: } (A_1, \ldots\ldots, A_n) & \text{Bedingungsaussagen} \\ \hline B & \text{die zu erklärende Aussage.} \end{array}$$

Für eine wissenschaftliche Erklärung nennt H. Parthey darüberhinaus folgende Bedingungen:[169]

1. Das Explanandum muß logisch richtig aus dem Explanans abgeleitet werden.

[168] Parthey, H. und Wächter, W., Das Problem und seine Struktur in der wissenschaftlichen Forschung, in: Rostocker Philosophische Manuskripte, Universität Rostock 3/1966, S. 33.

[169] Vgl. Parthey, H., Die empirische Basis naturwissenschaftlicher Erkenntnisse, in: Wege des Erkennens (hrsg. Bellmann, R. und Laitko, H.), Berlin 1969, S. 81.

2. Im Explanans muß mindestens *eine* wahre bzw. gut bestätigte Gesetzesaussage sein.
3. Im Explanans muß mindestens eine Aussage sein, die einem spezifischen Sachverhalt des Naturbereiches entspricht, dem das zu erklärende Ereignis angehört.

R. Bellmann und H. Laitko machen in diesem Zusammenhang auch auf den wichtigen Zusammenhang zwischen Erklärung und Beschreibung aufmerksam, indem sie feststellen: „Jede Erklärung enthält *notwendig* Züge der Beschreibung; letztere beziehen sich auf objektive Gegebenheiten, die von den im gegebenen Rahmen erklärten verschieden sind, aber mit ihnen im Zusammenhang stehen und als rein deskriptive Voraussetzung in dem theoretischen Erklärungssystem erscheinen."[170] (Als Konsequenz ergibt sich daraus, daß die „logische Selbstbegründbarkeit" des menschlichen Wissens vom materialistischen Standpunkt ausgeschlossen ist).

Das angegebene logische Schema der Explanation ist allerdings sehr abstrakt, weil erstens die Existenzbedingungen der Gesetze, deren Widerspiegelung in Aussagen zusammen mit den Gesetzesaussagen selbst in der wissenschaftlichen Erklärung eine wichtige Rolle spielen, nicht berücksichtigt sind, und weil zweitens methodologisch die Explanation genauer beschrieben werden muß als dies durch das logische Grundschema möglich ist, das nämlich in gleicher Weise auch für die Ableitung prognostischer Aussagen gilt.[171]

Entsprechend dem angegebenen Grundzusammenhang sollte deshalb die Methode der Erklärung – konkreter – in folgenden Schritten erfaßt werden:

1. $B(x_i)$ als Sachverhalt ist empirisch bekannt und in einer Beschreibungsaussage fixiert.
2. Zur Erklärung der Existenz von $B(x_i)$ wird benötigt:
   a) die Kenntnis des Gesetzeszusammenhangs

$$[EB(x) \Leftrightarrow (A(x) \Rightarrow B(x))],$$

   b) die Gewißheit der tatsächlichen Gegebenheit der Existenzbedingungen des Gesetzes $EB(x_i)$,
   c) die Gewißheit der tatsächlichen Gegebenheit von $A(x_i)$.

170 Bellmann, R. und Laitko, H., Beschreibung und Erklärung- Kategorien einer Erkenntnis- und Methodentheorie der Naturwissenschaften, in: Wege des Erkennens (hrsg, von Bellmann, R. und Laitko, H.), Berlin 1969, S. 205.

171 Vgl. z. B. (Autorenkollektiv) Philosophie und Prognostik, Berlin 1968, S. 72.

3. Dann wird logisch geschlossen:

$$(GA \wedge EB(x_i) \wedge A(x_i)) \rightarrow B(x_i) ,$$

wobei die gesamte Schlußformel die „Erklärung" darstellt. Dazu folgende zusätzliche Erklärungen:

– In praxi werden häufig die Gesetzesaussage und auch die Anwesenheit der Existenzbedingungen des Gesetzes in der Erläuterung nicht genannt, sondern stillschweigend vorausgesetzt.

– Für eine vollständige wissenschaftliche Erklärung ist die Gewißheit der tatsächlichen Existenz der Existenzbedingungen des Gesetzes von enormer Wichtigkeit, da der Schluß allein aus der Kenntnis eines Gesetzeszusammenhangs (der ja selbst nicht „beobachtbar" ist) und der Gewißheit der tatsächlichen Gegebenheit von $A(x_i)$ zu ganz erheblichen Irrtümern führen kann. Der Zusammenhang zwischen $A(x_i)$ und $B(x_i)$ kann nämlich faktisch auch von einem anderen als dem angegebenen Gesetzeszusammenhang herrühren, solange nicht ausdrücklich gewiß ist, daß die Existenzbedinungen des angenommenen Gesetzeszusammenhangs tatsächlich gegeben sind. (Anders gesagt: Man muß berücksichtigen, daß die Gültigkeit von Gesetzen zwar potentiell, nicht aber aktual unendlich ist.)

– Streng genommen ist das angegebene Erklärungsschema nur dann in dieser Form anwendbar, wenn rein empirische Gesetzesaussagen, d. h. Aussagen, in denen nur Terme der Beobachtung vorkommen, zur Erklärung verwendet werden.[172] Werden theoretische Gesetzesaussagen verwendet, müssen zusätzliche Gesetzesaussagen, die dann den Charakter von Zuordnungsregeln erhalten, in die Prämissen der Erklärung aufgenommen werden.

– Das Erklärungsschema ist nicht nur auf die Erklärung einzelner Erscheinungen begrenzt, es gilt in Abwandlung auch für die Erklärung der Existenz objektiver Gesetze: In den Prämissen muß dann die eigentliche erklärende Gesetzesaussage von größerer Allgemeinheit und / oder geringerer Abstraktheit sein als die zu erklärende Gesetzesaussage. Außerdem enthält die Prämisse dann keine beschreibenden Singuläraussagen mehr, sondern (mindestens eine) Gesetzesaussagen von gleicher Ordnung wie die zu erklärende Gesetzesaussage.

– Sind in den Prämissen der Erklärung Hypothesen ($g < 1$) oder/und statistische „Gesetze" ($p < 1$) enthalten, so ist natürlich nicht die abgeleitete zu erklärende Aussage eine „wahrscheinliche Aussage" (es wird vorausgesetzt, daß die zu erklärende Aussage wahr ist), sondern dann

[172] Vgl. Leinfellner, W., Struktur und Aufbau wissenschaftlicher Theorien, Wien-Würzburg, 1965, S. 240/241.

wird auf die Erklärung selbst bzw. auf die Zuverlässigkeit der Erklärung dabei das Prädikat „wahrscheinlich“ übertragen.
Obwohl die Erklärung eine wichtige Etappe jedes Erkenntnisfortschritts darstellt, kann man sich m. E. nicht mit der Auffassung von R. Bellmann und H. Laitko identifizieren, die schreiben: „Einen Bereich von Erscheinungen erklärt zu haben, bedeutet im Prinzip, ihn mit einer endlichen Menge von Mitteln vollständig manipulieren zu können, wobei natürlich abstrahiert ist, ob die erforderlichen Mittel tatsächlich disponibel sind oder nicht, ob sie bereits technisch realisiert sind oder nicht usw.“ [173]
Zwar ist die Erklärbarkeit einer Erscheinung tatsächlich ein wesentlicher Schritt zur Möglichkeit ihrer rationalen Manipulierbarkeit, ihre Manipulierbarkeit setzt die „Erklärung“ aber nicht prinzipiell voraus.[174] Außerdem kann die Erklärung ein und derselben Erscheinung ständig verbessert werden, so daß auch die Manipulationsmöglichkeiten steigen, ohne daß die Manipulierbarkeit jemals „vollständig“ ist (was im weiteren Gegenstand der Untersuchung sein soll). Andererseits ist es akzeptabel, wenn G. Kröber feststellt: „Jedes erkannte wissenschaftliche Gesetz liefert die Beschreibung eines objektiven notwendigen, allgemeinen und wesentlichen Zusammenhangs zwischen Dingen, Prozessen, Systemen, Zuständen usw. Es gibt Antwort auf das Wie des Zusammenhangs, vermag jedoch nicht sein Warum zu erklären. Auf diese Frage erhalten wir durch andere Gesetze allgemeineren Charakters Auskunft. Ein wissenschaftliches Gesetz gibt deshalb stets Antwort auf beide Fragen, wenn auch in verschiedenen Ebenen: nach dem Wie des Zusammenhangs, den es selbst beschreibt, und nach dem Warum von Zusammenhängen, die Objekt anderer, speziellerer Gesetze sind und deren Wirkungsbedingungen in bestimmter Weise mit den Wirkungsbedingungen des ersteren verknüpft sind. Dieses dialektische Verhältnis von Ursache und Bedingungen, Kausalität und Gesetz, Erklärung und Beschreibung, Warum und Wie gilt es zu erkennen und praktisch zu beherrschen, wenn Fortschritte in der wissenschaftlichen Erkenntnis und in der praktischen Beherrschung der objektiven materiellen Systeme, Prozesse usw. erzielt werden sollen.“ [175]

[173] Bellmann, R. und Laitko, H., Beschreibung und Erklärung – Kategorien einer Erkenntnis- und Methodentheorie der Naturwissenschaften, in: Wege des Erkennens (hrsg. von Bellmann, R. und Laitko, H.), Berlin 1969, S. 199.

[174] Vgl. auch Beispiel auf S. 41/42

[175] Kröber, G., Vom Konditionalismus zum dialektischen Determinismus?, in: Deutsche Zeitschrift für Philosophie, 11/1970, S. 1410.

2. *Prädiktion*

In den meisten Veröffentlichungen wird unter Prädiktion nur das verstanden, was man im engeren Sinne mit Prognosefunktion bezeichnen möchte. Die Prädiktion hat aber noch einen zweiten Aspekt, der von der Prognosefunktion wesentlich unterschieden ist.

2.1. *Prognosefunktion*

Man kann Prognosen wie folgt definieren: Prognosen sind Aussagen über bisher nicht bekannte, aber real mögliche Sachverhalte; sie verdienen die Bezeichnung wissenschaftliche Prognose, wenn sie aus gut bestätigten Gesetzesaussagen, Aussagen über die tatsächliche Gegebenheit der Existenzbedingungen der Gesetze und Aussagen über die tatsächliche Gegebenheit von Anfang- und Randbedingungen der zu prognostizierenden Erscheinungen und Prozesse logisch richtig abgeleitet sind.

Im engeren Sinne werden nur Aussagen über zukünftige Sachverhalte als Prognosen bezeichnet. Der Hauptunterschied zur Erklärung besteht darin, daß die Aussage, die im gleichen logischen Schema wie dem der Erklärung den Platz der Conclusion einnimmt, eine Aussage über einen empirisch nicht bekannten Sachverhalt ist.

Die Methode der Prognosebildung läßt sich also in folgenden Schritten darstellen:

1.1. Die Gesetzesaussagen, die den allgemeinen und notwendigen Zusammenhang zwischen $A(x)$ und $B(x)$ beschreiben, sind bekannt.

1.2. Es ist bekannt, daß die Existenzbedingungen der Gesetze, die in den Gesetzesaussagen von 1.1. erfaßt sind, tatsächlich gegeben sind.

1.3. Ein gegebenes $A(x_i)$ ist bekannt.

2.1. Es wird logisch auf $B(x_i)$ geschlossen (nach der gleichen Formel wie bei der Erklärung):

$$(GA \wedge EB(x_i) \wedge A(x_i)) \rightarrow B(x_i)\,.$$

2.2. Ist der Zusammenhang zwischen $A(x)$ und $B(x)$ eine Zeitfunktion, so kann bei der Vorgabe eines bestimmten Zeitintervalls $B(x_i)$ als $B(x_i, t)$ oder umfassend als $B(x_i, f_{(t)})$ abgeleitet werden.

Die im Falle der *Erklärung* genannten zusätzlichen Erläuterungen gelten in analoger Weise auch bei der *Prognose*; mit einer Änderung: Enthalten die Prämissen der Prognose auch Hypothesen ($g < 1$) oder/und statistische „Gesetze" ($p < 1$), so kann man tatsächlich von einer Übertragung des „wahrscheinlichen" Charakters der Gesetzesaussage auf den „wahrscheinlichen" Charakter der logisch gefolgerten prognostischen

Aussage sprechen. Man drückt das dadurch aus, daß man von der *Sicherheit* einer Prognose spricht, wobei aber nicht das Verfahren – wie bei der Erklärung – gemeint ist, sondern der Grad der Übereinstimmung zwischen den Voraussagen und dem tatsächlich eintretenden Sachverhalt. Der hier dargestellte Zusammenhang erfaßt streng genommen allerdings nur einen Sonderfall der Prognose, nämlich die – wie man sie nennen sollte – *interessen-unabhängige Prognose*.

Was heißt dann *interessen-abhängige Prognose*? Das heißt nicht, daß in irgendeiner Weise einer Manipulation des logischen Schließens das Wort geredet werden soll; das heißt auch nicht, daß Interessen einen objektiven Gesetzeszusammenhang oder die Gesetzesaussage verändern können. Wohl ist aber zu berücksichtigen, daß der Mensch im allgemeinen in der Lage ist, auf die Anfangs- und Randbedingungen eines gesetzmäßigen Prozesses und auch auf die Existenzbedingungen von Gesetzen aktiv verändernd einzuwirken. Die Prozesse, deren Bedingungen (aus Unkenntnis oder/und Vermögen gar nicht beeinflußbar sind, sind selten; ihre Zahl nimmt mit steigender Erkenntnis und zunehmendem praktischen Vermögen) der Menschen ab. Prognosen solcher unbeeinflußbarer Prozesse haben den Charakter *unbedingter Prognosen* (z. B. die Errechnung einer Sonnenfinsternis und – zumindest heute noch – Wettervorhersagen). Andererseits sind die Variationsmöglichkeiten von Bedingungen, wo sie als veränderbare gegeben sind, *real* immer *endlich*. Es ist aber dann immerhin möglich, *bedingte Prognosen* aufzustellen, d. h. Prognosen, in denen die Ausgangsgröße (Anfangsbedingung des Prozesses) $A(x_i)$ und die Existenzbedingungen der Gesetze nicht Aussagen über *wirkliche*, sondern über *real mögliche* Sachverhalte sind. Durch Vergleich der so entstehenden Prognosevarianten mit einer *interessenbestimmten Zielstellung* kann nun die Variante gewählt werden, die mit der Zielstellung harmoniert. Die so entstehende *interessenabhängige Prognose* wird aber nur dann Wirklichkeit, wenn die fixierten Bedingungen tatsächlich realisierbar sind (sonst ist die Prognose illusionär), die menschliche Aktivität auf die Realisierung der fixierten Bedingungen gerichtet und die Realisierung vollzogen wird. In dem aufgezeigten Weg der Aufstellung bedingter Prognosen ist aber noch eine dialektische Umkehrung enthalten: Die Aufstellung von Prognosevarianten (der aufgezeigten Art – es gibt auch andere Variantenbildungen) trägt zur Zielbestimmung menschlichen Handelns selbst bei, indem mögliche Ziele erstmals sichtbar werden und indem illusionäre Zielstellungen, die mit keiner Prognosevariante harmonieren, eliminiert werden können. So unterstützt die Prognose die wissenschaftliche *Zielplanung*

Aus diesen Überlegungen über die bedingten Prognosen wird deutlich, wie einseitig und haltlos eine rein positivistische Einstellung zur Frage der Motivation der Gesetzeserkenntnis ist, wie sie beispielsweise von W. Leinfellner geäußert wird: „Das Motiv aller Erkenntnisse ist demnach nicht nur, daß man mit Theorien Voraussagen gewinnen kann, sondern auch, daß man mit ihnen die Ordnung der empirischen Natur invariant festhalten kann.“ [176]

2.2. *Die strategische Funktion*

Die Anwendung erkannter Gesetze erschöpft sich nicht in Explanation und Prognose, wie das zum Beispiel von den Autoren des Buches „Die Wissenschaft von der Wissenschaft“ intendiert wird.[177] Wäre dem so, dann wäre das Leitmotiv dieser Studie, die Aussage von Friedrich Engels über die Beherrschbarkeit der Welt auf Grund von Gesetzeserkenntnissen, gar nicht verständlich, denn Erklärung und Prognose machen, um das ganz deutlich zu sagen, die Welt noch nicht beherrschbar.

G. Kröber schreibt: „Er (der Mensch – *H. W.*) stellt fest, daß auf bestimmte seiner Handlungen stets bestimmte Wirkungen folgen, und er rechnet mit diesen Wirkungen, ...“ [178] G. Kröber will damit begründen, daß dem menschlichen Handeln objektive Gesetze zugrunde liegen. Es ist aber nun durchaus auch umgekehrt möglich, aus dem erkannten Gesetz selbst nicht nur Voraussagen über zukünftige Sachverhalte abzuleiten, sondern auch allgemeingültige und spezifische *Aufforderungen für ein erfolgreiches Handeln.* Auch das ist eine Art Prädiktion: prädiziert wird aber nicht ein Sachverhalt, sondern das *Was* und *Wie* einer Handlung. Man kann diese den Gesetzesaussagen immanente Potenz ihre *strategische Funktion* nennen.

Methodisch erfolgt, zunächst in groben Zügen dargestellt, die Strategieentwicklung entsprechend der gegebenen Grundformel in folgenden Schritten:

1. $B(x_i)$ ist eine Zielaussage (eine Beschreibungsaussage). Es ist bekannt, daß der entsprechende Sachverhalt *nicht* existiert bzw. daß er in absehbarer Zeit nicht als Resultat einer Entwicklung ohne bewußte

[176] Leinfellner, W., Struktur und Aufbau wissenschaftlicher Theorien, Wien-Würzburg, 1965, S. 190.

[177] Die Wissenschaft von der Wissenschaft, Berlin 1968, S. 212–217.

[178] Kröber, G., Der philosophische Gesetzesbegriff in seiner Bedeutung für die Einzelwissenschaften, in: Der Gesetzesbegriff in der Philosophie und den Einzelwissenschaften (hrsg. von Kröber, G.), Berlin 1968, S. 13.

menschliche Einflußnahme existieren wird, d. h., er ist kein „natürliches" Entwicklungsprodukt für absehbare Zeit.
2. Es ist eine (oder mehrere) Gesetzesaussage bekannt, in der eine Aussage über einen allgemeinen und notwendigen Zusammenhang zwischen $A(x)$ und $B(x)$ gemacht wird.
3. Dann kann geschlossen werden:

$$(B(x_i) \wedge GA) \rightarrow (!EB(x_i) \wedge !A(x_i)) .$$

Das heißt, aus einer Zielvorgabe und der Kenntnis einer Gesetzesaussage kann man ableiten, was zu tun ist: nämlich Realisierung von $A(x_i)$ und gegebenenfalls auch $EB(x_i)$. Das dargestellte Schlußschema ist im strengen Sinne keine logische Implikation, sondern die formale Darstellung einer methodischen Regel, der allgemeinsten methodischen Regel zur Herleitung von praktischen Vorschriften (Aufforderungen) aus Gesetzesaussagen.
Daß hier kein logisch zwingender Schluß vorliegt, resultiert daraus, daß im Grunde der Schluß reduktiv ist, nämlich (vereinfacht);

$$(A \rightarrow B) \wedge B \rightarrow A(?) .$$

In Wirklichkeit geht es hierbei aber auch gar nicht um die Wahrheit von A, sondern zunächst darum, daß man eine Aussage folgender Gestalt gewinnt: „*Wenn* ein $A(x_i)$ objektiv existieren würde, *dann* mit Sicherheit auch $B(x_i)$" und zwar in dem Sinne, daß zwischen $A(x_i)$ und $B(x_i)$ ein notwendiger physischer Zusammenhang existiert. Und aus dieser gewonnenen Aussage leitet man dann die sichere potentielle Aufforderung her: „Wenn also $B(x_i)$ gefordert ist, so realisiere $A(x_i)$!" „Sichere" Aufforderung heißt, daß ihre Befolgung mit Sicherheit zum Erfolg (zum Ziel) führt. Dabei bleibt die Möglichkeit bestehen, daß bei gleicher Zielstellung auch ein anderer gesetzmäßiger Zusammenhang ausgenutzt werden kann, wenn ein solcher existiert, in dem ein $B(x_i)$ als physische Folgerung vorkommt, also z. B.

$$(B(x_i) \wedge GA^*) \rightarrow (!EB^*(x_i) \wedge \underline{!C(x_i)}) .$$

Damit gelangt man aber von der Frage der sicheren Aufforderung schon zur Frage der *zweckmäßigsten Aufforderung*, die an dieser Stelle noch nicht weiter diskutiert werden soll. Betrachtet man die Sicherheit der Aufforderung noch einmal genauer, so zeigt sich, daß sie nicht dadurch eingeschränkt wird, daß auch andere Wege zum Ziel führen können, sondern durch einen Grad der induktiven Wahrscheinlichkeit kleiner als 1 ($g < 1$) oder/und den statistischen Charakter ($p < 1$) der Gesetzesaussage, aus der die Aufforderung hergeleitet wird.

Zusammenfassend sei festgestellt:
Die Kenntnis von Gesetzesaussagen gestattet, zur Lösung von vier Problemtypen[179] Entscheidendes beizutragen:

1. zur Lösung von Erklärungsproblemen 2. zur Lösung von Prognoseproblemen	Bestimmungsprobleme
3. zur Lösung von Zielsetzungsproblemen (*Zielplanung*) 4. zur Lösung von Wegfestlegungsproblemen (*Wegplanung*)	Entscheidungsprobleme

Die Lösung von Entscheidungsproblemen ist aber die Grundlage für die praktische Veränderung der Welt. Gesetzeskenntnis ermöglicht wissenschaftliche Problemlösung und liefert damit die ideelle Grundlage für die rationale praktische Beherrschbarkeit der Welt.
In der Praxis der geistigen Vorwegnahme von zu schaffenden oder zu verändernden technischen Gebilden und Verfahren stehen Prognose, Zielsetzung und Wegfestlegung in einem sehr engen dialektischen Zusammenhang, der an Hand des folgenden Modells beschrieben werden kann: (Abb. 2)
Ohne den Anspruch zu erheben, die Komplexität der Zusammenhänge vollständig erfaßt zu haben, gestattet das Modell doch, bestimmte grundlegende Zusammenhänge bei der Ausnutzung von Gesetzeserkenntnissen zu verdeutlichen. Über die schon beschriebenen Zusammenhänge hinaus können folgende weitere Konsequenzen hergeleitet werden:
1. Zwischen Prognose und Zielsetzung (Zielplanung) besteht folgende gegenseitige Abhängigkeit: Die Prognosevarianten fixieren das Feld real möglicher Zielstellungen oder erwecken sogar das Bedürfnis nach neuen Zielstellungen und die konkrete Zielstellung, die wesentlich aus gesellschaftlichen Bedürfnissen und Erfordernissen resultiert (und nicht aus der Kenntnis objektiver Naturgesetze), bestimmt wiederum die Auswahl der Prognosevariante.
2. Zwischen Prognose, Zielplanung und Wegfestlegung besteht folgende Abhängigkeit: Ein System technischer Vorschriften, das zunächst latent aus Gesetzesaussagen herleitbar ist, wird durch die Zielsetzung, die ihrerseits in der in (1) beschriebenen Weise mit der Prognose zusammenhängt, und durch die Kenntnis des vorhandenen Systems materieller gesellschaftlicher Mittel (materielle Möglichkeiten) aktualisiert.

179 Vgl. Parthey, H., Vogel, H. und Wächter, W., Problemtypen bei der Hypothesen- und Prognosebildung – Thesen, in: Rostocker Philosophische Manuskripte, Universität Rostock, 7/1970, S. 11/12.

Dabei werden gleizeitig aus einer Menge potentieller technischer Vorschriften jene ausgewählt, die geeignet sind, den Produktionsvorgang so zu lenken, daß genau die Menge an Operationen durchgeführt wird, die zu jenen Anfangsbedingungen ($\sum A_3$) führen, die notwendig objektiv den prognostizierten und geplanten Folgezustand ($\sum B_3$) nach sich ziehen.

3. Zur Realisierung der Produktion (der gegenständlichen Aktion) bedarf es – wie auch aus dem Modell hervorgeht – nicht nur eines Systems gesellschaftlicher (materieller) Mittel – einschließlich der Arbeitskräfte – und eines Systems technischer Vorschriften, sondern auch einer Motivation, die nicht nur Zielvorstellungen im menschlichen Den-

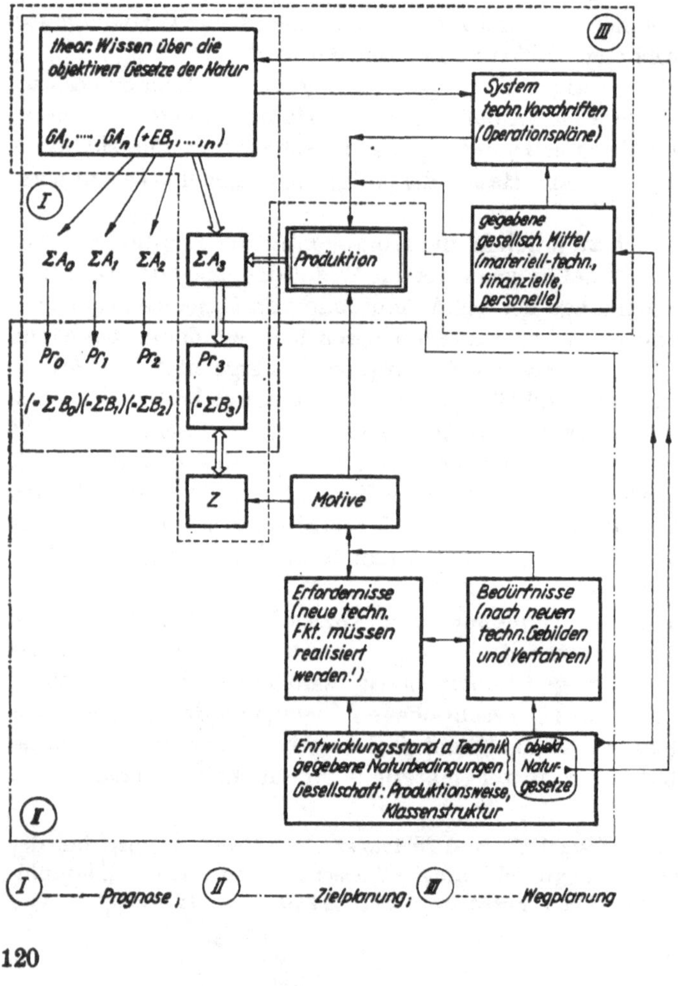

ken hervorruft, sondern auch direkt Stimulator der praktischen Tätigkeit ist. Diese Motivation ist ihrerseits nicht – bzw. nicht primär – aus der Kenntnis von Gesetzesaussagen über die Natur oder aus der Kenntnis technischer Vorschriftssysteme herleitbar, sondern hat einen globalen Widerspiegelungsbezug zur materiellen gesamtgesellschaftlichen Situation. In diesem Sinne kann man J. Müller zustimmen, wenn er schreibt: „Die Gesellschaft in ihrer jeweils konkreten Struktur und Ausprägung setzt der Technik die Ziele und Grenzen. Sie entwickelt die Bedürfnisse, die technisch wirksam werden, und letztlich entscheiden die gesellschaftlichen Bedingungen, ob technisch mögliche Projekte verwirklicht werden oder nicht.“ [180]

Der Bezug zur Motivation technisch-praktischer Arbeit wurde nicht hergestellt, um etwa sozialpsychologische Probleme der technischen Wissenschaft zu klären, sondern deshalb, weil in Situationen, in denen verschiedene Wege (also verschiedene technische Vorschriftenmengen) eine erfolgreiche Zielrealisierung versprechen, die angegebene Zielsetzung Z selbst (man könnte sie Objekt-Ziel nennen) nicht als Entschei-

---

Abb. 2: Modell zur Darstellung der dialektischen Einheit von Prognose, Zielsetzung und Wegfestlegung bei der Realisierung neuer technischer Verfahren auf der Grundlage erkannter Naturgesetze

GA_i	= Gesetzesaussagen
EB_i	= Aussagen über gegebene Existenzbedingungen der Gesetze
ΣA_0	= Aussagen über eine gegebene Gesamtheit von Anfangsbedingungen
$\Sigma A_1, \ldots, A_m$	= Aussagen über eine jeweils real möglich schaffbare Gesamtheit von Anfangsbedingungen
Pr_0	= die „unbedingte“ Prognosevariante (bei Gesellschaftsprognosen ist das die „quasi-natürliche“ [181] Prognose)
$Pr_1, \ldots, Pr_m$	= die „bedingten“ Prognosevarianten
Z	= Zielstellung (zielbeschreibende Aussage)

[180] Müller, J., Philosophische Probleme der technischen Wissenschaften, in: Naturforschung und Weltbild (hrsg. von Guntau, M. und Wendt, H.), 2. Aufl., Berlin 1967, S. 347.

[181] Eichhorn I, W., Prognostik und Planung als philosophisches Problem, in: Deutsche Zeitschrift für Philosophie, 1/1968, S. 52.

dungskriterium dienen kann. Die Setzung eines Meta-Zieles wird dann erforderlich, mit dem der zweckmäßigste Weg ausgewählt wird. Objekt-Ziel und Meta-Ziel entspringen aber der gleichen Gesamtmotivation. – Dieser Zusammenhang wurde aus Gründen der Übersichtlichkeit nicht in das Modell aufgenommen; das Modell gestattet aber, da die Zielsetzung nicht als ein Akt im „luftleeren Raum" dargestellt ist, diesen Zusammenhang zu verstehen, der im folgenden dann noch detaillierter untersucht werden soll.
Nachdem so ausführlich wie möglich die Grundformen der Anwendung erkannter Naturgesetze beschrieben wurden, von denen im folgenden hauptsächlich die „strategische Funktion" der Gesetzesaussagen über die Natur interessieren wird bzw. der Übergang von der (Natur-) Gesetzesaussage zur technischen Vorschrift, soll als letzte Vorbereitung auf die Lösung des entstehenden Problems der Begriff „technische Prinzip-Vorschrift" genauer expliziert werden.

3.2. Merkmale technischer Prinzip-Vorschriften

Das, wovon hier die Rede ist, und das im Inhalt technischer Wissenschaften eine dominierende Stellung einnimmt, hat leider bei den Technikwissenschaftlern selbst keine verbindliche Namensgebung gefunden. Man spricht von Regeln, z. T. auch von Faustregeln, von Prinzipien (z. B. Konstruktionsprinzipien), von technischen Lösungsmöglichkeiten u.a.
Diese genannten Ausdrücke werden im folgenden durch den Terminus *Technische Prinzipvorschrift (TPV)* ersetzt, wobei berücksichtigt wird, daß jede neue Begriffseinführung (zunächst) Verständigungsschwierigkeiten hervorruft. Andererseits hat ein einheitlicher Terminus den Vorteil, daß semantische Trugschlüsse vermieden werden. Es bleibt natürlich unbenommen, daß bei der weiteren Diskussion dieser Frage – insbesondere unter Technikwissenschaftlern selbst – ein vielleicht glücklicherer Terminus gefunden wird.

Der hier gebrauchte Terminus „Regel" bedeutet soviel wie „Vorschrift" und ist von der Bedeutung des Begriffes im Sinne einer speziellen „gesetzesartigen Aussage", wie sie im zweiten Kapitel besprochen wurde, streng zu unterscheiden. Beispiele für Regeln im Sinne von Vorschriften können aus dem Bereich der Metallurgie wie folgt angegeben werden:
– Beim Siemens-Martin-Prozeß *soll* die mittlere Entkohlungsgeschwindigkeit in der Periode des „Auskochens" 0,18 bis 0,22 % Kohlenstoff pro Stunde betragen.

– Beim Mangan-Hartstahl *soll* das Anteilverhältnis C : Mn = 1 : 10 sein.
– Beim Freiformschmieden *soll* der Verschmiedungsgrad 2,5 betragen.

Zur Explikation des Begriffs „Technische Prinzipvorschrift“ müssen zunächst zwei wichtige Abgrenzungen vorgenommen werden:
Der Begriff „Vorschrift“ hat in der technischen Wissenschaft und in der Technik selbst auch eine juristische Auslegung im Sinne von „Norm“, „Standard“ usw. Diese „Vorschriften“ sind Aufforderungen verschiedener Modi (Verbote, Gebote, „Kann“-Bestimmungen) und beziehen sich auf Gestalt oder Eigenschaften von technischen Gebilden und Verfahren, auf die Technologie von Verfahren, auf technisch-ökonomische Parameter usw. Der Unterschied dieser juristischen technischen Vorschriften zu den objektiven technischen Vorschriften besteht darin, daß ihr Modus *subjektiv* festgesetzt ist, während der Modus der objektiven technischen Vorschriften *objektiv* bestimmt ist, nämlich durch die Mittel – Ziel – Relation. Die Subjektivität der juristischen (technischen) Vorschriften ist natürlich nicht mit Willkürlichkeit zu verwechseln; auch die juristischen Normen beruhen auf der Kenntnis „objektiver“ technischer Vorschriften, aber das, was objektiv an den technischen Vorschriften stets nur *relativ* richtig ist, wird juristisch zur „*absoluten* Richtigkeit auf Zeit“ erhoben. Zu erklären, warum das gesellschaftlich notwendig ist, ist nicht Gegenstand der Untersuchung; man sollte jedoch „juristische technische Vorschriften“ nicht in den Begriff der technischen Prinzipvorschriften eingliedern.
Es ist außerdem notwendig, die Begriffe „Vorschrift“ und „Prinzipvorschrift“ zu unterscheiden. Zu diesem Zweck sei zunächst auf jene Definitionen verwiesen, die in der Methodologie und in der Systematischen Heuristik schon verbreitete Verwendung finden. In seinem Buch „Grundlagen der systematischen Heuristik“ verwendet J. Müller folgende Begriffe:
Vorschrift: Für einen definierten Mitarbeiter hinreichende Anweisung zur Ausführung einer Operation.[182]
Operator (!0): Einwirkung oder Anweisung zur Ausführung einer Operation. Ein Operator kann
– eine dimensionierte, gerichtete, in bestimmte Abfolge eingeordnete energetische Einwirkung,
– eine Zwangslaufbedingung der Energieflüsse oder
– eine Vorschrift (V) sein.[183]

[182] Vgl. Müller, J., Grundlagen der systematischen Heuristik, Berlin 1970, S. 210.
[183] Vgl. ebenda, S. 202.

Operation (Op): Planmäßiger, zielstrebiger Vorgang, der für einen definierten Mitarbeiter nicht weiter zerlegt werden muß oder nicht weiter zerlegt werden kann. Operationen können technischer, manueller oder gedanklicher Natur sein.[184]

Programm: Für einen definierten Mitarbeiter angelegtes System von Vorschriften.[185]

Mitarbeiter (definierter): Mitarbeiter, der die berufstypisch voraussetzbaren Eigenschaften (unter anderem Wissen, Erfahrung, Können) als Angehöriger einer Berufsgruppe für den gegebenen Zeitpunkt besitzt.[186]

In Gegenüberstellung sei auf einige Definitionen aus einer Theorie der Forschungsmethodik verwiesen, die von W. Heitsch, H. Parthey und W. Wächter entwickelt wurden:

„Eine *Methode* ist in jedem Fall eine Menge von Regeln. Diese Regeln, die präziser als *‚methodische Regeln'* gekennzeichnet werden, sind Aufforderungen von unterschiedlicher Intensität. Je nach dem Charakter der Methode können die in ihr vereinigten methodischen Regeln bestimmte Operationen erlauben oder gebieten. Die Methode als Ganzes sowie die methodischen Regeln haben einen Zielbezug und einen Bedingungsbezug. Jede Methode ist auf die Erreichung eines Zieles menschlicher Tätigkeit gerichtet. Die Anwendung einer Methode ist an das Gegebensein bestimmter Bedingungen – z. B. eines bestimmten Ausgangszustandes – gebunden."[187]

„Bei der Überführung einer algorithmierbaren Methode in einen Algorithmus werden die ausgewählten methodischen Regeln als *Aufforderungen schwacher Intensität* zu algorithmischen Vorschriften als *Aufforderungen starker Intensität.*"[188]

„Da Methoden als Mittel in der Ziel-Mittel-Relation menschlicher Tätigkeit fungieren, werden sie *stets zielbezogen konstruiert* bzw. *zielgerichtet angewandt.*" Da dieses Ziel stets einen *allgemeinen* Zielbezug darstellt „... können wir auch sagen, daß sich eine Methode des problemlösenden Denkens auf jedes bestimmte Problem aus einer Klasse von Problemen bezieht."[189]

„... Die Methode muß bei ihrer Anwendung auf die jeweils *bestimmte Problemstellung* bzw. auf das *bestimmte* zu realisierende *Ziel* orientiert

[184] Vgl. ebenda, S. 201.
[185] Vgl. ebenda, S. 203.
[186] Vgl. ebenda, S. 201.
[187] Heitsch, W., Parthey, H. und Wächter, W., Heuristik und Dialektik, in: Deutsche Zeitschrift für Philosophie, 2/1971, S. 146–148.
[188] ebenda, S. 148.
[189] ebenda, S. 149.

werden. Dabei spielen *zielorientierende methodische Prinzipien* eine Rolle ... (Sie) sind Aufforderungen, die die Verwendung oder Beachtung von Grundaussagen des vorhandenen empirischen oder theoretischen Wissens fordern. ... Die zielorientierenden Prinzipien stellen eine Beziehung zum konkreten Inhalt der jeweiligen Problemstellung her, ... (sie) sind neben den Methoden als Systemen von Regeln ein weiteres gedankliches Instrumentarium zur methodischen Leitung des problemlösenden Denkens."[190]

„... Vereinigung von Methode und zielorientierenden Prinzipien wollen wir eine bestimmt *Methodik* nennen."[191] (Dementsprechend unterscheiden die Autoren dann „*Algorithmiken* und „Heuristiken".)

Diese Definitionen gestatten es, die technischen Prinzipvorschriften eindeutig in das Begriffsgefüge einer allgemeinen Methodensprache einzuordnen.

Müller nennt eine „Vorschrift" eine „hinreichende Anweisung zur Ausführung einer Operation". Von Ziel- oder Bedingungsbezug ist in der Definition nur implizit die Rede (durch das Wort „hinreichend"). Trotzdem wird dadurch am genauesten und strengsten dem Charakter von Aufforderungen bzw. Vorschriften entsprochen, denn ihr Hauptwesenszug ist Aktualität (d. h., daß das Ziel gesetzt ist). Andererseits negiert die Aktualität nicht die Möglichkeit ihrer unterschiedlichen Modalität: bei gegebener eindeutiger Zielsetzung kann eine aktuale Aufforderung ein Gebot (oder Verbot) sein oder eine Erlaubnis (oder Freistellung) dann, wenn Alternativen des Weges zur Erreichung des gleichen Zieles gegeben sind. Allerdings ist bei aktualen Aufforderungen das Feld der Alternativen immer ein „geschlossenes" Feld.

Etwas anderes sind auf jeden Fall die „methodischen Regeln". Man könnte zunächst annehmen, daß auf der Grundlage der dichothomen Unterscheidung von Vorschriften in *praktische* und *gedankliche* die methodischen Regeln schlechthin die Untermenge der gedanklichen Vorschriften sei. Dem ist aber nicht so – methodische Regeln sind immer nur potentielle gedankliche Vorschriften. „Potentiell" heißt, daß das Ziel noch nicht gesetzt ist, obwohl es gerade hierbei – im Unterschied zu den aktualen Vorschriften – stets darauf ankommt, das potentielle Ziel explizit zu nennen. Für diese potentiellen Aufforderungen kann also in Abwandlung der von W. Segeth gegebenen Formulierung[192] als vollständige Formel gelten:

190 ebenda, S. 149.
191 ebenda, S. 150.
192 Vgl. Segeth, W., Methodische Regeln, in: Deutsche Zeitschrift für Philosophie, 7/1967, S. 793.

„*Wenn* diese oder jene Ziele gesetzt sind und *wenn* diese oder jene Bedingungen gegeben sind, *dann* tue (oder unterlasse) dieses oder jenes!" Genau an dieser Stelle kommt K.-P. Noack zu dem Resultat, daß methodische Regeln gar keine Aufforderungen, sondern Aussagen sind und zwar – indem er sich auf M. Bunge beruft[193] – Aussagen im Sinne *operationaler Voraussagen.*[194]

Es wurde schon im 1. Kapitel eingeräumt, daß die potentiellen Aufforderungen mehr kognitiven, denn teleonomischen oder axiologischen Charakter haben, und daß die Herleitung der potentiellen Aufforderungen aus Gesetzesaussagen (bzw. Theorien) als eine spezifische prädiktive Funktion von Gesetzesaussagen (bzw. Theorien) anzusehen sei. Andererseits sollte man aber berücksichtigen, daß die „übersetzte" operationale Aussage, die der potentiellen Aufforderung entspricht (nicht die, aus der sie gegebenenfalls hergeleitet ist: das ist eine Gesetzesaussage über *objektive* Sachverhalte), nämlich: „Wenn Du dieses oder jenes bei gegebener Zielstellung unter gegebenen Bedingungen tust, dann wirst Du das Ziel erreichen", eine Aussage über *subjektive* Sachverhalte (nämlich Operation – Ziel) und insodern schon etwas Besonderes ist. Außerdem ist der Bedeutungsverlust bei dieser „Übersetzung" m. E. nicht gleich Null. Der *latente* Aufforderungscharakter der Regel bleibt in der operationalen Vorschrift zwar erhalten, es tritt aber der immanente Hinweis auf die potentiell *unendliche* Anwendbarkeit der „Regel" (im Rahmen ihrer Bedingungen) in den Hintergrund. Die Aussage orientiert mehr auf eine Auskunft über die Zielerreichung im gegebenen Fall als auf die *möglichen* Realisierungen der Operation.

Man sollte deshalb die methodischen Regeln als eine Zwischenstufe zwischen Aussagen und Aufforderungen ansehen. Ihrem Charakter wird man jedoch eher gerecht, wenn man sie als „potentielle Aufforderungen" klassifiziert, als wenn man betont von „operationalen Voraussagen" spricht. Aktuale Aufforderungen sind sie keinesfalls. Der hier dargelegten Auffassung widerspricht H. Parthey, wenn er schreibt: „Regeln sind die Bedeutung von Operationssätzen, sie weisen Operationen an und genügen dem Kriterium des Erfolges."[195] Das gilt gerade nicht für Regeln, sondern nur für aktuale Aufforderungen. Eher kann man

[193] Vgl. Bunge, M., Scientific Research II, Berlin-Heidelberg-New York 1967, Kap. 11.

[194] Vgl. Noack, K.-P., Erkenntnis und Entscheidung, in: Deutsche Zeitschrift für Philosophie, Sonderheft 1968, S. 130–133.

[195] Parthey, H., Die empirische Basis der naturwissenschaftlichen Erkenntnis, in: Wege des Erkennens (hrsg. von Bellmann, R. und Laitko, H.), Berlin 1969, S. 89.

mit H. Metzler übereinstimmen, der feststellt: „Kennzeichnend für Methodenansätze ist, daß sie ein bestimmtes Ziel als Bedingung für ein Verhalten angeben ... Bei Algorithmen sowie auch bei den begrifflich in der Ehtik angeführten Sollsätzen und Imperativen kann man einen derartigen Zielbezug nicht finden, wohl aber bei Operationssätzen ... Methoden sind ... eine systematische Anleitung zur Ausnutzung objektiver Zusammenhänge ..."[196]

Daß potentielle Aufforderungen keine „gewöhnlichen" Aussagen sind, wird darüberhinaus auch noch aus einem anderen Grunde ersichtlich: sie haben *zwei* Beurteilungskriterien.

„Gewöhnliche" Aussagen sind nur nach ihrem Wahrheitswert bestimmbar. Das Merkmal „wahr" oder „falsch" zu sein, trifft in gewissem Sinne auch auf die potentielle Aufforderung zu; es wird damit der Grad der Übereinstimmung zwischen den Mittel-Ziel-„Aussage" und ihrem Korrelat – der Praxis – angegeben. Schon hierbei wird eine Besonderheit deutlich; bei diesen „Aussagen" ist die Praxis nicht nur Kriterium der Wahrheit, sondern auch Gegenstand der Aussage. Trotzdem spricht man – wahrscheinlich wegen dieser Besonderheit – gemeinhin nicht von wahren und falschen Regeln, sondern von richtigen oder nicht richtigen. So treffen R. Bellmann und H. Laitko für einen Sonderfall methodischer Regeln die Feststellung: „Wir nennen einen Erkenntnisweg *richtig*, wenn er zu einem *wahren* Resultat führt."[197] Es wurde darüberhinaus schon darauf hingewiesen, daß bei ein und derselben *potentiellen* Zielstellung verschiedene Wege zu diesem potentiellen Ziel führen können, anders gesagt, verschiedene potentielle Aufforderungen existieren, die dann gemeinsam an einem Meta-Ziel nach dem Kriterium der Zweckmäßigkeit beurteilt werden.

So wird also ein und dieselbe potentielle Aufforderung *erstens* nach ihrer Richtigkeit (Realisierbarkeit des Ziels) und *zweitens* nach ihrem „Zweckmäßigkeitsgrad" beurteilt. Für „gewöhnliche" Aussagen ist aber gerade der Zweckmäßigkeitsgrad ein inadäquates Merkmal. Darüberhinaus ist das Beurteilungskriterium „Adäquatheit" (Übereinstimmung mit einer wahren „Basisaussage"), das W. Segeth vorschlägt[198], mehr ein „inner-

[196] Metzler, H., Zum Verhältnis von Theorie und Methode, in: Deutsche Zeitschrift für Philosophie, Sonderheft 1965, S. 267.

[197] Bellmann, R. und Laitko, H., Methode und Methodologie der wissenschaftlichen Erkenntnis, in: Wege des Erkennens, (hrsg. von Bellmann, R. und Laitko, H.), Berlin 1969, S. 24.

[198] Vgl. Segeth, W., Methodische Regeln, in: Deutsche Zeitschrift für Philosophie 7/1967, S. 793.

methodologisches" Merkmal strategischer Wissenschaften als ein angemessenes globales Beurteilungskriterium methodischer Regeln.
Von diesen Überlegungen kann man zu einer ersten Einschätzung der technischen Prinzipvorschriften (TPV) übergehen: Technische Prinzipvorschriften sind potentielle Aufforderungen, die der Klasse der *praktischen* Vorschriften angehören und inhaltlich durch ihren Gegenstand – die Technik – bestimmt sind.
Technische Prinzip-Vorschriften haben für die praktische (technische) Tätigkeit der Menschen eine analoge Bedeutung wie die methodischen Regeln für die gedankliche Tätigkeit.
Von den technischen Prinzip-Vorschriften sind die aktualen technischen Vorschriften zu unterscheiden, die bei gegebener Zielsetzung aktualen Aufforderungscharakter tragen, wie beispielsweise in Konstruktionszeichnungen, Produktionstechnologien u. a.
Im allgemeinen tragen die technischen Prinzipvorschriften auch funktionalen Charakter, d. h., in ihnen sind Eigenschaftsvariable mit dem Status von Zielvariablen enthalten. Beim Übergang von der technischen Prinzip-Vorschrift zur aktualen technischen Vorschrift durch konkrete Zielsetzung geschieht also zweierlei: erstens Ziel-Spezifizierung, zweitens Aktualisierung. Bei allen technischen Prinzipvorschriften (auch bei a-funktionalen) findet darüber hinaus immer mit der Aktualisierung auch eine Individuenspezifizierung statt. So sprechen zum Beispiel R. Bellmann und H. Laitko davon, daß „man den Übergang von der Methode zur Operation auch als Übergang vom Allgemeinen in Einzelnes (als Spezifikation) fassen kann"[199], da jede menschliche Handlung immer Konkret-Einzelnes darstellt. Das stimmt auch für den Übergang von technischen Prinzipvorschriften zu technischen Vorschriften. Andererseits schließt eine „erfolgreiche" technische Vorschrift immer auch eine Widerholbarkeit ein. Beim Einsatz von technischen Vorschriften in konkreten technischen Prozessen müßte man also, um ganz genau zu sein, davon sprechen, daß die technischen Prinzipvorschriften spezifiziert werden „bis auf Wiederholbarkeit". (Zur Erklärung: In einer Maschine läuft eine technische Funktionserfüllung ganz *konkret* ab, die Maschine selbst ist durchaus etwas Konkret-Einzelnes; trotzdem muß die Funktionserfüllung ständig reproduzierbar sein.)
Der Übergang von der technischen Prinzipvorschrift (TPV) zur technischen Vorschrift (TV) erfolgt also schematisch so:

[199] Bellmann, R. und Laitko, H., Methode und Methodologie der wissenschaftlichen Erkenntnis, in: Wege des Erkennens, (hrsg. von Bellmann, R. und Laitko, H.), Berlin 1969, S. 11.

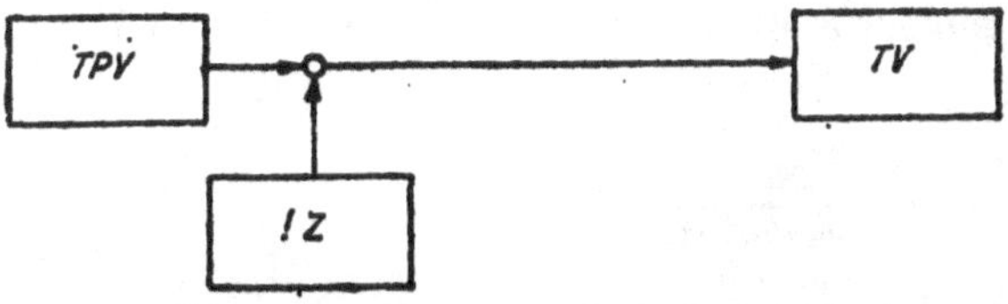

Abb. 3: Übergang von der technischen Prinzipvorschrift (TPV) zur technischen Vorschrift (TV)

Es fällt auf, daß die von den Autoren Heitsch, Parthey und Wächter beim Übergang von Methoden (Menge methodischer Regeln) zu Methodiken neben dem unmittelbaren Zielbezug erwähnte notwendige Verbindung mit *zielorientierenden Prinzipien* (ZOP) beim Übergang von technischen Prinzipvorschriften (im folgenden nur noch: TPV) zu technischen Vorschriften (im folgenden nur noch: TV) kein Analogon haben. Die Begründung ist darin zu sehen, daß die methodischen Regeln im Verhältnis zu den Methodiken oftmals einen sehr hohen Formalisierungsgrad besitzen, so daß beim Übergang zu Methodiken, die ja auf einen konkreten Gegenstand gerichtet sind, nicht nur eine Spezifizierung durch Zielsetzung erfolgt, sondern auch eine Konkretisierung vorgenommen werden muß. Die Konkretisierung wird durch die zielorientierenden Prinzipien erreicht. Hingegen besteht zwischen TPV und TV prinzipiell kein Unterschied im Abstraktionsgrad (TPV sind niemals „formale" Vorschriften). Daß auch TPV, allerdings in ganz anderer Weise, konkretisiert werden können bzw. müssen, soll einer spezielleren Untersuchung am Schluß dieser Studie vorbehalten bleiben.
Auf jeden Fall tritt beim Übergang von den TPV zu den TV ein Übergang von Aufforderungen sehr schwacher Intensität zu Aufforderungen stärkerer Intensität auf. Dieser Intensitätswandel bezieht sich aber genau genommen nicht auf den ganzen Inhalt der operationalen Anweisung, sondern auf das Ziel der angewiesenen Operation. Der Modus der Zielsetzung geht vom Modus der Erlaubnis bzw. Freistellung in den Modus des Gebots bzw. Verbots über. In der tatsächlichen technischen Entwicklungsarbeit sind dabei weitere Zwischenstufen anzutreffen:

TPV	Erlaubnis (bzw. Freistellung)	– Zielsetzung ohne Einschränkung alternativ
TV	Wunsch (Sollforderung)	– „zweiseitig" tolerierendes Gebot oder Verbot eines Zieles
	Mindestforderung	– „einseitig" tolerierendes Gebot oder Verbot eines Zieles
	Festforderung	– absolutes Gebot oder Verbot eines Zieles

Insgesamt kann man folgende Modalitätsklassifikation der TPV und der TV vornehmen:

	Weg	Ziel
TPV	Erlaubnis/Freistellung Gebot/Verbot	Erlaubnis/Freistellung
TV	Erlaubnis/Freistellung Gebot/Verbot	Gebot/Verbot: „zweiseitig" tolerierend „einseitig" tolerierend ohne Toleranz

Abb. 4: Modalitätsklassifikation der TPV und der TV

An dieser Stelle kann eine weitere Zusammenfassung zum Begriff der technischen Prinzip-Vorschriften erfolgen:

1. TPV tragen immer *allgemeinen* Charakter, d. h. sie sind auf eine ganze Klasse gleicher oder ähnlicher technischer Vorgänge anwendbar. Funktionale TPV sind darüberhinaus *ziel-variabel.*
2. TPV haben hinsichtlich der Zielsetzung immer den Modus der Erlaubnis oder Freistellung, hinsichtlich des Weges den Modus der Erlaubnis bzw. Freistellung oder des Gebots bzw. Verbots.

Um Mißverständnisse zu vermeiden, muß der Begriff „technische Prinzip-Vorschrift" unter einem weiteren Gesichtspunkt geklärt werden. J. Müller weist an vielen Stellen[200] berechtigt daraufhin, daß z. B. konstruktive Probleme der Technik äußerst komplex sind und deshalb die Problemlösung nur in einem Prozeß des Aufsteigens vom Abstrakten zum Konkreten zu bewältigen ist. In diesem Prozeß sind zwei Hauptphasen unterscheidbar: 1. Phase: Prinzipfindung, 2. Phase: Anpassung.

„Prinzipfindung" bedeutet Auffinden der prinzipiellen Lösungsmöglichkeit eines Problems, also Auffinden eines Effekts, der eine stoffliche oder energetische Veränderung eines gegebenen definierten Eingangs- in einen geforderten definierten Ausgangszustand prinzipiell zu realisieren vermag. „Anpassung" bedeutet Konkretisierung und Spezifizierung hinsichtlich der gegebenen Bedingungen des Eingangszustandes, der Bedingungen während des Veränderungsprozesses und vor allem hinsichtlich der Forderungen an die verschiedensten Parameter des Ausgangszustandes.

[200] Vgl. z. B. Müller, J., Über den Zusammenhang von Problemsachverhalt und Problemlösungsverhalten, in: Rostocker Philosophische Manuskripte, Universität Rostock 3/1966, S. 127–134; Müller, J., Operationen und Verfahren des problemlösenden Denkens, in: Wissenschaftliche Zeitschrift der Technischen Hochschule Karl-Marx-Stadt 1–2/1967, S. 19ff.

Der Begriff „TPV“ darf nun *nicht* die Vorstellung assoziieren, daß sich technische Prinzip-Vorschriften nur auf die Prinzipfindungsphase bei der Lösung technischer Probleme anwenden lassen, sondern sie sind auch auf die Anpassungsphase anwendbar. Allerdings sind nicht alle Typen von TPV auf beide Phasen gleichermaßen anwendbar, was an anderer Stelle noch zu klären sein wird.

Zusammenfassend soll zum Schluß ein Linienflußbild für die Bildung praktischer Vorschriftenmengen angegeben werden, das in Analogie zur Bildung von algorithmischen bzw. heuristischen Programmen aus methodischen Regeln (also Vorschriften für *gedankliche* Operationen) aufgestellt wurde.

W. Heitsch gibt für die Entwicklung von Vorschriftenmengen für ge-

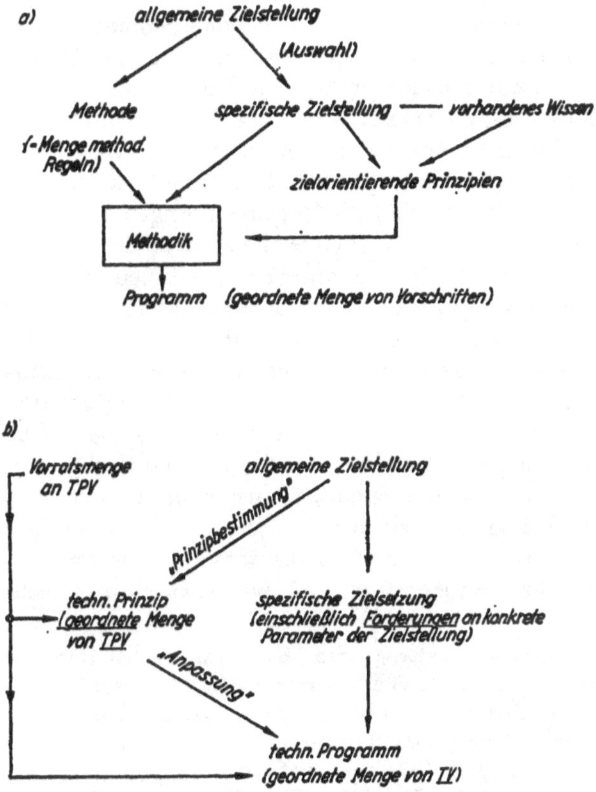

Abb. 5: Linienflußbilder für die Entwicklung gedanklicher (a) bzw. technischer (b) Vorschriftssysteme

dankliche Operationen ein Linienflußbild an[201], das in Abb. 5a wiedergegeben wird.
Entsprechend kann für die Entwicklung von Handlungsvorschriften bzw. technischer Operationen ein Linienflußbild angegeben werden, wie es in Abb. 5b dargestellt ist.

3.3. Die allgemeine Struktur des Übergangs von der Gesetzesaussage zur technischen Prinzip-Vorschrift

Im Abschnitt 1.3. ist dargestellt worden, daß technische Prinzipvorschriften nicht nur aus bekannten Gesetzesaussagen herleitbar sind, sondern auch Ergebnis verallgemeinerter praktischer Erfahrung sind. Die Dialektik dieses wechselseitigen Prozesses ist noch genauer zu untersuchen. In diesem Abschnitt kommt es darauf an, nur *den* Grenzfall und seine Aspekte zu untersuchen, in dem die Herleitung der TPV *gedanklich* aus Gesetzesaussagen erfolgt. Daß das kein konstruierter spekulativer Grenzfall ist, geht aus der materialistischen Grundposition zur Technik hervor, d. h. aus folgender Grundüberlegung: „Die Natur und ihre Gesetzmäßigkeiten sind die Voraussetzungen der Technik. Nur das objektiv Mögliche kann technisch verwirklicht werden. Das ist die *Grenze*, innerhalb der wir wirksam werden können. Technik ist ... ein von Menschen auf Grund der objektiven Gesetze Gesetztes."[202]
In diesem Sinne kann man auch einer verallgemeinerten Fassung des Prinzips zustimmen, die G. Klaus darlegte: „Die Regeln des Handelns setzen die Gesetze der Wirklichkeit voraus!"[203] Diese Grundposition gilt natürlich auch für solche Fälle, wo die Technik ohne spezifische Kenntnis von Gesetzesaussagen entwickelt wird (z. B. durch Probieren); um wieviel rationeller (weil rationaler!) muß es also sein, Technik mit Hilfe der Kenntnis objektiver Gesetze zu entwickeln.
Die Grundfunktion der Anwendung von Gesetzesaussagen, die zur Entwicklung der Technik bzw. zunächst einmal zur Entwicklung tech-

[201] Vgl. Heitsch, W., Diskussionsbeitrag zum Kolloquium des Bereichs Wissenschaftstheorie des Instituts für Wissenschaftstheorie und -organisation der Akademie der Wissenschaften der DDR zu Berlin zum Thema „Zur Struktur und zu einigen Grundbegriffen einer Theorie der Forschungsmethodik" am 23. 3. 1971 (unveröffentlicht).
[202] Müller, J., Zur Bestimmung der Begriffe „Technik" und „technisches Gesetz", in: Deutsche Zeitschrift für Philosophie, 12/1967, S. 1434.
[203] Klaus, G., Moderne Logik, Berlin 1967, S. 322.

nischer Prinzipvorschriften unterlegt werden kann, ist die in Abschnitt 3.1. beschriebene „strategische Funktion".
Die vollständige Herleitung der technischen Prinzipvorschrift erfolgt formal dann in folgenden Schritten(S):

S_1 : $Z = B(x_i)$,

S_2 : Aufsuchen der Gesetzesaussage

$$\forall(x)\,(EB(x) \Leftrightarrow (A(x) \Rightarrow B(x)))\,,$$

S_3: Entwicklung der Grundformel

$$[(EB(x) \Leftrightarrow (A(x) \Rightarrow B(x))) \wedge EB(x_i) \wedge A(x_i)] \rightarrow B(x_i)\,,$$

S_4: Herleitung der zielbedingt notwendigen Operatoren zur Realisierung von $B(x_i)$:

$!EB(x_i)$ und $!A(x_i)$,

bzw. Herleitung der operationalen Voraussage

$$B(x_i) \leftarrow (GA \wedge EB(x_i) \wedge A(x_i))\,,$$

S_5: Aus der Replikation aus S_4 wird dann die technische Prinzip- Vor schrift hergeleitet

$$(!A(x_i) \wedge !EB(x_i)) \Rightarrow Z\,.$$

Diese Formel bedeutet in Worten: „Setze" den Ausgangszustand $A(x_i)$ und „setze (schaffe)" die Existenzbedingungen für den gesetzmäßig ablaufenden Vorgang, dann folgt mit physischer Notwendigkeit der definierte Zielzustand Z. – Aus der Formel ist allerdings zunächst nicht unmittelbar erkennbar, ob es sich um eine potentielle oder um eine aktuale Vorschrift handelt; das ist letztlich davon abhängig, ob das Ziel selbst aktual gefordert oder nur als mögliches, potentielles Ziel anzusehen ist.
Mit der Schrittfolge ist die allgemeine Struktur des Übergangs von der Gesetzesaussage zur technischen Prinzipvorschrift gekennzeichnet. An der Formel für technische Prinzipvorschriften fällt folgendes auf:
1. Beim Übergang von S_4 zu S_5 wird die eigentlich zugrundeliegende Gesetzesaussage eliminiert.
2. Beim Übergang von S_4 zu S_5 wird der zunächst *logische* Schluß auf $B(x_i) = Z$ (Replikation) in eine *physische* Folgebeziehung „umgewandelt". Daß hierbei kein unerlaubter Schritt getan wird, läßt sich zeigen, wenn man den Zusammenhang der Schlüsse auf andere Weise darstellt:

Erster Schritt:

$$[EB(x) \Leftrightarrow (A(x) \Rightarrow B(x))] \rightarrow [(EB(x_i) \wedge A(x_i)) \Rightarrow B(x_i)],$$

d. h. nichts anderes als Spezifikation,

Zweiter Schritt:

Abtrennung $(EB(x_i) \wedge A(x_i)) \Rightarrow B(x_i)$.

Dritter Schritt:

Umwandlung der „Prämissen" in Operatoren und der physischen Folgerung in die Zielsetzung; diese Umwandlung führt dann einwandfrei zur obigen Formel.

3. Wie schon angedeutet, muß die Formel trotz der erfolgten Spezifikation nicht (bzw. nicht nur) als Formel für potentielle Aufforderungen mit dem Charakter der Singularität verstanden werden.

Das soll an zwei Beispielen verdeutlicht werden:

Beispiel 1

Es ist die Forderung (Zielsetzung) gestellt, Eisen zu haben, das nicht ferromagnetisch ist. Bekannt ist das Gesetz, das besagt, daß reines Eisen oberhalb 770 °C (Curiepunkt) seine ferromagnetischen Eigenschaften verliert. Es wäre also folgende TPV herleitbar:

$(!0 \wedge !EB(x_i)) \Rightarrow (A(x_i) \Rightarrow B(x_i))$

$!EB(x_i)$ – „Setze" *reines* Eisen („ein Stück" reines Eisen)!
$!0$ – Erhitze über 770 °C!
$A(x_i)$ – Das „Stück" Eisen hat ferromagnetische Eigenschaften.
$Z = B(x_i)$ – Das „Stück" Eisen hat seine ferromagnetischen Eigenschaften verloren.

In diesem Beispiel erfolgte die Spezifizierung von Eisen (x) auf „ein Stück Eisen" (x_i). Da aber alle x_i untereinander gleich sind und zwar gleich x, besteht im Grunde auch kein Unterschied zwischen:

$(!0 \wedge !EB(x_i)) \Rightarrow (A(x_i) \Rightarrow B(x_i))$ und
$(!0 \wedge !EB(x)) \Rightarrow (A(x) \Rightarrow B(x))$

Die potentielle Aufforderung für den Spezialfall ist also gleich der für den allgemeinen Fall.

Beispiel 2

Es steht die Forderung (Zielsetzung), das Volumen eines Gases (isothermisch) auf die Hälfte zu komprimieren. Das Gesetz

$p \cdot V = R \cdot T$ (universelles Gasgesetz) ist bekannt.

Es wäre also (zunächst) folgende funktionale TPV herleitbar:

$$(!0 \wedge !EB(x_i)) \overset{Fk}{\Rightarrow} (A(x_i) \Rightarrow B(x_i))$$

$!EB(x_i)$ – 1. „ideales Gas" (mit vernachlässigbaren van der Waalschen Kräften)

2. die Temperatur ist konstant zu halten

$!0$ – Δp

$A(x_i)$ – V_1

$B(x_i)$ – V_2

Die funktionale TPV ist spezifizierbar (auf das konkrete Ziel):

$$(!0 \wedge !EB(x_i)) \Rightarrow (A(x_i) \Rightarrow B(x_i))$$

$!EB(x_i)$ – wie oben

$!0$ – $p_2 = 2p_1$

$A(x_i)$ – V_1

$B(x_i)$ – $V_2 = \frac{1}{2} V_1$

In diesem Beispiel ist auch die spezifizierte TPV noch allgemein in einem ähnlichen Sinne wie im ersten Beispiel. Allgemein heißt hier: „wiederholbar in Raum und Zeit". Im Verhältnis zur funktionalen TPV hat die spezifizierte TPV jedoch nicht mehr die gleiche Allgemeinheit wie die ursprüngliche Gesetzesaussage: Die x_i stehen für alle jene Fälle, in denen Gase um die Hälfte ihres Volumens komprimiert werden, jedoch nicht mehr für alle x (in der ursprünglichen Gesetzesaussage), d. h. für alle Fälle, in denen das Volumen von Gasen durch Druckänderung überhaupt verändert wird.

4. Die Herleitung der TPV erfordert unbedingt, daß in irgendeinerweise überhaupt ein Ziel gesetzt ist. Dabei ist es zunächst völlig gleichgültig, ob das Ziel aktualisiert ist oder nicht, ob es in einer aktualen Zielplanung ein für die Gegenwart oder für die Zukunft gestelltes Ziel ist, ja sogar unabhängig davon, ob das Ziel bestimmten Bedürfnissen entspricht oder ihnen zuwiderläuft. Kurz gesagt: ein Ziel muß existieren, über seinen Modus muß nichts Definitives gegeben sein.
In diesem Sinne ist auch das Linienflußbild im vorigen Abschnitt (Abb. 5b) zu verstehen (insbesondere der Ausdruck „allgemeine Zielstellung"), das nun vervollständigt werden kann und in Abb. 6 wiedergegeben wird.

Das Linienflußbild (Abb. 6) läßt folgende Interpretation zu:

– Die „allgemeine Zielstellung" bewirkt:
1. die Herleitung von TPV aus GA (Aufbau einer Vorratsmenge),
2. die Auswahl und „Vorordnung" der TPV (Herleitung des „Prinzips"),
3. die Anregung zu spezifischen Zielsetzungen.

– Die „spezifische Zielsetzung" bewirkt:
1. die Aktualisierung der Aufforderungen (Umwandlung der TPV in TV),

2. die Spezifizierung (und spezifische Kombination) der TPV, wobei gleichzeitig zusätzliche TPV aus der Vorratsmenge, die noch nicht im „technischen Prinzip" enthalten waren, hinzukommen (also ausgewählt werden).

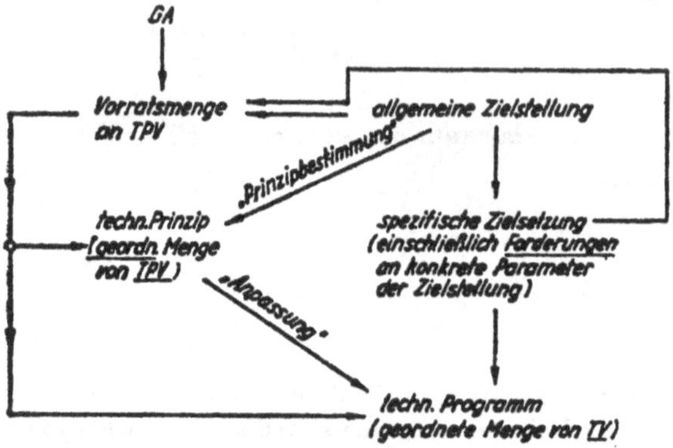

Abb. 6: Präzisiertes Linienflußbild für die Entwicklung technischer Vorschriftensysteme

Aus dem Linienflußbild geht auch hervor, daß TPV, die aus Gesetzesaussagen hergeleitet sind, sowohl bei der Bestimmung des technischen Prinzips als auch im Anpassungsprozeß herangezogen werden. J. Müller stellt bezüglich dieses Problems fest, daß „. . . der Ingenieur seine Aufgabe noch nicht gelöst hat, wenn er ein geeignetes Prinzip, also das *Gesetz*, herangezogen hat. Einerseits soll der gesetzmäßige Zusammenhang zu einer bestimmten Zeit bzw. unter bestimmten Bedingungen mit hoher Wahrscheinlichkeit wirksam werden. Dazu muß der Techniker die notwendigen und hinreichenden Bedingungen, unter denen das Gesetz wirkt, kennen, beachten bzw. tatsächlich verwirklichen. . . . Andererseits soll die Transformation (mit ihren Nebenwirkungen) einer Reihe von Forderungen in einem Grad entsprechen, die technisch bzw. gesellschaftlich zu stellen sind. Diese Aufgabe löst der Techniker dadurch, daß er den Energie- bzw. Stofffluß genau dimensioniert – wozu er wiederum auf das *quantitativ formulierte Gesetz* zurückgreift – und/oder dadurch, daß er Elemente in das System einfügt, die zusätzliche Transformationen erfüllen. Diese nutzen wiederum physikalische u. a. Effekte aus, die bestimmten Gesetzen folgen . . ."[204] (Hervorhebung – *H. W.*)

[204] Müller, J., Zur Bestimmung der Begriffe „Technik" und „technisches Gesetz", in: Deutsche Zeitschrift für Philosophie, 12/1967, S. 1443/44.

Vergleicht man die vorstehenden Darlegungen mit den Untersuchungen von W. Segeth[205] über die „Herleitung von methodischen Regeln aus Gesetzesaussagen", so kann man zunächst feststellen, daß diese Untersuchungen eine sehr wertvolle Grundlage für die vorliegenden Untersuchungen waren und sind. Andererseits gibt es Unterschiede in der Verwendung von Ausgangsmaterial und dadurch bedingte Differenzen im Ergebnis. Außerdem ist festzustellen, daß es zu einigen Untersuchungsergebnissen Segeths Widerspruch gibt. Fragen entstehen vor allem zu folgenden Punkten:

1. Obwohl Segeth am Ende seiner Ausführungen zu dem Ergebnis gelangt, daß eine methodische Regel eine „bedingt imperative Aufforderung"[206] ist, zählt er doch die *spezifischen* Merkmale der methodischen Regeln (insbesondere den expliziten Bedingungs- und Zielbezug) zu den *gemeinsamen* Merkmalen *aller* Aufforderungen.[207]
2. Segeth unterscheidet nicht zwischen methodischen Regeln, die *noch* bedingt imperativ vorliegen, und deren Aktualisierung durch aktuale Zielsetzung.
3. Segeth bezeichnet alle potentiellen Aufforderungen, die aus Gesetzesaussagen abgeleitet sind, ohne weitere Differenzierung als methodische Regeln. Das ist sehr problematisch und kann zu erheblichen Mißdeutungen führen. Man sollte von methodischen Regeln nur dann sprechen, wenn sie inhaltlich *gedankliche Operationen* anweisen. Die Gesetzesaussagen, aus denen sie herleitbar sind, kommen entweder aus dem Gegenstandsbereich der Erkenntnistheorie oder der von uns so genannten Formalwissenschaften (Logik, Mathematik, z. T. auch Kybernetik). Potentielle Aufforderungen, die *praktische Operationen* anweisen, sind nur aus Gesetzesaussagen herleitbar, deren Gegenstandsbereich eindeutig als materiell bezeichnet werden kann. Technische Prinzipvorschriften sind eine Teilklasse der praktischen potentiellen Aufforderungen. – Diese Unterscheidung ist insofern wichtig, als eben mit *methodischen* Regeln allein z. B. Technik nicht entwickelt werden kann. Es bedarf spezifischer Gesetzeskenntnis, genauso wie umgekehrt J. Müller zur Methodologie feststellt: „... Methodologien ... interessieren nicht die inhaltliche Seite einer Aufgabe, die konkreten Bestimmungen der zu verändernden Situation bzw. des Ziels, die Gesetzmäßigkeiten des zu verändernden bzw. zu ver- oder bearbeiten-

[205] Vgl. Segeth, W., Methodische Regeln, in: Deutsche Zeitschrift für Philosophie, 7/1967, S. 792–806.
[206] Ebenda, S. 806.
[207] Vgl. ebenda, S. 793.

den Gegenstandes – das ist für eine Methodologie vorgängige Disziplin."[208] Diese Unterscheidung ist auch für die vorliegende Arbeit von großer Bedeutung: Inhaltlich geht es uns um die Gewinnung praktischer Vorschriften zur Entwicklung von Technik, das eigentliche Ziel der Arbeit besteht jedoch darin, methodische Regeln (gedankliche Vorschriften) zur Gewinnung praktischer Vorschriften herauszuarbeiten.

Im übrigen sei hier der Einschub gestattet, eine Bemerkung zum Verhältnis von Theorie und Methode zu machen. Ohne spezifische Bemerkungen einzelner Autoren zu zitieren, kann man konstatieren, daß eine Konvertierbarkeit von Theorie und Methode nicht existiert, wenn damit z. B. eine Konvertierbarkeit von physikalischer Theorie und physikalischer Methode gemeint ist. Andererseits besteht in gewissem Sinne eine Konvertierbarkeit zwischen Theorie und Vorschriftsystemen durchaus, wenn man nicht die Gegenstandsbereiche wechselt, also z. B.

Erkenntnistheorie	– Erkenntnismethode
Physikalische Theorie	– (bestimmte) technische Prinzipvorschriften.

Expliziert man etwas genauer den unglücklichen Ausdruck „physikalische Methode" durch „Erkenntnismethoden in den physikalischen Wissenschaften", so läßt sich sagen allgemein können die Erkennntnismethoden durch Konversion aus der Erkenntnistheorie gewonnen werden, durch Kenntnisse über den Gegenstand der physikalischen Wissenschaften (vgl. „zielorientierende Prinzipien"!) werden sie spezifiziert und damit zu „Erkenntnismethoden in den physikalischen Wissenschaften". – Die obengenannte falsche Auffassung von Konversion hat anscheinend ihre Wurzel darin, daß tatsächlich im bisherigen Verlauf der Wissenschaftsentwicklung die Kenntnis spezifischer Erkenntnismethoden durch Verallgemeinerungen aus der Praxis (der „Praxis der Erkenntnisgewinnung", also z. B. der experimentellen Praxis) gewonnen wurde, so daß der Bezug auf eine einigermaßen geschlossene Erkenntnistheorie „übersehen" wurde.

4. Segeth unterscheidet nicht eindeutig zwischen logischen und physischen Folgebeziehungen. Das ist wahrscheinlich auch der tiefere Grund, der ihn dazu führt, undifferenziert den Ausdruck „methodische Regel" zu verwenden.

Die Darstellung der allgemeinen Struktur des Übergangs von der Gesetzesaussage zur technischen Prinzipvorschrift kann bis zu diesem Punkt noch den Eindruck erwecken, als hätte man es mit einer spezifischen Form logischer Deduktion zu tun, einer Art regressiver De-

[208] Müller, J., Operationen und Verfahren des problemlösenden Denkens in der technischen Entwicklungsarbeit – eine methodologische Studie, Habilitationsschrift, Karl-Marx-Universität Leipzig, 1966, S. 11.

duktion. Dieser Eindruck wird durch zwei Merkmale bestärkt, erstens kommen deduktive Schritte vor (Schritt S_3), zweitens wird tatsächlich regressiv gearbeitet – zur Lösung jedes technischen Problems geht man von der „Folge" aus und von dort zum „Grund" zurück. Die Zunahme der Möglichkeit, deduktive Schritte bei der Lösung technischer Probleme – durch zunehmende Gesetzeserkenntnis – zu vollziehen, ist letztlich auch das Kriterium, das den Grad der *„Rationalität des Erfindens"* bestimmt. Trotzdem ist die Methode der Herleitung von TPV aus Gesetzesaussagen als Ganzes kein logisch-deduktives Verfahren. In Zusammenhang mit der formalen Darstellung des konstruktiven Problems in Ver- bzw. Bearbeitungsprozessen kommt J. Müller zu der Formel[209]

$$M \rightarrow (E_E \rightarrow !0_i)\,,$$

d. h.: es ist ein Mittel gesucht, das eine Eingangsenergie in einen (nach Zeitpunkt, Größe und Richtung) definierten Operator umwandelt. Zur Lösung dieses Problems schreibt J. Müller: „Bei technischen Problemen ist aber das Hinterglied der Implikation bekannt, das Vorderglied ist zu bestimmen, d. h. bei der Lösung ist von der Folge zum Grund fortzugehen. Daß für diesen Fortgang weder die deduktive noch die induktive Logik hinreichende Verfahren liefern kann, ist unmittelbar einzusehen. Wenn aber *M* aus dem Hinterglied nicht logisch zu erschließen ist, dann werden die Operatoren bzw. Algorithmen, deren Anwendung Prinzipe finden läßt, so sein müssen, daß sie das Ziel der gedanklichen Anstrengung nur im Idealfall sicher erreichen lassen. In dieser Hinsicht darf man sich keine Illusionen machen. Entweder erkennen wir an, daß im Prozeß der Prinzipbestimmung der Zufall eine *wesentliche* Rolle spielt, oder wir können einem Präformismus etwa Dessauerscher Prägung nicht entgehen. Bei der Auswahl und Handhabung der jeweiligen Operatoren (Algorithmen) wird deshalb die Einschätzung der Wahrscheinlichkeit, daß man mit ihrer Anwendung das Ziel erreicht, immer eine große Rolle spielen. Auf der anderen Seite sind die uns vorliegenden Probleme auch nicht durch blindes, rein zufälliges Probieren (trial and error) zu bewältigen. Dann wäre das Zustandekommen eines akzeptablen Prinzips ein Wunder, weil die Wahrscheinlichkeit, daß diese Lösung gefunden wird, in vielen Fällen kaum von 0 unterschieden wäre. Der Zufall muß also bedingt, gesteuert, begrenzt oder gerichtet ins Spiel gebracht werden."[210]

[209] Ebenda, S. 64.
[210] Ebenda, S. 67.

Dieses sehr ausführliche Zitat bringt in überzeugender Weise die marxistisch-leninistische Position zum Grundanliegen der Heuristik in allgemeiner Form zum Ausdruck. Gleichzeitig wird damit jedem objektiv-idealistischen Präformismus, jedem Mechanizismus und andererseits jedem philosophischen Irrationalismus oder jeder Mystifikation der Intuition eine Abfuhr erteilt. Zum anderen gestattet das Zitat, die Rolle der Gesetzeskenntnis bei der Lösung „konstruktiver" Probleme einzuordnen: Durch exakte Gesetzeskenntnis wird die gedankliche Antizipation eines *sicheren* Weges zur Erreichung eines bestimmten Zieles und – beim Vorhandensein mehrerer (sicherer) Wege – die gedankliche Antizipation des optimalen Weges ermöglicht. Damit ist das heuristische Problem allerdings *nicht* eliminiert, es erscheint in anderer Form auf einer neuen Ebene. Es ist andererseits auch nicht so, daß das heuristische Problem nur schlechthin „verschoben" ist, ohne daß etwas zu seiner Lösung beigetragen wurde, aber es ist eben auch nicht verschwunden. Das „neue" heuristische Problem besteht darin, aus der Gesamtheit der Gesetzeserkenntnisse jene Gesetzesaussagen zu finden, die die Herleitung sicherer TPV zur Erreichung des vorgegebenen Ziels möglich machen. Das Auffinden hinreichender Gesetzesaussagen ist *kein* vollständig algorithmierbarer gedanklicher Prozeß. Dieses „neue" heuristische Problem kann aber wiederum durch spezifische Maßnahmen, die den „Zufall steuern", approximiert werden, z. B.

- durch Systematisierung der Gesetzesaussagen nach Gegenstandsbereichen
- durch Systematisierung der Gesetzesaussagen nach technischen Funktionsbereichen (Zielklassifizierung)
- durch Systematisierung der Gesetzesaussagen nach ihrem „strategischen Wert" (worüber im nächsten Abschnitt zu sprechen ist).

Das Aufzeigen von weiteren Lösungsmöglichkeiten dieses Problems ist jedoch nicht das Hauptanliegen dieser Arbeit. Es soll vielmehr ein weiteres Spezifikum der Struktur des Übergangs von Gesetzesaussagen zu TPV untersucht werden, das jedoch mit dem vorgenannten Problem in engem Zusammenhang steht. Das Auffinden von hinreichenden Gesetzesaussagen für die Herleitung von TPV ist ja nur der Grenzfall des Problems, in dem vorausgesetzt ist, daß im jeweils gegebenen Fall exakte Gesetzeskenntnis prinzipiell vorhanden ist, das heißt, daß ein „voller Speicher" voraussetzbar ist. Oft ist jedoch der vorhandene Vorrat an Gesetzesaussagen unvollständig oder unvollkommen oder beides. Unabhängig vom Problem des Suchens nach eventuell vorhandenen Gesetzesaussagen sind dementsprechend drei grundsätzliche Fälle des Übergangs von Gesetzesaussagen zu TPV zu unterscheiden:

1. Der erste Fall ist der Fall der *Bestimmtheit* der Vorratsmenge an Gesetzesaussagen zur Herleitung einer zielbedingten Menge an TPV:
– Das entspricht dem obengenannten Grenzfall. Gemäß einer Zielvorgabe wird aus der Menge der bekannten Gesetzesaussagen diejenige Teilmenge herausgesucht *und vollständig gefunden*, aus der die notwendige und hinreichende Menge an TPV zur Realisierung der Zielvorgabe herleitbar ist.

2. Der zweite und häufigste Fall ist der Fall der *Unterbestimmtheit* der Vorratsmenge an Gesetzesaussagen zur Herleitung einer zielbedingten Menge an TPV:
Abgesehen davon, daß der Fall unmöglich eintreten kann, daß *keinerlei* Gesetzeserkenntnisse vorliegen – so daß *immer* bestimmte Teilziele einer technischen Problemstellung durch direkte Herleitung von TPV aus einzelnen Gesetzeserkenntnissen möglich ist[211] – treten doch meist Teilprobleme auf, in denen Gesetzeserkenntnis unvollkommen oder unvollständig ist.

2.1. Wenn in bezug auf ein Teilziel statt einer gut bestätigten Gesetzesaussage nur eine schwach bestätigte Hypothese vorliegt, dann muß vor der Herleitung der TPV die hypothetische Folgerung, die der Zielstellung entspricht, erst experimentell verifiziert werden. Sinn des Experiments ist nicht Bestätigung oder Falsifikation der Hypothese, sondern einzig und allein Verifikation oder Falsifikation der hypothetischen Folgerung, also Beantwortung der Frage, *„ob es so geht“*, ob so das konkrete Ziel erreichbar ist. Daß dabei auch – sozusagen „nebenbei“ – ein theoretischer Informationsgewinn hinsichtlich der Qualität der Hypothese erhalten wird, ist zunächst für die Lösung eines technischen Problems eine sekundäre Frage. Es zeigt aber, wie sich in diesem Punkt die Wechselwirkung von theoretischer und strategischer Forschung vollzieht.
Kann die hypothetische Folgerung nicht verifiziert werden, so liegt der unter 2.2. aufgeführte Fall vor.

2.2. Es kommt vor, daß in bezug auf ein Teilziel *keine* Gesetzesaussage vorliegt, aus der eine TPV herleitbar wäre. Dann muß die Lösung des Teilproblems durch Probieren (trial and error) gefunden werden. Im allgemeinen (wenn es sich nicht um belanglose Teilziele handelt)

[211] Diese Feststellung ist der Aussage äquivalent, daß es kein Problem gibt, das in allen seinen Aspekten „neu“ ist. Gäbe es ein solches Problem, wäre es unlösbar.

wird der technische Wissenschaftler jedoch versuchen, eine neue Hypothese zu bilden und zu bestätigen, aus der dann die TPV herleitbar ist. – In Experimenten, die angestellt werden, um *Hypothesen zu finden*, kommt es vor allem darauf an, systematisch verschiedene Parameter zu variieren, um ihre Einflußintensität zu überprüfen, wobei die Millschen Methoden[212] eine wertvolle methodische Hilfe

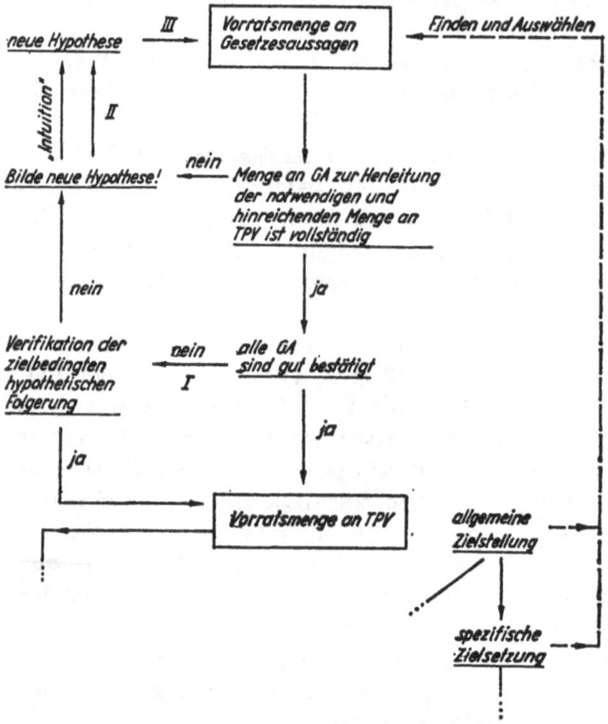

Abb. 7: Modell zur Ergänzung des Linienflußbildes (Abb. 6) zur Entwicklung technischer Vorschriftensysteme aus Gesetzesaussagen

I – „technische Experimente"
II – Experimente zur Hypothesenfindung
III – Experimente zur Hypothesenüberprüfung

[212] Vgl. z. B. Parthey., H. und Wahl, D., Die experimentelle Methode . . ., Berlin 1966, S. 61–66; Segeth, W., Elementare Logik, Berlin 1967, S. 214–218.

sind. Wird eine neue Hypothese jedoch auf dem Wege der Intuition gebildet (was der häufigere Fall ist), so muß sie zunächst experimentell überprüft werden; dann geht das Problem in den unter 2.1. behandelten Fall über. – Auch bei diesem Vorgehen realisiert der Technikwissenschaftler einerseits sein Ziel, andererseits einen Informationsgewinn an theoretischer Erkenntnis.

3. Der dritte Fall ist der Fall der *Überbestimmtheit* der Vorratsmenge an Gesetzesaussagen zur Herleitung einer zielbedingten Menge an TPV:

Es ist und wird heute mehr und mehr möglich, TPV auch ohne aktuale Zielvorgabe gedanklich zu entwickeln. Je vollständiger und systematischer die theoretische Erkenntnis über einen Objektbereich ist, um so häufiger werden Vorratsmengen an TPV entwickelt werden, auf die zurückgegriffen wird, wenn bestimmte Zielvorstellungen vorgegeben werden. Andererseits können die abgespeicherten Vorratsmengen an TPV bestimmte Zielvorstellungen direkt auslösen.

Vor allem im Zusammenhang mit dem gewöhnlich vorliegenden Fall (2) kann man nunmehr das zuvor entwickelte Linienflußbild (Abb. 6) zur Darstellung des Übergangs von Gesetzesaussagen zu technischen Vorschriftssystemen durch ein vorgeschaltetes Modell weiter vervollständigen (Abb. 7).

Mit diesem Modell ist es nunmehr auch möglich, die Feststellung, daß die Methode der Herleitung von TPV aus Gesetzesaussagen *als Ganzes kein logisch-deduktives Verfahren* ist, zu präzisieren:

1. Logisch-deduktiv ist nur der unmittelbare Schritt von der Gesetzesaussage zur TPV.

2. Außer diesem Schritt sind folgende *gedankliche* nichtlogische Prozesse notwendig:

– die allgemeine und spezifische Zielsetzung,

– das Finden und die Auswahl von Gesetzesaussagen, aus denen die TPV herleitbar sind,

– (gegebenenfalls) Hypothesenbildung auf rein gedanklichem Wege.

3. In der überwiegenden Zahl der Fälle muß die rein gedankliche Ebene überhaupt verlassen werden zwecks Durchführung von Experimenten:

– (gegebenenfalls) Experimente zur Hypothesenbildung (II)

– (gegebenenfalls) Experimente zur Hypothesenüberprüfung (III)

– „Technische" bzw. strategische Experimente (I) sind im Grunde *immer* notwendig, weil eine gegebene Gesetzesaussage nie so gut bestätigt ist (vor allem auch deshalb, weil im technischen Gebilde oder Verfahren stets Bedingungen vorliegen, die gewöhnlicherweise von einer vorgängigen theoretischen Wissenschaft, von der die

Gesetzesaussage entlehnt ist, nicht berücksichtigt werden konnten), daß auf jede praktische Überprüfung einer spezifischen hypothetischen Folgerung verzichtet werden kann. – *Trotzdem bleibt die Feststellung unerschüttert, daß technische Problemlösungen um so sicherer auf gedanklichem Wege antizipiert werden können, je vollständiger und exakter die entsprechende theoretische Erkenntnis ist.*

Zum Abschluß dieses Abschnittes soll ein Problem aufgegriffen werden, das für die Gesamtproblematik des Übergangs von Gesetzesaussagen zu TPV von nicht unerheblicher Bedeutung ist – das Problem des Zusammenhangs von Widerspiegelung und „Konstruktion" in den technischen Wissenschaften und die Frage, ob es „technische Gesetze" gibt.

Man sollte immer wieder von der Grundvoraussetzung ausgehen, daß Technik den Rahmen des objektiv Möglichen, d. h. dessen, was durch die objektiven Gesetze bestimmt ist, nicht sprengen kann, andererseits Technik immer „realisierter Gedanke" ist. Das heißt, daß Technik immer „natürlich" ist und zugleich „menschlich" (besser: *gesellschaftlichen Zwecken* gemäß existiert und wirkt, die nicht aus der Natur ableitbar sind). Somit ist Technik immer mehr als die Reproduktion der Widerspiegelung der Natur. Sie ist auch nicht schlechthin nur die materialisierte Einheit der Widerspiegelung der Natur und der Widerspiegelung gegebener objektiver gesellschaftlicher Zustände. Hinzu kommt das „konstruktive" schöpferische Element, das die *gedankliche* Einheit der Widerspiegelung von *natürlich Möglichem* und *gesellschaftlichen Erfordernissen* über die „reine" Widerspiegelung heraushebt. In der Einheit von Widerspiegelung und „Konstruktion" besteht die spezifisch-technische, gedankliche Arbeit.[213] Was aber wird „konstruiert"? Die objektiven Gesetze jedenfalls nicht; wohl aber werden – zunächst gedanklich – Bedingungen für die *gesetzmäßige* Existenz von Erscheinungen und den *gesetzmäßigen* Verlauf von Prozessen antizipiert und dabei in einer Weise „gestaltet, kombiniert und bemessen", die der *natürlichen Wirklichkeit* nicht eigen ist – also „konstruiert". Somit ergibt sich eigentlich immanent, daß es im Grunde spezifisch objektive *technische* Gesetze, die sich von objektiven *Natur*gesetzen eindeutig unterscheiden lassen, nicht gibt. Das gilt auch für jene Naturgesetze, die zuerst im Technik-Bereich entdeckt werden. Für die Objektivität der Gesetze ist es gleichgültig, ob sie zuerst im Natur-Bereich (der übrigens im naturwissenschaft-

[213] Vgl. auch Müller, J., Über das Wesen konstruktiver Aufgaben in der Technik, in: Deutsche Zeitschrift für Philosophie 9/1965, S. 1107.

lichen Experiment ja auch nicht ungestaltet bleibt) entdeckt und dann ihre Gültigkeit auch für spezifisch *technische* Bedingungen nachgewiesen wird, oder ob sie umgekehrt zuerst unter technischen Bedingungen entdeckt werden und ihre Gültigkeit danach für einen allgemeineren Bedingungsbereich erwiesen wird. Der Unterschied der Abstraktionsebene kann kein Kriterium sein, das für eine Unterscheidung objektiver Gesetze benutzt werden kann, für die Unterscheidung von Gesetzes*aussagen* hingegen schon. J. Müller schreibt dazu: „Als ‚technische Gesetze' können mithin bezeichnet werden a) Gesetze, welche der Technik als Ganzes in ihrer Entwicklung bzw. in ihrer Struktur zugrundeliegen, b) Strukturgesetze, die mehr oder weniger umfangreichen Klassen technischer Systeme gemeinsam sind. Sie sind Gegenstand einer technischen Systemtheorie bzw. spezieller technischer Systeme."[214]

In den damit im Zusammenhang stehenden Erörterungen kommt auch J. Müller zu der Feststellung, daß eine Gegenstandsabgrenzung zwischen Naturgesetzen und „technischen Gesetzen" nicht dadurch möglich ist, daß hinsichtlich der Gesetzesaussagenformulierung Unterschiede in der Abstraktion und in der Funktion (Erklärung bzw. Prädiktion) bestehen. Trotzdem bleibt nach Müllers Auffassung etwas übrig, das den Namen „technisches Gesetz" verdient, wie im obigen Zitat zum Ausdruck kommt. Die unter (a) genannten Entwicklungsgesetze der Technik als Ganzes sind m. E. jedoch ausgesprochen *gesellschaftliche* Gesetze, genauer gesagt, es sind Gesetze der Wechselwirkung von Technik und Gesellschaft, die die gesetzmäßige Entwicklung der Technik bestimmen. Zu den „technischen Strukturgesetzen" (b) schreibt J. Müller selbst, daß „sie nicht einfach als Spezifikation allgemeiner Strukturgesetze aufzufassen sind"[215]. Das stimmt sicher in derselben Weise, wie z. B. die Strukturgesetze der Kristalle (als Naturgesetz) nicht schlechthin als Spezifikation von geometrisch-mathematischen Symmetriegesetzen (als formalwissenschaftliche Gesetze) aufzufassen sind. Nicht die Mathematik bestimmt die Struktur der Kristalle (in der Mathematik ist z. B. eine fünfstrahlige Symmetrie durchaus nichts Außergewöhnliches, im Kristallgitteraufbau gibt es sie jedoch nicht), sondern die natürlichen Eigenschaften der Gitterbausteine der Kristalle bestimmen ihre Struktur.[216] Ebenso bestimmen nicht allgemeine Strukturgesetze die

[214] Müller, J., Zur Bestimmung der Begriffe „Technik" und „technische Gesetze", in: Deutsche Zeitschrift für Philosophie 12/1967, S. 1445.

[215] Ebenda.

[216] Vgl. Richter, F. und Wendt, H., „Philosophische Probleme des Struk-

Struktur von Klassen technischer Gebilde, sondern letztlich die Eigenschaften der Bauelemente. Mag es sein, daß es Strukturen gibt, die in der Natur bisher nicht gefunden wurden, so kann doch nicht behauptet werden, daß es sie in der Natur *prinzipiell* nicht geben kann; das aber wird durch den Terminus „technisches Gesetz" mit assoziiert. So ist z. B. die Existenz der Elemente mit Ordnungszahlen über 92 zwar nur technisch realisierbar, die allgemeinen Strukturen bzw. Strukturgesetze ihrer Atome verdienen deshalb aber durchaus nicht den Terminus „technisch".

Man sollte deshalb in der Ebene der *Gegenstands*klassifikation *nicht* zwischen technischen Gesetzen und Naturgesetzen unterscheiden. Das schließt jedoch nicht aus, daß die Gesetzes*aussagen* in naturwissenschaftlichen und technischen Theorien unterscheidbar sind. Damit ist gleichzeitig gesagt, daß die materielle Nichtunterscheidbarkeit von technischen und Naturgesetzen nicht auch die Nichtunterscheidbarkeit von naturwissenschaftlicher und technischer Theorie impliziert. So entspricht zwar m. E. die Feststellung von E. Jobst, daß die „Spezifik technischer Gesetze als Ausdruck der Wechselbeziehungen von Natur, Technik und Gesellschaft"[217] zu verstehen ist, den wirklichen Verhältnissen nicht ausreichend, wohl aber kann gesagt werden, daß die Spezifik technischer *Theorien* ein Ausdruck der Wechselbeziehungen zwischen Erkenntnissen über die Natur bzw. die (bestehende) Technik und über die Gesellschaft sowie der Bedürfnisentwicklung der Gesellschaft ist.

Präzisiert heißt das Folgendes: In der technischen *Theorie*, die technische Gebilde und Verfahren widerspiegelt, sind im Unterschied zu den naturwissenschaftlichen Theorien im allgemeinen Gesetzesaussagen auf spezifisch technische Existenzbedingungen bezogen, wodurch eine Spezifikation und größtenteils auch Konkretisierung der Gesetzesaussagen erfolgt. In der technischen Theorie interessiert eben nicht der ganze Umfang der natürlich möglichen Existenzbedingungen objektiver Gesetze, sondern nur jener Teil, der *real* möglich beeinflußbar ist. Die real mögliche Einflußnahme hängt aber wiederum vom Entwicklungsstand der bestehenden Technik bzw. der menschlichen Fähigkeiten ab. Darüberhinaus werden durch

tur- und Symmetriebegriffs – dargestellt an philosophischen Problemen der Kristallographie", Dissertation, Teil B, Humboldt-Universität Berlin 1964, S. V/21–25.

[217] Jobst, E., Spezifische Merkmale der technischen Wissenschaften in ihrem Wechselverhältnis zur Naturwissenschaft, in: Deutsche Zeitschrift für Philosophie 8/1968, S. 935.

(vorerst gedankliche) „Gestaltung“ der Bedingungen Aussagen über gesetzmäßige Prozesse gewonnen, in denen verschiedene objektive Gesetze in einer Weise zusammenwirken, die in der Natur nicht auffindbar ist. Damit wird betont, daß schon die technische Theorie (technische *Wissenschaft* enthält mehr als nur Theorie!) die Einheit von Widerspiegelung und „Konstruktion“ enthält. Die Menge der Gesetzesaussagen, die in eine bestimmte technische Theorie eingehen, ist nicht nur durch die Spezifik des entsprechenden Objekt-Bereiches der Technik bestimmt, sondern auch durch die Zielbestimmtheit (Funktion) der technischen *Objekte*, über die Aussagen gemacht werden, wodurch auch in die technische *Theorie* diese Zielbestimmtheit integriert wird. Da die Zielbestimmtheit letztlich nur gesellschaftlich gewonnen werden kann (politische, ökonomische, ethische, ästhetische, soziologische, psychologische Kriterien), ist somit *die technische Theorie mit gesellschaftlichen Bedürfnissen und gesellschaftswissenschaftlichen Gesetzesaussagen verbunden, ohne daß Gesetzesaussagen über die Gesellschaft direkt Bestandteil der technischen Theorie sind*, und ohne daß die Gesetzesaussagen selbst, die in der technischen Theorie enthalten sind, verändert werden. Es gibt allerdings Grenzgebiete technischer Wissenschaften – z. B. Projektierung von Betriebsanlagen oder Arbeitsgestaltung – in deren Theorien Aussagen über gesetzmäßige Prozesse und Gebilde und gesellschaftswissenschaftliche Gesetzesaussagen unmittelbar „kombiniert“ sind. Hierbei handelt es sich aber im Grunde um Übergangswissenschaften im vollen Sinne des Wortes: Es sind weder rein technische Wissenschaften, noch reine Gesellschaftswissenschaften.
Von der Zielbestimmtheit technischer Theorien her betrachtet, ergibt sich ein weiterer Unterschied zu naturwissenschaftlichen Theorien. Während bei letzteren der Wahrheitsbegriff (relative Wahrheit), also der Grad der Übereinstimmung zwischen dem Aussagensystem und der objektiven Realität im Vordergrund steht, spielt für technische Theorien das Kriterium der „Erfüllbarkeit“[218] eine größere Rolle, d. h. die Möglichkeit, aus der Theorie zutreffende Erklärungen, sichere Prognosen und erfolgversprechende (potentielle) Vorschriften ableiten zu können. Selbstverständlich hängt die Erfüllbarkeit einer Theorie von ihrer Wahrheit ab. Trotzdem kann es vorkommen, daß konkurrierende Theorien (besser: Hypothesensysteme) existieren,

[218] Müller, J., Philosophische Probleme der technischen Wissenschaft, in: Naturforschung und Weltbild (hrsg. von Guntau, M. und Wendt, H.), 2. Aufl., Berlin 1967, S. 357.

die etwa den gleichen Grad von Erfüllbarkeit besitzen. Wollte man wegen der Konkurrenz der „Theorien“ nur bei der Bezweiflung ihres Wahrheitswertes stehenbleiben, müßte man beide verwerfen oder warten, bis eine endgültig falsifiziert ist. Hiervor bewahrt das Kriterium der Erfüllbarkeit, das natürlich pragmatischen Charakter trägt.
Der *Inhalt* technischer Wissenschaften ist aber, wie schon angedeutet wurde, mit der Existenz einer Theorie nicht erschöpft. Ihr wichtigerer Teil ist das jeweils entsprechende System potentieller Aufforderungen. Der theoretische und der strategische Teil technischer Wissenschaften sollte immer unterschieden werden. Das vor allem deshalb, um den Wechselwirkungszusammenhang zwischen beiden Teilen nicht zu verwischen. In diesem Wechselwirkungszusammenhang sind besonders folgende Aspekte von Interesse:

1. Systeme (potentieller) technischer Aufforderungen sind, das läßt sich an der Geschichte der technischen Wissenschaften zeigen, auch dann schon entstanden, als von einer entsprechenden technischen Theorie noch keine Rede sein konnte und auch eine verwendbare naturwissenschaftliche Theorie noch nicht vorlag.
2. Wissenschaftliche Durchdringung technischer Vorschriften erfordern in zunehmendem Maße spezifische Theorienentwicklung, die – wie oben gezeigt – nicht identisch sind mit den naturwissenschaftlichen Theorien, mit denen sie korrespondieren.
3. Spezifisch technische Theorien gestatten, bestehende technische Prinzip-Vorschriften zu begründen und zu verfeinern und *neue* TPV herzuleiten.

Aus diesen Gründen ist es nicht vertretbar bzw. zumindest nicht zweckmäßig, in dem Bemühen um größte Abstraktion Theorien als „System (strukturierte Menge) von Zeichen mit Bedeutung“ zu definieren, da der Unterschied von Theorie und Strategie völlig verwischt wird, sind doch auch Pläne, Vorschriftssysteme und Strategien „strukturierte Mengen von Zeichen mit Bedeutung“.
Nunmehr kann man zusammenfassend auch die wichtigsten Kriterien nennen, die den Systemen von Aussagen und Aufforderungen, wie sie in technischen Wissenschaften vorliegen, zukommen:

1. Hinsichtlich des Systems der enthaltenen Aussagen gilt neben dem Wahrheitskriterium vor allem das Kriterium der Erfüllbarkeit.
2. Hinsichtlich der enthaltenen (potentiellen) Afforderungen gelten die Kriterien

- Realisierbarkeit (Zielrealisierbarkeit/Richtigkeit)
- und Zweckmäßigkeit (Optimalität bei Berücksichtigung der Meta-Ziele).

3.4. Der „strategische Wert“ von verschiedenen Typen von Gesetzesaussagen, aus denen TPV herleitbar sind

Gesetzesaussagen über Naturerscheinungen und -prozesse gestatten es ausnahmslos, TPV herzuleiten. Jedoch ist ihr strategischer Wert vom Typ der Gesetzesaussagen abhängig und recht unterschiedlich. Der „strategische Wert“ kann folgendermaßen definiert werden: Der strategische Wert einer Gesetzesaussage ist bestimmt durch den *Umfang und die Konkretheit des potentiellen Zielspektrums,* dessen einzelne Zielpunkte nach Herleitung von verschiedenen TPV aus eben dieser Gesetzesaussage realisierbar erscheinen, und durch den *Grad der Sicherheit* der Zielerreichung, der den hergeleiteten, antizipierten TPV zukommt.

Gemäß dieser Definition bestimmen folgende Faktoren einen hohen strategischen Wert einer Gesetzesaussage (wobei der Wert prinzipiell nicht numerisch, sondern nur komparativ bestimmt werden kann):

- große Allgemeinheit bei gleichzeitiger niedrigster Abstraktion (d. h. direkte Einbeziehung einer großen Menge von Parametern),
- Verwendung metrischer Begriffe,
- Funktionalität (besonders Zeitfunktionen),
- hoher Bestätigungsgrad der Gesetzesaussagen,
- exakte Erfassung der Existenzbedingungen des objektiven Gesetzes.

Mit anderen Worten heißt das: Da in der Technik nur wirklich konkrete Problemlösungen akzeptabel sind (es gibt eben keine „abstrakten“ technischen Gebilde oder Verfahren), und diese die Dimensionierung und Bemessung von Gebilden bzw. die Bilanzierung und Optimierung von Verfahren einschließen, haben letztendlich nur solche Gesetzesaussagen einen ausreichend hohen strategischen Wert, die eine Herleitung von solchen TPV zulassen, die diese Aufgabe erfüllen. Gesetzesaussagen mit weniger hohem strategischen Wert können andererseits durchaus eine bestimmte Bedeutung haben. Sie können zeigen, welche Lösungsvarianten eines Problems unmöglich sind, sie können Lösungsversuche in eine mit großer Wahrscheinlichkeit erfolgversprechende Richtung lenken u. ä. Auch Gesetzenaussagen mit einem niedrigen Bestätigungsgrad, also Hypothesen, können eine positive Rolle spielen. Oftmals sind „kühne“ naturwissenschaftliche Hypothesen Ausgangspunkt überraschend neuartiger technischer Lösungen, und es wäre für den Ingenieurwissenschaftler falsch, immer zu warten, bis der Naturwissenschaftler seine Hypothese überzeugend bestätigt hat. Nur wird die Sicherheit der

Zielerreichung solcher aus der Hypothese hergeleiteter TPV in der geistig-antizipierenden Phase in dem Maße kleiner als 1 sein, wie der Bestätigungsgrad der zugrunde liegenden Gesetzesaussage von 1 verschieden ist. Hierbei – wie in anderen Fällen unvollkommener Gesetzeserkenntnis – wird es notwendig sein, die geistige Ebene zu verlassen und experimentell zu prüfen, ob die vermutete Lösung richtig ist, d. h. „ob es so geht", bzw. ob auf dem vermuteten Wege das Ziel erreichbar ist. Oftmals ist es aber auch notwendig, schon in der geistig-antizipierenden Phase schöpferisch über die vorhandene Tiefe der Gesetzeserkenntnis hinauszugehen, sie hypothetisch zu konkretisieren, dann zu bestätigen und danach Lösungsmöglichkeiten (TPV) abzuleiten.
Aus den genannten Gründen führen die Zwänge der Praxis dazu, daß der Ingenieurwissenschaftler seine eigenen Theorien vervollkommnet und seinerseits neue theoretische Problemlösungen in Angriff nimmt sowie Impulse auf die Naturwissenschaft ausübt, die dahin gehen, bestimmte theoretische Aussagen zu vervollkommnen, um damit ihren strategischen Wert zu erhöhen.
Entsprechend der im Abschnitt 2.7. dargestellten Klassifikation von Gesetzesaussagen lassen die daraus hergeleiteten TPV die Zuordnung klassifizierender Merkmale zu. Die folgende Darstellung geht von der Klassifikation der Gesetzesaussagen aus und zeigt, wie die entsprechenden TPV im einzelnen herzuleiten sind und hebt deren wichtigste Merkmale heraus, wobei gleichzeitig detaillierte Aussagen über den strategischen Wert der zugrundeliegenden Gesetzesaussagen möglich sind. Es wird auf gleiche oder ähnliche Beispiele zurückgegriffen wie bei der Klassifikation der Gesetzesaussagen.

A_1/B_5 – *Allgemeinheit und Abstraktion*

Je höher der Allgemeinheitsgrad ist, desto höher liegt die Zahl der Anwendungsmöglichkeiten. Enthält das „Gesetz" dabei metrische Begriffe mit einer Variabilität (Funktionalität) in voller Breite des Allgemeinheitsgrades, so ist das „Gesetz" um so mehr geeignet, aus einem kontinuierlichen Spektrum von Möglichkeiten jene TPV herzuleiten, deren Ausführung mit hoher Sicherheit jedes beliebige gewünschte Ziel (im Rahmen des Spektrums) mit hoher „Treffsicherheit" realisiert.
Ist jedoch bei hohem Allgemeinheitsgrad auch der Grad der Abstraktheit hoch, so ist die Möglichkeit der Herleitung von TPV prinzipiell zwar gegeben, ihr strategischer Wert jedoch gering: mit solchen TPV sind nur solche Ziele realisierbar, die selbst sehr abstrakt for-

muliert sind. Direkt nützlich können sie aber sein, wenn durch hergeleitete „negative" TPV sichtbar wird, welche Ziele *unmöglich* realisierbar sind. Ist ein sehr konkretes Ziel gestellt, so wird man solche „Gesetze" auch gar nicht dazu nutzen, TPV herzuleiten, sondern sie eher (gedanklich) im Sinne von heuristischen Prinzipien anwenden: sie dienen dazu, schneller konkretere Gesetzesaussagen zu finden bzw. als Hypothesen zu formulieren, von denen TPV herleitbar sind, die die Realisierung der konkreten Zielstellung dann direkt möglich machen.

Verglichen seien als Beispiel die Gesetzesaussagen:
„Alle Metalle sind gute Leiter für elektrischen Strom"
und „Reines Aluminium hat die elektrische Leitfähigkeit 37,6 m/$\Omega \cdot mm^2$ (bei 20 °C)"
bzw. „Reines Kupfer hat die elektrische Leitfähigkeit 60 m/$\Omega \cdot mm^2$ (bei 20 °C).
Auf jeden Fall ist das erstgenannte Gesetz allgemeiner als die zwei nachgenannten, aber auch abstrakter.
Wäre ein abstraktes Ziel formuliert, z. B.: es ist ein Material einzusetzen, das den elektrischen Strom *gut* leitet ($B(x_i)$), so wäre sicher herleitbar: „setze" ein Metall ein ($!A(x_i)$). Ist ein konkretes Ziel gestellt (z. B.: es ist eine Materialsubstitution für Aluminium vorzunehmen, die bei gleichen Abmessungen den elektrischen Strom *besser* leitet als Aluminium), so ist aus der allgemeinen Gesetzesaussage nur herleitbar:
– die „negative" TPV: „Setze" kein Nicht-Metall ein! ($!A(x_i)$) bzw.
– der positive *methodische* Hinweis: Suche unter den Komkomitanz„ gesetzen" der *Metalle* für die Eigenschaft der elektrischen Leitfähigkeit nach einem solchen, dessen Wert für elektrische Leitfähigkeit höher liegt als bei Aluminium!
Kennt man jedoch die oben zweit- und drittgenannten „Gesetze", so ist die Zielstellung realisierbar, da man sicher sagen kann: „Setze" Kupfer ein! Es ist darüberhinaus eine Gesetzesaussage *denkbar* mit dem gleichen Allgemeinheitsgrad wie die erstgenannte Gesetzesaussage („alle Metalle"), die jedoch viel konkreter ist, etwa ein Funktionalzusammenhang zwischen der Ordnungszahl der metallischen Elemente (diskontinuierliche Variable), der chemischen Zusammensetzung (kontinuierliche Variable) dem kristallinen Strukturtyp („Materialkonstante"), der Temperatur (kontinuierliche Variable) und der elektrischen Leitfähigkeit als *abhängige* Variable. Aus einem solchen Gesetz wäre für *jede beliebige gewünschte ganz exakt bestimmte* Leitfähigkeit mindestens eine (in diesem Fall sogar viele, da mehr als eine unabhängige Variable existiert) *sichere* TPV herleitbar.

$A_{2.1}$ – *Dynamische „Gesetze"*

TPV, die aus dynamischen Gesetzen herleitbar sind und („bis auf Wiederholung") ja auf Einzelziele spezifiziert sind, gestatten bei Ausführung die sichere Realisierung dieser Einzelziele.

$A_{2.2}$ – *Statistische „Gesetze"*

Werden aus statistischen Gesetzen TPV hergeleitet, die so allgemein sind, daß das potentielle Ziel die ganze statistische Gesamtheit einbezieht, die auch in der Gesetzesaussage erfaßt ist, so unterscheiden sich die TPV und ihre Sicherheit der Zielerreichung nicht von denen, die aus dynamischen Gesetzen hergeleitet werden können – wenn auch das Ziel selbst eben eine statistische Verteilung zum Inhalt hat (Verteilungskurve, Anteilprozente o. ä.).
Aus statistischen Gesetzen sind keine TPV herleitbar, die sich auf Einzelziele (Punkte aus der statistischen Gesamtheit) beziehen lassen.
Werden aus statistischen Gesetzen TPV hergeleitet, die sich auf Ziele beziehen, die Teilmengen der statistischen Gesamtheit sind, so kann (gegebenenfalls) ein numerischer Wahrscheinlichkeitsgrad angegeben werden, der dem Sicherheitsgrad der Zielerreichung bei Ausführung der TPV entspricht.

Es seien zwei Beispiele angeführt:

a) Das schon genannte statistische „Gesetz" über den Fehlordnungsgrad der atomaren Fehlordnung bei reinen Stoffen

$$\frac{n}{N} = e^{-\frac{U_L}{kT}}$$

gestattet nur die Herleitung solcher TPV, wie wir sie bei dynamischen Gesetzen kennen, also
z. B.

$$(U_L \wedge !\Delta T) \Rightarrow \Delta\left(\frac{n}{N}\right),$$

d. h. bei Ausführung wird eine bestimmte Änderung des Fehlordnungsgrades mit Sicherheit erreicht. TPV für die Erzeugung lokal-bestimmter Leerstellen im Atomgitter sind nicht herleitbar. Ebenso läßt sich keine TPV herleiten, die eventuell zur Erzeugung einer bestimmten Leerstellenverteilung geeignet sind.
b) Handelt es sich um statistische „Gesetze", in denen eine *Verteilungsfunktion* enthalten ist, so ist grundsätzlich folgendes möglich:
Zum Beipiel ist aus dem Gesetz der Intensitätsverteilung von Interferenzspektren (vgl. Abb. 8) eine TPV folgender Art herleitbar:
Schicke elektromagnetische Strahlung der Wellenlänge λ_i durch einen Spalt der Breite S, so werden die auf dem Schirm im Abstand a auftreffenden Teilchen eine Schwärzung hervorrufen, die in ihrer Intensität entsprechend der angegebenen Kurve [1] verteilt ist. – Darüberhinaus ist eine andere TPV herleitbar, die bei gleichem Vorderglied eine von 1 verschiedene Sicherheit der Zielerreichung besitzt: Schicke elektromagnetische Strah-

lung der Wellenlänge λ_t durch einen Spalt der Breite s, so wird das Teilchen x mit der Wahrscheinlichkeit $p < 1$ (genau: Flächenanteil unter der Verteilungskurve im Intervall [2] zur Gesamtfläche unter der Kurve) im Intervall [2] eintreffen. Eine TPV über das Eintreffen des Teilchens x am Punkt [3] ist nicht herleitbar.

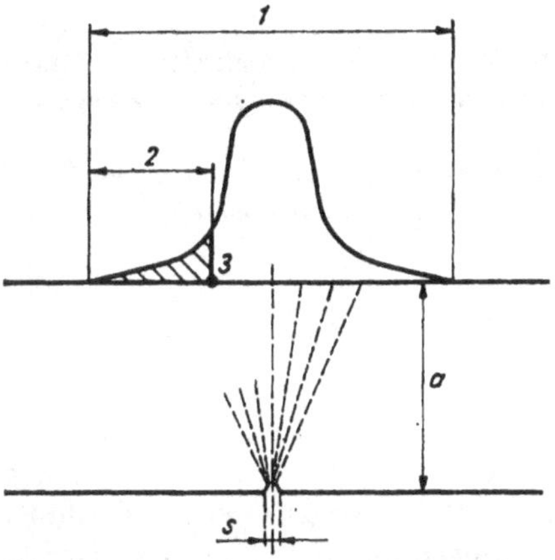

Abb. 8: Interferenz

In der „gewöhnlichen“ Technik spielen TPV dieses Typs vor allem eine Rolle für die Vermeidung von Havarien oder anderen Defekten: z. B. können Defekte, die auf Alterung zurückführbar sind, bei Einhaltung von bestimmten TPV (z. B. Auswechseln von beanspruchten Teilen nach bestimmter Beanspruchungszeit) mit „an Sicherheit grenzender Wahrscheinlichkeit“ vermieden werden. In diesem Sinne ist z. B. die sogenannte „Wöhler-Kurve“ (Dauerfestigkeitsdiagramm) nutzbar, eine Gesetzesaussage, die das Verhalten von metallischen Werkstoffen bei Wechselbeanspruchung beschreibt (Abb. 9).

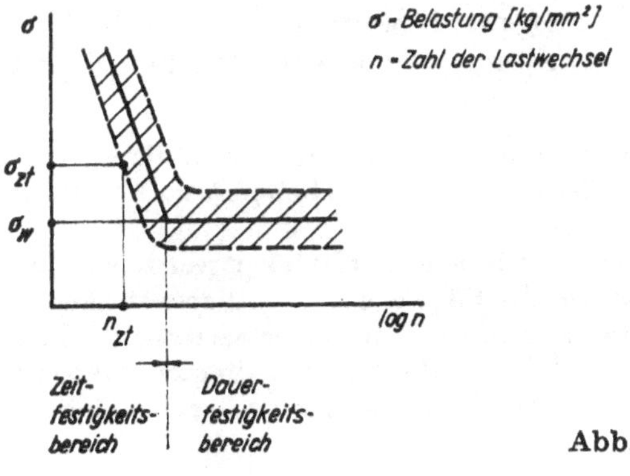

Abb. 9: Wöhler-Kurve

Bedingungen: 1. Metallischer Werkstoff bestimmten Typs, 2. σ_m (mittlere Belastung) konstant, 3. Beanspruchungsart (z. B. schwingende oder schwellende Belastung) konstant, 4. bestimmte Oberflächengüte des Werkstoffs, 5. keine chemische Einwirkung während der Dauerbelastung (z. B. keine Korrosion).

Schraffiertes Gebiet: Toleranzbereich (=statistische Verteilung).

Herleitbare TPV:

Wähle eine Belastung $\leqq \sigma_w$, so wird bei Wechselbeanspruchung das Material *mit großer Wahrscheinlichkeit* unendlich viele Lastwechsel vertragen!

oder

Ist $\sigma = \sigma_{Zt} > \sigma_W$, so wechsle das beanspruchte Teil nach n_{zt} Lastwechseln aus, es wird dann mit *an Sicherheit grenzender Wahrscheinlichkeit* noch nicht zerstört sein!

$A_{3.1.1}/A_{3.1.2}$– *Funktionale und a-funktionale „Gesetze"*

Aus *a*-funktionalen Gesetzen hergeleitete TPV gestatten bei ihrer Anwendung im allgemeinen nur die Realisierung eines globalen bzw. abstrakten Zieles. Konkrete Ziele sind erreichbar, wenn die in der Gesetzesaussage enthaltene „Eigenschaft" metrisiert ist, allerdings nur dann, wenn diese „metrisierte Eigenschaft" mit dem „metrischen Ziel" von vornherein übereinstimmt (Abb. 10a). Hingegen gestatten funktionale „Gesetze" die Herleitung beliebiger TPV aus einem ganzen *Zielspektrum* (vgl. Abb. 10b).

Die Möglichkeit, aus einem Funktional„gesetz" auch eine funktionale TPV herleiten zu können, gestattet darüberhinaus, die Kenntnis dieser Funktional-TPV gegebenenfalls zu Prozeßsteuerungen zu nutzen.

Liegt zwar kein Funktional„gesetz" vor, wohl aber eine Folge ähnlicher *a*-funktionaler „Gesetze" (z. B. tabellarisch erfaßte metrische Größen der gleichen Eigenschaft unterschiedlicher Materialien), so kann aus dieser „Reihe" jenes „Gesetz" ausgewählt werden, aus dem die TPV herleitbar ist, die einer Zielrealisierung (konkretes Ziel) am ehesten nahe kommt (vgl. Abb. 10c).

Was es heißt, aus a-funktionalen Gesetzen TPV herzuleiten, die globalen Zielen gerecht werden, kann aus dem ersten Teil des Beispiels zu A_1/B_5 (Allgemeinheit und Abstraktion) entnommen werden.

Es sei nochmals das Beispiel der elektrischen Leitfähigkeit verwendet, um entsprechend dem Modell (Abb. 10) die Fälle a und c zu demonstrieren.

Es sei das Ziel gestellt, ein Material zu finden mit einer elektrischen Leitfähigkeit von 21 $m/\Omega \cdot mm^2$ (bei 20 °C), mit der Zusatzbedingung, daß dieses Material ein technisch reines Metall bzw. Metalloid sei, also keine Legierung.

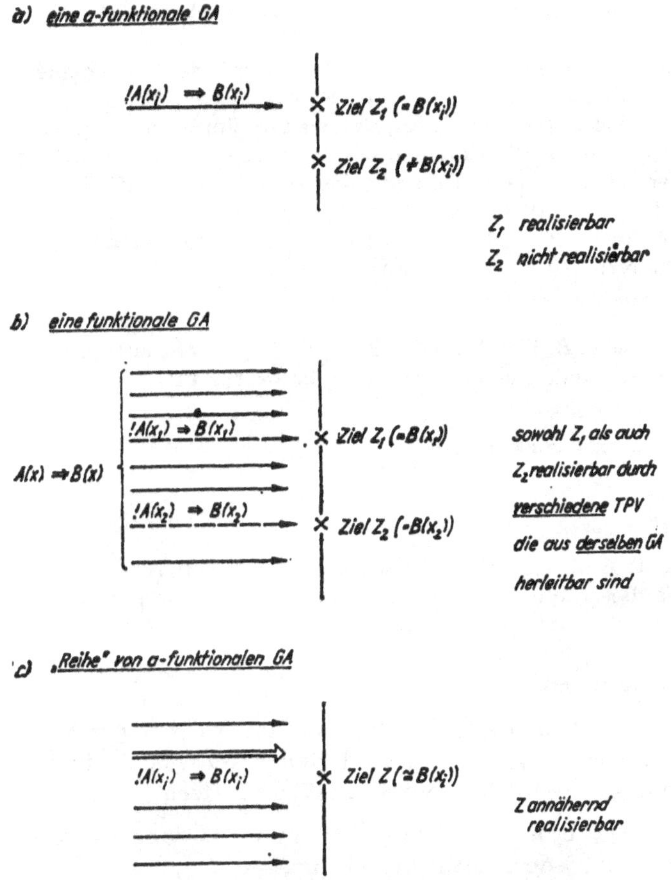

Abb. 10: Modelldarstellung zum unterschiedlichen strategischen Wert von funktionalen und a-funktionalen Gesetzesaussagen, aus denen technische Prinzipvorschriften hergeleitet werden

– Es ist keine Gesetzesaussage auffindbar, die die Herleitung einer TPV gestattet, deren Realisierung eine einwandfreie Zielerreichung gestattet. (Fall a)
– Sucht man in einer Tabelle nach Leitfähigkeitswerten verschiedener Metalle, so findet man u. a.

Co	16,1	Mo	19,4	Al	37,6
Zn, Be	16,9	Rh, Mg	22,2	Au	45,7
W	18,2	Na	23,8	Cu	60
Ir	18,9	Ca	29,2	Ag	63

Der Wert 22,2 kommt dem geforderten Wert 21,0 am nächsten, also leite man her:
„Setze" Rhodium oder Magnesium, so wird die geforderte Leitfähigkeit von 21,0 m/$\Omega \cdot$ mm^2 (bei 20 °C) *etwa* erreicht (Fall c).
Hierbei bleibt zunächst unberücksichtigt, daß weitere Forderungen (Meta-Ziele) an das Ziel gestellt werden können wie ausreichende Verfügbarkeit des Materials, Herstellbarkeit des Teils mit der geforderten Leitfähigkeit, niedrige Kosten des Materials und der Herstellung u. ä.
Zur Demonstration des Falles b) ziehen wir noch einmal die Zustandsgleichung der Gase heran:

$$p \cdot \mathrm{V} = R \cdot T$$

Aus diesem Gesetz sind z. B. TPV für beliebige (allerdings nicht unbegrenzt) geforderte Volumenveränderungen eines Gases herleitbar bzw. *eine* funktionale TPV:

$$!(x \cdot p) \wedge (R \cdot T = \text{const.}) \Rightarrow \left(\frac{V}{x}\right)$$

oder auch

$$!(yT) \wedge (\mathrm{V} = \text{const.}) \Rightarrow (y \cdot p)$$

Ist nun p selbst eine Einflußgröße auf einen anderen Prozeß, so kann mittels der Kenntnis dieser funktionalen TPV ein Steuerungsprogramm für diesen anderen Prozeß entwickelt werden.

$\mathrm{A}_{3.2.1.2}$ – *Konkomitanz„gesetze"*

Aus ihnen sind TPV herleitbar, die dazu auffordern, entsprechend einer gegebenen Zielstellung (einer geforderten Eigenschaft) ein bestimmtes „Individuum" (Objekt, Einzelprozeß) zu „setzen".

Also: $(!A(x_i) \overset{Kx}{\Rightarrow} B(x_i))$, d. h. wenn $A(x_i)$ gesetzt wird, dann existiert gleichzeitig auch $B(x_i^!)$, jedoch nicht umgekehrt.

Am häufigsten handelt es sich hierbei um TPV, bei denen ein bestimmtes Material gefordert wird, das eine bestimmte Eigenschaft besitzt, die das eigentliche Ziel der TPV erfüllt.

$\mathrm{A}_{3.2.1.3}$ – *Struktur„gesetze"*

Aus ihnen sind – ähnlich wie bei Konkomitanz„gesetzen" – TPV herleitbar, die dazu auffordern, entsprechend einer gegebenen Zielstellung (einer geforderten bestimmten Struktur) ein bestimmtes „Individuum" (Objekt, Einzelprozeß) zu „setzen".

Also: $(!A(x_i) \overset{Kx}{\Rightarrow} B(x_i))$, d. h. wenn $A(x_i)$ gesetzt wird, dann existiert gleichzeitig auch eine definierte Struktur $B(x_i)$, jedoch nicht umgekehrt.

Im allgemeinen ist jedoch eine geforderte bestimmte Struktur selten das angestrebte Endziel; meistens soll mit der bestimmten Struktur eine bestimmte Eigenschaft oder eine bestimmte Funktion realisiert werden. In diesem Sinne werden TPV gesucht, die im Grunde aus zwei Gesetzesaussagen hergeleitet werden: einem Struktur„gesetz" im definierten Sinne und einem Konkomitanz„gesetz" der Struktur.

Also: $(!A(x_i) \overset{Kx}{\Rightarrow} B(x_i) \overset{Kx}{\Rightarrow} C(x_i))$

$(!A(x_i)$	$B(x_i)$	$C(x_i))$
↑	↑	↑
Ding	Struktur	Eigenschaft
Prozeß		Funktion

Hier soll ein Beispiel aus der Metallkunde herangezogen werden. – Es ist bekannt, daß Metalle gesetzmäßig unterschiedliche kristalline Strukturen haben, wobei insbesondere das Raumgitter interessiert. Ist ein bestimmtes Raumgitter (Struktur) gefordert, so ist z. B. herleitbar:

$!(\mathrm{Al} \vee \mathrm{Pb} \vee \mathrm{Cu} \vee \mathrm{Ni} \ldots) \overset{Kx}{\Rightarrow}$ kfz. (kubisch-flächenzentriertes Gitter)

$!(\mathrm{Zn} \vee \mathrm{Ti} \vee \mathrm{Cd} \vee \mathrm{Mg} \ldots) \overset{Kx}{\Rightarrow}$ hex. d. P. (hexagonal dichteste Kugelpackung)

$!(\mathrm{Fe} \vee \mathrm{Cr} \vee \mathrm{Mo} \vee \mathrm{W} \ldots) \overset{Kx}{\Rightarrow}$ krz. (kubisch-raumzentriertes Gitter)

Ist eine bestimmte Eigenschaft gefordert, z. B. Sprödbruchunempfindlichkeit eines metallischen Werkstoffs, so läßt sich aus einem entsprechenden Konkomitanz„gesetz" der Struktur herleiten:

$!(\mathrm{kfz.}) \overset{Kx}{\Rightarrow}$ Sprödbruchunempfindlichkeit

(Metalle mit kubisch-raumzentrierten Gittern oder hexagonal dichtester Kugelpackung zeigen dagegen bei absinkenden Temperaturen einen erheblichen Abfall der Werte von Kerbschlagbiegeversuchen, d. h. sie sind sprödbruchempfindlich)

Ist also völlige Sprödbruchunempfindlichkeit in einem großen Temperaturbereich (einschließlich *tiefer* Temperaturen) gefordert, so ist herleitbar:

$!(\mathrm{Al} \vee \mathrm{Pb} \vee \mathrm{Cu} \vee \mathrm{Ni} \ldots) \overset{Kx}{\Rightarrow} \mathrm{kfz.} \overset{Kx}{\Rightarrow}$ sprödbruchunempfindlich

$A_{3.2.2}$-*Äquivalenz„gesetze"*

A-funktionale Äquivalenz„gesetze" lassen vordergründig erwarten, daß aus ihnen jeweils zwei (kontroverse) TPV herleitbar sind, also aus

$$(EB(x)) \Leftrightarrow (A(x) \overset{NHB}{\Leftrightarrow} B(x))$$

herleitbar ist:

1. $(!A(x_i) \Rightarrow B(x_i))$
2. $(!B(x_i) \Rightarrow A(x_i))$.

In Wirklichkeit zeigt sich jedoch, daß die „kontroverse Ausnutzbarkeit" solcher Gesetzesaussagen nur für die Explanationsfunktion und Prognosefunktion (im engeren Sinne) der Gesetzesaussagen möglich ist.

Man kann z. B. aus der Kenntnis der Halbwertszeit von Uran sowohl die Menge an Uran bestimmen, die – ausgehend von heutigen natürlichen Uranvorkommen – nach einer definierten Dauer in der Zukunft „übrigbleibt" (noch nicht zerfallen ist), als auch aus dem Verhältnis von Blei zu Uran in heute gefundenen Erzen, in denen Blei und Uran gemeinsam vorkommen, auf das Alter der Minerale (bzw. auf das „Erd-Alter") schließen.
Es ist aber immer nur *eine* technisch sinnvolle TPV herleitbar.
Im gegebenen Fall kann man zwar Uran „setzen" und hat damit eine bestimmte Halbwertszeit, man kann aber nicht die „Halbwertszeit setzen".

Aus a-funktionalen Äquivalenz„gesetzen" ist also immer nur *eine* TPV bzw. eine Menge *gleichartiger* TPV herleitbar, da nur eine „Seite" des Gesetzeszusammenhangs „setzbar" bzw. gegebenenfalls herstellbar ist. Genaugenommen hat diese eine TPV aber die Gestalt $(!!A(x_i) \Rightarrow B(x_i))$, d. h., wenn $B(x_i)$ realisiert werden soll, geht es *nur* durch Setzen von $A(x_i)$ und auf keinem anderen Wege.[219]
Etwas anders verhält es sich mit den funktionalen Äquivalenz„gesetzen", in denen *zwei* freie Variable vorkommen. Aus ihnen sind tatsächlich kontroverse funktionale TPV herleitbar:
Also aus:

$$(A(x) \overset{Fk,\, NHB}{\Leftrightarrow} B(x))$$

folgt:

1. $!!(A(x_i) \overset{kau}{\Rightarrow} B(x_i))$
2. $!!(B(x_i) \overset{kau}{\Rightarrow} A(x_i))$

Sind $A(x)$ und $B(x)$ Eigenschaftsvariable – und das ist gewöhnlich der Fall – so gilt natürlich, daß eine Ursache im Sinne einer Eigenschaftsveränderung nicht „gesetzt" werden kann. Es ist ein Operator notwendig, der zunächst $A(x_i)$ (Fall 1) bzw. $B(x_i)$ (Fall 2) bewirkt (erzeugt, schafft), so daß erst danach $B(x_i)$ bzw. $A(x_i)$ kausal folgt. Es muß also vollständig formuliert werden:

1. $!!O_1 \overset{kau}{\Rightarrow} (A(x_i) \overset{kau}{\Rightarrow} B(x_i))$

bzw.

2. $!!O_2 \overset{kau}{\Rightarrow} (B(x_i) \overset{kau}{\Rightarrow} A(x_i))$

[219] Um diese Besonderheit formal ausdrücken zu können, wird an Stelle der Bezeichnung „$(!A(x_i)$ . . . . .)" die Bezeichnung „$(!!A(x_i)$. . .)" eingeführt. Mit ihr wird nicht nur ausgeführt, daß $B(x_i)$ über $A(x_i)$ schlecht-

Der Operator ist nicht Ursache des Zielzustandes, sondern „Ursache der Ursache“. Meines Erachtens entspricht der Operator genau dem, was Ujomow als „Träger der Ursache“ bezeichnet.[220] In diesem Sinne wären z. B. aus der Gesetzesaussage $E = m \cdot c^2$ TPV herleitbar, die den Modus des Gebots haben. Ist jedoch die Zahl der freien Variablen größer als 2 (z. B. Gesetzesaussage: $p \cdot V = RT$), dann haben die hergeleiteten TPV den Modus der Erlaubnis bzw. Freistellung, weil ein konkretes Ziel auf mehr als auf einem Wege realisiert werden kann. Der Modalitätenwandel zum Gebot wird hier nur durch bestimmte Meta-Ziele vollzogen.

Auffällig ist in diesem Zusammenhang weiterhin, daß die physische Äquivalenz zwischen A und B, d. h. die Tatsache, daß A und B gegenseitig im Verhältnis der notwendigen und hinreichenden Bedingung zueinander stehen, in zwei kontroverse Kausalzusammenhänge auflösbar ist. In der Tat ist das möglich; deshalb kann man sagen, daß *funktionale* Äquivalenzgesetze einen sehr hohen strategischen Wert besitzen, der höher ist, als der der einfachen Kausal„gesetze“.

Als Beispiel für funktionale Äquivalenz„gesetze“ soll wiederum auf die Zustandsgleichung der Gase zurückgegriffen werden.

Aus

$$p \cdot V = RT$$

lassen sich verschiedene, darunter kontroverse, funktionale TPV herleiten, z. B.

$$(1)\quad !(x \cdot p) \wedge (R \cdot T = \text{const.}) \Rightarrow \left(\frac{V}{x}\right)$$

$$(2)\quad !(y \cdot T) \wedge (V = \text{const.}) \Rightarrow (y \cdot p)$$

$$(3)\quad !(z \cdot V) \wedge (p = \text{const.}) \Rightarrow R(z \cdot T)$$

Diese TPV sind tatsächlich in verschiedenen technischen Gebilden und Verfahren realisiert:

(1) z. B. Pneumatik
(2) z. B. Dampfmaschinen
(3) z. B. Kältemaschinen

Zu allen drei genannten TPV existieren kontroverse TPV

$$(1k)\quad !(xV \wedge (R \cdot T = \text{const.}) \Rightarrow \frac{p}{x}$$

$$(2k)\quad !(yp) \wedge (V = \text{const.}) \Rightarrow (yT)$$

$$(3k)\quad !(zT) \wedge (p = \text{const.}) \Rightarrow \frac{1}{R}(zV)$$

hin erreicht werden kann, sondern es wird unterstrichen, daß das *nur* über $A(x_i)$ möglich ist.

220 Vgl. Ujomow, Die Hauptformen und -regeln der Analogieschlüsse, in: Studien zur Logik der wissenschaftlichen Erkenntnis, Berlin 1967, S. 332.

Auch diese TPV sind in verschiedenen technischen Gebilden und Verfahren realisiert:

(1k) z. B. Pneumatik
(2k) z. B. Kältemaschinen
(3k) z. B. Gasthermometer

In bezug auf diese TPV muß jedoch hinzugefügt werden, daß sie in dieser Form noch unvollständig sind: $!(x \cdot p)$ oder $!(zT)$ heißt ja wörtlich: „Setze eine Druckdifferenz !" bzw. „Setze eine Temperaturdifferenz!". In Wirklichkeit kann man eine Druck- oder Temperaturdifferenz natürlich nicht „setzen", sondern man benötigt einen Operator, der die Druck- und Temperaturdifferenz erzeugt (schafft), die dann ihrerseits zu definierten physischen Folgen führt. In diesen Fällen ist es gerechtfertigt, davon zu sprechen, daß z. B. Δp die Ursache für ΔT ist, hingegen der Operator, der Δp erzeugt, dem „Träger der Ursache" entspricht.
So lautet also z. B. die vollständige Formulierung der TPV (2k):

$$!O \overset{kau}{\Rightarrow} (y \cdot p) \wedge (V = \text{const.}) \overset{kau}{\Rightarrow} (yT)$$

(Im gegebenen Fall kann „$!O$" bedeuten:
Öffne ein Ventil!)

In analoger Weise sind z. B. auch aus dem Massenwirkungsgesetz funktionale TPV herleitbar.

$A_{3.2.3.1}$ – *Kausal„gesetze"*

Für die Herleitung von TPV aus Kausal„gesetzen" kann einiges übernommen werden, was schon von den funktionalen Äquivalenz „gesetzen" zu sagen war.
Aus

$$(A(x) \overset{kau}{\Rightarrow} B(x))$$

kann hergeleitet werden:

$!A(x_i) \overset{kau}{\Rightarrow} B(x_i)$, d. h. durch Setzen von $A(x_i)$ wird $(B(x_i)$ hervorgebracht, jedoch nicht umgekehrt.

Auch hier gilt, daß im allgemeinen $A(x_i)$ nicht „gesetzt" werden kann, sondern daß ein Operator notwendig ist, mittels dessen $A(x_i)$ zuvor erzeugt (geschaffen) wird. Also gilt allgemein die TPV

$$!O \overset{kau}{\Rightarrow} (A(x_i) \overset{kau}{\Rightarrow} B(x_i)) .$$

Andererseits besteht der strategische Wert der „Kausal„gesetze" auch darin, daß der eigentliche Kausalzusammenhang als Ganzes den *Inhalt* eines Operators für einen anderen Prozeß repräsentieren kann, also:

$$!(A(x_i) \overset{kau}{\Rightarrow} B(x_i)) \overset{kau}{\Rightarrow} (C(x_i) \Rightarrow D(x_i)) ,$$

wobei der Zusammenhang von C und D wiederum ein Kausalzusammenhang sein kann oder auch ein einfacher Folgezusammenhang oder auch nur eine Koexistenzbeziehung.
Es sei das 1. Ficksche Diffusionsgesetz noch einmal genannt:

Aus

$$S = -D \frac{\partial c}{\partial x} \quad \text{mit} \quad D = f(T)$$

ist die TPV herleitbar:

$$!\frac{\partial c}{\partial x} \overset{kau}{\Rightarrow} -\frac{1}{D} \cdot S .$$

Ein Konzentrationsgefälle ist aber nicht „setzbar", sondern muß erzeugt werden, also gilt:

$$!O \overset{kau}{\Rightarrow} \left(\frac{\partial c}{\partial x} \overset{kau}{\Rightarrow} -\frac{1}{D} \cdot S \right) .$$

In praktischen Fällen der Oberflächenhärtung von „weichem" Stahl besteht u. a. die Möglichkeit, eine Aufkohlung der oberflächennahen Volumenteile (Diffusion von Kohlenstoff in Eisen) vorzunehmen undnach Erhitzung abzuschrecken, wobei nur die oberflächennahen Gebiete gehärtet werden, der Kern jedoch zäh bleibt. Das ganze Verfahren heißt „Einsatzhärtung". *Ursache* der Aufkohlung der Randzone ist ein Konzentrationsgefälle von Kohlenstoff im Eisen und in seiner Umgebung. Das Konzentrationsgefälle wird erzeugt (Operator) durch Einsetzen des Werkstückes in eine kohlenstoffreichere Umgebung. Diese Umgebung, d. h. die Einsatzmittel können sein: Holzkohle, Einsatzbäder, Leuchtgas.
Dieser Vorgang (der Aufkohlung der Randzone) als Ganzes kann als Teil der Ursache (des Operators) für das eigentliche Endziel des Prozesses – die Oberflächenhärtung angesehen werden.

$A_{3.2.3.2}$ – *Folge„gesetze"*

Die Herleitung von TPV aus Folge„gesetzen" ist nicht ohne weiteres möglich. Kennt man nur die Gesamtheit von Existenzbedingungen einer allgemeinen und notwendigen Folge, so kennt man zwar das Gesetz, ist aber trotzdem nicht in der Lage, TPV herzuleiten. (Zur Explanation und Prognose reichen – zumindest grob – solche Gesetzeskenntnisse aus.) Um dieses „Gesetz" strategisch zu nutzen, wird *die* Bedingung unter den Existenzbedingungen des Gesetzes benötigt, die als Ursache der Veränderung (der Folge) anzusehen ist. Man braucht die Gesetzesaussage also in vollem Umfang, d. h. aus

$$(A(x) \overset{Fo}{\Rightarrow} B(x))$$

läßt sich keine TPV herleiten, wohl aber aus

$$EB \Leftrightarrow (A(x) \overset{Fo}{\Rightarrow} B(x)) , \quad \text{mit} \quad WB \subset EB .$$

Diese Feststellung stimmt mit der Darstellung von V. A. Smirnow überein, der schreibt: „Wenn wir das Verhalten eines ‚schwarzen Kastens‘ kennen und vorhersagen, können wir ihn noch nicht rekonstruieren. Die Erkenntnis muß nicht nur Regelmäßigkeit und Wiederholbarkeit feststellen, sondern auch den Grund, die Ursache dieser Regelmäßigkeit und Wiederholbarkeit aufdecken. Deshalb ist eine besondere Erkenntnisetappe notwendig: die Bewegung vom empirisch gewonnenen Verhaltensschema zur Kenntnis des Systems selber, seines Mechanismus und seiner Struktur, die Bewegung von der Kenntnis eines beständigen Zusammenhangs zwischen den Erscheinungen zur Erkenntnis kausaler Gesetzmäßigkeiten.“ [221] Es gilt dann

$$!WB \overset{kau}{\Rightarrow} (A(x) \overset{Fo}{\Rightarrow} B(x))$$

oder vollständiger, da die wirkende Bedingung (Ursache) nicht „gesetzt“ werden kann, sondern erzeugt werden muß:

$$!O \overset{kau}{\Rightarrow} WB \overset{kau}{\Rightarrow} (A(x) \overset{Fo}{\Rightarrow} B(x)) .$$

Zunächst ein Beispiel für ein a-funktionales Folgegesetz:

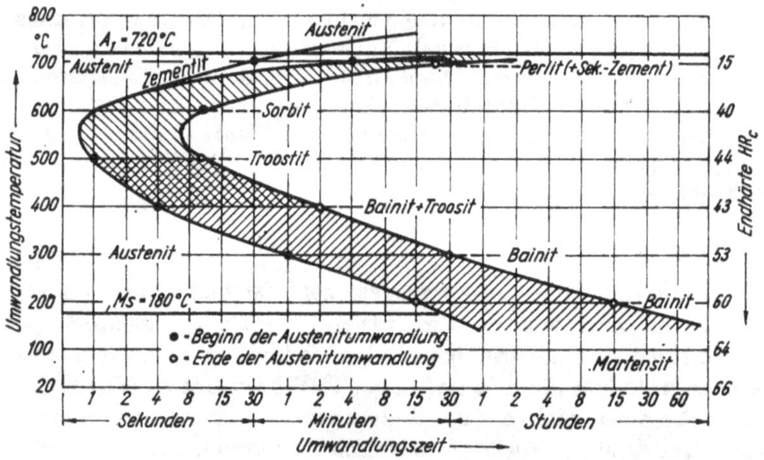

Abb. 11: Zeit – Temperatur – Umwandlungs-Schaubild eines Stahles mit 0,98% C
(nach: H. Schumann, Metallographie, Leipzig 1958, S. 352)

[221] Smirnow, V. A., Wissensebenen und Etappen des Erkenntnisprozesses, in: Studien zur Logik der wissenschaftlichen Erkenntnis, Berlin 1967, S. 66.

Abb. 11 zeigt ein sog. isothermisches ZTU – Schaubild für Stahl mit 0,98% C. Der Ausgangszustand ist jeweils die austenitische Struktur von Stahl bei einer Temperatur über 720 °C. Entsprechend einer konstanten Abkühlungstemperatur mit einem Wert unter 720 °C, T_{Abk}=const. (als Existenzbedingung des jeweiligen Gesetzeszusammenhangs) erfolgen nun definierte Strukturumwandlungen in bestimmten Zeitintervallen, z. B.:

T_{abk} = 500 °C;	0 bis 1 sec.	– Austenit	$A(x_1)$
			$\Downarrow$ Fo
	1 bis 10 sec	– Austenitumwandlung	$B_1(x_1)$
			$\Downarrow$ Fo
	ab 10 sec	– vollständiges Troostitgefüge	$B_2(x_1)$

Das ZTU-Schaubild istdie Darstellung *aller* Folgegesetze einer chemischen Zusammensetzung für konstante Abkühltemperaturen zwischen Raumtemperatur und 720 °C. Dieser Gesamtheit von Folgegesetzen liegen zwei „konkurrierende“ Kausalgesetze zugrunde:

1. Mit steigender Unterkühlung wächst das Umwandlungsbestreben des Austenits, und damit verschiebt sich die Umwandlung zu kürzeren Zeiten (oberer Teil der Kurve).
2. Mit sinkender Temperatur nimmt aber auch die Diffusionsgeschwindigkeit des Kohlenstoffes im Eisen ab, so daß die für die Ausscheidungsvorgänge erforderlichen Atomumgruppierungen im Gitter längere Zeit beanspruchen und sich die Ausscheidungsvorgänge bei niederer Temperatur verzögern (unterer Teil der Kurve). *Dadurch* (!) kommt es bei Kohlenstoffstählen zu einem Maximum der Umwandlungsgeschwindigkeit bei etwa 550 °C (die sog. „Nase“ der Umwandlungskurve). Die spezifische Existenzbedingung ist gleichzeitig Wirkungsbedingung (Ursache) des Gesetzeszusammenhangs. Eine weitere *nicht-wirkende Existenzbedingung* ist z. B. das Vorliegen eines Strahles spezifischer chemischer Zusammensetzung mit einer Temperatur > 720 °C (austenitisches Gefüge).

Es ist dann die TPV herleitbar:

$$!O \overset{kau}{\Rightarrow} (T_{abk} = 500\ °C) \overset{kau}{\Rightarrow} \text{Austenit} \overset{10\ sec.}{\Rightarrow} \text{Troostit}$$

„$!O$“ kann z. B. bedeuten: „Tauche den Stahl in ein Salzbad mit einer Temperatur von 500 °C“

Ähnliches gilt für funktionale Folge„gesetze“.

$B_{1.2}$ – *Hypothesen*

Für die Herleitung von TPV aus Hypothesen gelten zunächst grundsätzlich all jene Unterschiede, die für die Herleitung von TPV aus Gesetzesaussagen mit den Klassifikationsmerkmalen A_1, A_2 und A_3 schon

beschrieben wurden, je nach dem objektiven Inhalt der Hypothese. Der zusätzliche Unterschied zwischen der Herleitung der TPV aus Gesetzesaussagen und *gesetzesartigen* Aussagen dieses Typs (Hypothesen) besteht darin, daß die Richtigkeit (Zielrealisierbarkeit) der TPV proportional von der induktiven Wahrscheinlichkeit der Hypothese abhängt, aus der die TPV hergeleitet wurde. In diesen Fällen besteht die Notwendigkeit, die gedankliche Ebene zu verlassen und die Richtigkeit der TPV *praktisch* zu erproben. Es geht dabei – wie schon festgestellt – nicht in erster Linie um die Bestätigung oder Falsifikation der Ausgangshypothese, sondern um die Auskunft, „ob es so geht", d. h. ob die Ausführung der TPV zur Zielrealisierung führt. Die Durchführung solcher „technischer Experimente" ist im Prinzip immer notwendig, *da alle* Gesetzesaussagen hypothetischen Charakter haben, also nicht absolut wahr sind. Ausreichend bestätigte Gesetzesaussagen besitzen jedoch eine ausreichende Sicherheit für die Zielrealisierung bei Ausführung der TPV, die aus solchen Gesetzesaussagen hergeleitet sind. Sie gewährleisten, daß das technische Experiment nur in zwei Fällen wirklich angewendet wird:
1. Dann, wenn die Hypothese, aus der eine bestimmte TPV hergeleitet ist, „neu" ist. 2. Zur Erprobung des Gesamtzusammenhangs eines technischen Systems oder Teilsystems (Gebildes oder Verfahrens). Durch das erfolgreiche technische Experiment wird möglicherweise die induktive Wahrscheinlichkeit der zugrunde liegenden Hypothese nur wenig erhöht, für die gegenüber der gesetzesartigen Aussage spezifischere TPV wird jedoch der Wert g auf einen Wert nahe 1 erhöht. – Grundsätzlich gilt die Feststellung, daß die Zunahme der induktiven Wahrscheinlichkeit einer Hypothese die Möglichkeit, richtige TPV *gedanklich* herzuleiten, erhöht.

$B_{2.2}$ – „*Regeln*"

„Regeln" haben im allgemeinen keine abgegrenzte Wirkungssphäre. Abgeleitete TPV müssen also grundsätzlich praktisch auf ihre Richtigkeit geprüft werden. Dabei wird vor allem geprüft, ob sie im definierten Einsatzbereich richtig sind (ob also nicht gerade hier die „Ausnahmen" der „Regel" liegen). Da „Regeln" im übrigen auch vage formuliert sind (mit solchen Begriffen wie „etwa", „ungefähr" oder „in einem Toleranzbereich von . . . bis . . ."), werden TPV aus „Regeln" im allgemeinen nur dort hergeleitet, wo es um Überschlagsberechnungen geht. Zur Herleitung von TPV, die Anweisungen zu *exakten* Dimensionierungen geben, sind „Regeln" unbrauchbar. Allgemein haben aus „Regeln" hergeleitete TPV folgende Gestalt:

$$(!A(x_i) \underset{(g)}{\Rightarrow} \approx B(x_i)), \quad \text{mit} \quad g < 1,$$

d. h. die Sicherheit der Zielerreichung ist kleiner als 1 und zusätzlich wird – wenn überhaupt – das Ziel nur in Annäherung erreicht.

Es seien noch einmal die „Regeln“ zu Herleitung von TPV herangezogen, die bei der Klassifikation der Gesetzesaussagen besprochen wurden:

1. Die Dulong – Petitsche Regel ist zusammen mit der Kopp-Neumannschen Regel für bestimmte Überschlagsberechnungen verwendbar. (Die Kopp-Neumannsche Regel besagt, daß die Molwärme einer festen Verbindung gleich der Summe der anteiligen Atomwärmen der in ihr enthaltenen Elemente ist.) Man kann die Wärmekapazität eines in einer technischen Konstruktion verwendeten Werkstoffs berechnen, wenn man dessen chemische Zusammensetzung kennt. Wird die Konstruktion thermisch beansprucht, ist es möglich, auf Grund der Kenntnis des Grades dieser Beanspruchung und der Kenntnis der berechneten Werte über die Wärmekapazität, die Konstruktion wärmetechnisch *überschlägig* richtig zu dimensionieren.
2. Aus der Regel über das Verhältnis von Zugfestigkeit und Dauerfestigkeit in unlegierten und niedriglegierten Stählen sind TPV herleitbar, deren Anwendung für einen Konstrukteur mit einiger Sicherheit die richtige Abmessung beispielweise von Maschinenteilen wählen läßt, die einer Biegewechselbeanspruchung unterliegen (z. B. Wellen).

$B_{3.1}$/$B_{3.2}$/$B_{3.3}$ – *Gesetzesaussagen mit Begriffen unterschiedlicher Explikationsschärfe*

Der strategische Wert von Gesetzesaussagen mit Begriffen unterschiedlicher Explikationsschärfe, aus denen TPV hergeleitet werden, hängt auch von der „Schärfe“ des anvisierten Zieles ab.

a) Ist das Ziel global (also selbst klassifikatorisch) bestimmt, so benötigt man TPV aus GA der Gruppe $B_{3.1}$, um das Ziel zufriedenstellend zu realisieren. TPV aus GA der Gruppen $B_{3.2}$ und $B_{3.3}$ sind zwar anwendbar, aber im Grunde „überscharf“ (anschaulich formuliert: um mit einem Gewehr aus 100 m Entfernung einen Wald zu treffen, benötigt man kein Visier).

b) Ist das Ziel komparativ (topologisch) bestimmt, so benötigt man TPV aus GA der Gruppe $B_{3.2}$, TPV aus GA der Gruppe $B_{3.3}$ sind anwendbar, aber „überscharf“.

c) Ist das Ziel „scharf“ (metrisch) bestimmt, so sind nur TPV aus GA der Gruppe $B_{3.3}$ in der Lage, eine Zielrealisierung sicher zu gewährleisten. Da ein technisches Gebilde oder Verfahren überwiegend die Re-

alisierung „scharfer" (konkreter, metrischer) Ziele verlangt, kann man sagen, daß technische Entwicklungsarbeit *gedanklich* nur dann erfolgreich betrieben werden kann, wenn die entsprechenden TPV metrische Begriffe enthalten. Mit TPV aus GA der Gruppen $B_{3.1}$ und $B_{3.2}$ kann man in der technischen Entwicklungsarbeit nur solche Ziele realisieren, die tatsächlich nur global oder topologisch fixiert sind. Andererseits können solche TPV jedoch hinsichtlich der Realisierung metrischer Ziele nützlich sein, indem entweder unmögliche Varianten der Zielrealisierung ausgeschlossen werden können oder Richtungen aufgezeigt werden, in denen erfolgversprechende technische Experimente anzustellen sind, die schließlich den richtigen Weg zeigen, auf dem das konkrete (metrische) Ziel realisierbar ist.
Wie schon aus der Besprechung der TPV aus Funktional„gesetzen" hervorging, haben dementsprechend TPV aus GA mit metrischen Begriffen, die gleichzeitig Funktional„gesetze" sind, den höchsten strategischen Wert; sie sind gedanklich für Optimierungen und praktisch für Prozeßsteuerungen einsetzbar.

Zur Exemplifizierung soll nur der Fall herangezogen werden, in dem das Ziel selbst topologisch (komparativ) bestimmt ist.
Gegeben sei die Zielstellung, daß die elektrische Leitfähigkeit einer Spule, die aus Aluminiumdraht gewickelt ist, zu *verbessern* sei. Es stehen folgende Gesetzesaussagen zur Verfügung:

(a) Metalle sind gute elektrische Leiter ($B_{3.1}$)
(b) Kupfer leitet den elektrischen Strom besser als Aluminium ($B_{3.2}$)
(c) Elektrische Leitfähigkeit von Al $= 37{,}6\ m/\Omega \cdot mm^2$)
Elektrische Leitfähigkeit von Cu $= 60\ m/\Omega \cdot mm^2$) ($B_{3.3}$)

Aus (a) ist keine TPV herleitbar, die zur Zielrealisierung führt (höchstens die Hinweise: Wähle *kein* Nicht-Metall! und: Suche unter den Metallen!). Aus (b) ist die TPV herleitbar, die zur Zielrealisierung *völlig ausreichend* ist: Setze Kupfer an die Stelle von Aluminium! Dieselbe TPV ist auch aus (c) herleitbar, aber aus (c) ist eben mehr herleitbar als gefordert ist: es ist exakt der Grad angegeben, um den die elektrische Leitfähigkeit verbessert wird.

$B_{4.1}/B_{4.2}$ – *Gesetzesaussagen ohne bzw. mit theoretischen Ausdrücken*

Aus Gesetzesaussagen ohne theoretische Ausdrücke sind TPV herleitbar, die unmittelbar durchzuführen sind. Sind die Ausdrücke der Beobachtung topologisch oder metrisch, muß neben der eigentlichen TPV jedoch noch eine Vergleichs- bzw. eine Meßvorschrift gegeben sein. Da die Kenntnisse über Vergleich- bzw. Meßbarkeit beim Anwender der

TPV jedoch im allgemeinen voraussetzbar sind, werden solche Vorschriften nur in Ausnahmefällen explizit mit angegeben.
In TPV, die aus Gesetzesaussagen mit theoretischen Ausdrücken hergeleitet sind, müssen die theoretischen Ausdrücke entweder eliminiert oder/und durch zusätzliche Reduktionsvorschriften auf Ausdrücke der Beobachtungssprache zurückführbar sein. Prinzipiell gilt, daß etwas „rein" Theoretisches nicht praktisch realisiert werden kann. Auch die Reduktionsvorschriften (methodische Regeln, die im allgemeinen durch „Umkehrung" von Definitionshierarchien bzw. von Gesetzesaussagen, die dadurch den Status von Zuordnungsregeln erhalten, gewonnen werden)[222] sind nicht immer mit den entsprechenden TPV explizit angegeben, weil „theoretische" Kenntnisse beim Anwender der TPV vorausgesetzt werden.
Trotz der gezeigten Komplikationen muß man an der These festhalten, daß der strategische Wert von Gesetzesaussagen mit theoretischen Ausdrücken höher ist als der mit nur Beobachtungstermen, da gewöhnlich die Existenz theoretischer Ausdrücke eine größere Allgemeinheit (Extensionalität) und damit größere Breite der Anwendbarkeit einschließt als die Existenz von nur Beobachtungstermen in Gesetzesaussagen.
Er soll von einem „Gesetz" mit theoretischen Ausdrücken ausgegangen werden, an dem alle Merkmale auffindbar sind, die im Textteil beschrieben wurden.

Das Hooksche Gesetz lautet:

$$\sigma = E \cdot \varepsilon$$

Es ist eine TPV herleitbar:

$$(!\Delta\sigma \overset{kau}{\Rightarrow} E \cdot \Delta\varepsilon)$$

In der Gesetzesaussage ist ε (Dehnung) ein metrischer Term der Beobachtung, E und σ sind theoretische Ausdrücke. Hinzu kommt, daß auch die wichtigste Existenzbedingung dieses Gesetzes mit einem theoretischen Term beschrieben wird: „ideal elastischer fester Körper".
In der TPV ist E (Elastizitätsmodul) als theoretischer Term faktisch eliminiert, er hat nur noch die Bedeutung einer Zahl, genauer: Er ist ein Proportionalitätsfaktor, von dem nur noch die Größe interessant ist, nicht aber seine ganze Bedeutung. σ (Spannung) ist reduzierbar durch die methodische Regel (Umkehrung der Definition) $\sigma = \frac{P}{F}$ (Kraft pro Fläche), wobei natürlich noch zu streiten ist, ob P (die Kraft) nicht auch wieder ein theoreti-

[222] Vgl. auch Leinfellner, W., Struktur und Aufbau wissrnschaftlicher Theorien, Wien-Würzburg, 1965, S. 177.

scher Term ist, weitere Reduktionen sind jedoch möglich $\left(P = m \cdot b;\ b = \frac{dv}{dt};\ v = \frac{dx}{dt}\right)$. Der Term „ideal elastischer Körper" („Hookscher Körper") ist eigentlich nur reduzierbar durch Herleitung einer Reduktionsvorschrift aus dem Hookschen Gesetz selbst: ein ideal elastischer Körper ist ein fester Körper, dessen Spannungs-Dehnungs-Diagramm absolut lineare Proportionalität zeigt. Außerdem sind nun für P (Kraft), F (Querschnittsfläche) und ε (Dehnung) noch Meßvorschriften erforderlich.

Somit ist nachgewiesen, daß und in welcher Weise die Kenntnis objektiver Gesetze geeignet ist, zur Beherrschung und Umgestaltung der Natur wesentlich beizutragen. Alle Gesetzesaussagen über die Natur sind zur Herleitung von technischen Prinzip-Vorschriften geeignet, jedoch in unterschiedlichem Grade, mit unterschiedlichem strategischem Wert. Man kann H. Laitko und W.-D. Sprung zustimmen, wenn sie feststellen: „Die recht beschwerliche Gewinnung der Kenntnis der einzelnen Gesetze eines Wissenschaftsbereiches geschieht nicht um ihrer selbst willen und keineswegs nur aus Freude am Entdecken. Der Mensch braucht dieses Wissen zur Beherrschung und Umgestaltung der Natur, um durch möglichst umfassende Kenntnisse die objektiven Gesetze in seinen Dienst stellen zu können." [223]

In welcher Weise die Zunahme von Umfang und Tiefe des Wissens über objektive Gesetze die strategischen Möglichkeiten der Beherrschung der Natur und damit der Entwicklung der Technik vermehren und verbessern und wie andererseits das technische Problem den notwendigen Umfang und die notwendige Tiefe der Gesetzeserkenntnis begrenzt, soll im nächsten Abschnitt behandelt werden.

3.5. Vertiefte Gesetzeserkenntnis – breitere Anwendungsmöglichkeiten

Wesentliches von dem, was in diesem Abschnitt zu behandeln ist, wurde in den vorangegangenen Ausführungen an den verschiedensten Stellen schon erwähnt. Es erscheint jedoch nützlich, unter anderen Aspekten diese Gedanken in systematisierter Weise zusammenzufassen. Es sollen deshalb zunächst die wichtigsten Überlegungen thesenartig zusammengestellt werden.

Die Möglichkeit, auf gedanklichem Wege technische Prinzipe zu finden und diese Prinzipe gedanklich richtig anzupassen, d. h. die Möglichkeit,

[223] Laitko, H. und Sprung, W.-D., Chemie und Weltanschauung, Leipzig-Jena-Berlin 1970, S. 148/149.

neue technische Gebilde und Verfahren zu antizipieren, hängt entscheidend von der Kenntnis objektiver Gesetze ab, die im entsprechenden Bereich existieren, von der Herleitung von TPV aus den Gesetzesaussagen und ihrer Anwendung. Ausnutzbarkeit erkannter Gesetze ist also ein wesentliches Moment bei der Rationalisierung des „Erfindens". Durch die Entwicklung der Gesetzeserkenntnis nahmen die Möglichkeiten zu, neue technische Gebilde und Verfahren gedanklich zu entwickeln bzw. für bestehende Gebilde und Verfahren Verbesserungen zu antizipieren.

Folgende Tendenzen bei der Entwicklung der Gesetzeserkenntnis erhöhen den strategischen Wert der Gesetzesaussagen:

– der Übergang von empirischen Gesetzesaussagen („Regeln", Gesetzesaussagen mit nur Termen der Beobachtung) zu Gesetzesaussagen mit theoretischen Termen,
– die Bildung geschlossener Theorien,
– Verallgemeinerung bei gleichzeitiger Konkretisierung,
– die Übernahme von verbal formulierten Existenzbedingungen des „Gesetzes" in die eigentliche Aussage über den Gesetzeszusammenhang, darunter: die Überführung von Folge„gesetzen" in Kausal„gesetze",
– die Auflösung von Konstanten (in Gesetzesaussagen) in Variable,
– die Einführung von mathematisch formulierten Funktionalzusammenhängen, insbesondere in Folge-, Kausal- und Äquivalenz„gesetze",
– die Einführung metrischer Begriffe in die Gesetzesaussage,
– der zunehmende Bestätigungsgrad von Gesetzesaussagen.

Außer vom strategischen Wert *einzelner* Gesetzesaussagen, die bei der Herleitung von TPV Verwendung finden, hängt die Möglichkeit technische Probleme gedanklich zu lösen, noch von zwei weiteren Faktoren ab, die den *Umfang* des Wissens betreffen:

– vom Grad der Vollständigkeit der Menge erkannter Gesetze, die das technische Prinzip bestimmen,
– vom Grad der Vollständigkeit der Menge erkannter Gesetze, die die konkrete Gestaltung des technischen Prinzips bestimmen, deren Kenntnis also gestattet, die spezifischen zusätzlichen Forderungen an das technische Ziel und seine Realisierung zu befriedigen (mit anderen Worten: die gestatten, auch den „Anpassungsprozeß" gedanklich zu antizipieren).

Die Erfüllung der beiden zuvor genannten Faktoren geht gewöhnlich über den Rahmen eines bestimmten Wissenschaftsgebietes hinaus; es müssen Kenntnisse verschiedener Wissenschaftsgebiete *integriert* werden.

Gewöhnlich hängt jedoch die Beherrschung eines bestimmten techni-

schen Verfahrens *primär* von den Kenntnissen der Gesetze einer dem Verfahren eigenen „Schicht der Materie" ab.
Entsprechend dem Zusammenhang der Bewegungsformen der Materie[224] enthält jedes materielle Objekt, das einer bestimmten Bewegungsform der Materie angehört, in sich auch die gesamte Hierarchie der ihr subordinierten Bewegungsformen.[225] In diesem Sinne sprechen wir davon, daß *in einem* Objekt (Gebilde, Prozeß) stets mehrere „Schichten der Materie" enthalten sind. Folgende generelle „Schichtung" finden wir in der Technik:

- organische Prozesse
- chemische Prozesse
- makrophysikalische Prozesse
- molekulare und atomare Prozesse
- Elementarteilchenprozesse.

Es gilt die Regel, daß bestehende technische Verfahren durch Kenntnis über „tiefere Schichten" des entsprechenden Objektbereiches nicht wesentlich verbessert werden können. Ja man kann sogar sagen, daß das Verhältnis des Aufwandes zur Gewinnung von Kenntnissen über immer „tiefere Schichten" des Objektbereiches zum Nutzen bei der Anwendung dieser Erkenntnisse zur Verbesserung bestehender technischer Verfahren immer ungünstiger wird. Andererseits gilt aber, daß neue theoretische Erkenntnisse über „tiefere Schichten" des Objektbereiches hinsichtlich gleicher Zielstellung häufig zu *neuen* technischen Verfahren führen.

Aussagekräftigstes Beispiel zu dieser These ist die Entwicklung des Kraftwerksbaus. Für Wasserkraftwerke sind makrophysikalische Prozesse, für Wärmekraftwerke chemische, physiko-chemische und makrophysikalische Prozesses bestimmend. Kenntnisse über atomare oder gar Elementarteilchenprozesse können die Effektivität dieser Kraftwerke zwar erhöhen, aber nicht revolutionieren. Andererseits schufen diese Kenntnisse die Grunlage für die Entwicklung der Kernkraftwerke.

Die genannten Einzelforderungen fließen schließlich in der Forderung zusammen, daß zur Lösung eines bestimmten technischen Problems Gesetzeskenntnisse ganz bestimmten Umfangs, der vom Problem impliziert wird, bereitzustellen sind. Kann diese definierte Menge nicht

[224] Vgl. Engels, F., Dialektik der Natur, in: MEW, Bd. 20, Berlin 1962, S. 354–369.

[225] Vgl. Richter, F. und Wendt, H., Philosophische Probleme des Struktur- und Symmetriebegriffs – dargestellt an philosophischen Problemen der Kristallographie, Dissertation, Teil B, Humboldt-Universität Berlin 1964, S. V/34–40 und V/46–55.

aufgefunden werden, so sind bestimmte *praktische* Schritte zur Problemlösung erforderlich. Andererseits ist die Bereitstellung von „Über-Mengen" an Gesetzesaussagen Ballast, der eher hinderlich als förderlich ist.

Die genannten Tendenzen tragen in jedem Falle dazu bei, technische Entwicklungsarbeit ständig weiter zu rationalisieren. Andererseits stellen die Technikwissenschaftler und die Techniker in der Praxis an die Bereitstellung von Gesetzesaussagen zur Herleitung technischer Prinzip-Vorschriften bzw. an die bereitgestellten TPV selbst Forderungen, die über die genannten Tendenzen hinausweisen. Es sind insbesondere Forderungen, die die Handhabbarkeit der TPV betreffen. Das Grundprinzip, das der Techniker für seine praktische Tätigkeit anwendet, trägt er auch als Forderung an die Gestaltung der TPV heran: *So exakt wie notwendig und so grob wie möglich.*[226]

Die Forderungen nach Erhöhung des „strategischen Wertes" der Gesetzesaussagen und nach „Handhabbarkeit" der TPV stehen nur scheinbar im Widerspruch zueinander. Die Erhöhung des strategischen Wertes von Gesetzesaussagen ist vor allem eine Forderung an die *wissenschaftliche* Arbeit der Technik-Wissenschaftler. Für den Techniker in der Praxis ist demgegenüber die „Ökonomie der geistigen Arbeit" bei der Anwendung der TPV eine unbedingt beachtenswerte Einflußgröße. Im allgemeinen kann gesagt werden, daß Gesetzesaussagen mit hohem strategischen Wert ohne weiteres auch die Herleitung qualifizierter und dabei „handhabbarer" TPV besser gestatten als Gesetzesaussagen mit niedrigem strategischen Wert, obwohl die im folgenden genannten einzelnen Forderungen jedesmal besondere Berücksichtigung erfordern:

1. Die TPV dienen der unmittelbaren Anwendung in der praktischen Tätigkeit. Zur Senkung des geistigen Aufwandes beim Einsatz der TPV ist es geboten, theoretische Ausdrücke weitgehend zu eliminieren bzw. zu reduzieren. Auf jeden Fall sollte vermieden werden, solche TPV vorzugeben, deren Anwendung jedesmal die Einbeziehung der gesamten zugrundeliegenden technischen Theorie erfordert. Wie schon im Abschnitt 1.3. beschrieben wurde, gilt es auch zu berücksichtigen, daß die Erfüllung der im Vordergrund stehenden Ziele und Aufgaben bei technischen Problemlösungen oft mit einer empirischen, nicht-theoretischen Erfassung der Zusammenhänge erreicht werden kann. Es sollte also auch der abgewandelte Grundsatz Berücksichtigung finden: Soviel Theorie wie notwendig und sowenig Theorie wie möglich.

[226] Vgl. Müller, J., Zur Bestimmung der Begriffe „Technik" und „technisches Gesetz", in: Deutsche Zeitschrift für Philosophie, 12/1967, S. 1447.

2. Obwohl die Einbeziehung metrischer Begriffe und die Gewinnung von Funktional-TPV (d. h. nichts anderes als Mathematisierung) eine wesentliche Forderung ist, da anders nicht exakt konkrete Dimensionen, Bilanzen, Gestaltungen, Bemessungen und Optimierungen antizipiert werden können, soll doch die verwendete Mathematik so einfach wie möglich sein. Der Vereinfachung können folgende Maßnahmen dienen:

a) Umwandlung komplizierter mathematischer Ausdrücke in sogenannte Faustformeln.

Dabei besteht das Prinzip, schwer meßbare und berechenbare mathematische Variable in Konstante umzuwandeln, die dann als brauchbare Mittelwerte über einen ganzen definierten Geltungsbereich, der kleiner als der ursprüngliche ist, verwendet werden können und hinsichtlich der Zielstellung ihre Funktion mit *ausreichender* (!) Genauigkeit erfüllen. – Das widerspricht der Forderung nach Umwandlung von Konstanten in Variable bei Gesetzesaussagen zur Erhöhung ihres strategischen Wertes nur scheinbar. Es ist eben ein Unterschied, ob man empirische Konstante verwendet, weil nicht besseres zur Verfügung steht, oder ob man einen Mittelwert für einen definierten Geltungsbereich so *berechnen* kann, daß dort ausreichende Zielrealisierung gewährleistet wird.

b) Komplizierte mathematische Ausdrücke können auch in mehrere Konstante (Mittelwerte) umgewandelt und für aufeinander folgende definierte Geltungsbereiche berechnet werden.

c) Ist der mathematische Aufwand für die technische Anwendung immer noch zu hoch, so können funktionale Abhängigkeiten dem Techniker in Form von Tabellen oder Diagrammen vorgegeben werden.[227]

3. Für TPV gilt generell die Forderung, daß die numerische Exaktheit bei der Berechnung von Zustandsgrößen, Abmessungen, Bilanzen u. ä. nicht größer zu sein braucht und auch nicht größer sein soll als die entsprechende Meßgenauigkeit.

4. Grundsätzlich darf sich der Techniker durch mathematische Exaktheit von Berechnungen nicht „blenden“ lassen. Die zu einer bestimmten Zielrealisierung notwendig zu beachtende Menge von Einflußgrößen wird nämlich nicht von der Mathematik bestimmt. Sind beispielsweise neun Einflußgrößen noch so exakt berechnet, kann die Vernachlässigung einer zehnten Einflußgröße zu einem völlig fehlerhaften Gesamtergebnis führen.

[227] Vgl. auch Jobst, E., Philosophische Probleme des Wechselverhältnisses von technischer Wissenschaft und Naturwissenschaft, Dissertation, Karl-Marx-Universität Leipzig, 1967, S. 68–72, 74, 76, 77, 79.

5. Wenn auch seltener in technische Prinzip-Vorschriften, so werden doch häufig in aktuale technische Vorschriften (neben anderen Faktoren und Koeffizienten) sogenannte *Sicherheitsfaktoren* eingeführt. Sie bergen in sich einen Großteil der *Pragmatik* technischer Vorschriften schlechthin. Ihr Sinn ist mehrfach bestimmt:

a) Sie sind z. T. objektiv bedingt, da es prinzipiell unmöglich ist, *alle* Zufallseinflüsse, denen ein technisches Gebilde oder Verfahren unterworfen ist, zu beherrschen.

b) Sie sind z. T. subjektiv bedingt,

– weil es ökonomisch nicht vertretbar ist, alle tatsächlich empirisch zugänglichen und prinzipiell beeinflußbaren Faktoren für die Berechnung eines technischen Gebildes oder Verfahrens explizit einzeln und in ihrem komplexen Zusammenhang zu berücksichtigen. Es ist eben „ökonomischer", den Großteil der weniger wesentlichen Faktoren in einem für die Funktionstüchtigkeit eines technischen Verfahrens ausreichendem Maße in – durch die Erfahrung bestätigten – globalen Sicherheitsfaktoren zu erfassen.

– weil das Sicherheits*bedürfnis* der Menschen berücksichtigt werden muß. Das gilt für alle TPV, die auf die Realisierung solcher technischer Funktionen gerichtet sind, die auf Leben und Gesundheit der Menschen Einfluß haben. – Mag in einem bestimmten Fall die berechnete Zuverlässigkeit einer technischen Funktion von 0,99 technisch und ökonomisch ausreichend sein, hängen von ihrer Aufrechterhaltung Menschenleben ab, ist das viel zu gering.

Damit sind die wichtigsten Grundsätze und Forderungen, die den Zusammenhang von Gesetzeserkenntnis und technischen Vorschriften betreffen, genannt. Zu einigen dieser Grundsätze sollen nun noch zusätzliche Erläuterungen gegeben werden.

Zu Fragen der Erhöhung des Bestätigungsgrades von Gesetzesaussagen und des Sicherheitsgrades von TPV durch verschiedene Typen von Experimenten

Es wurde festgestellt, daß aus Gesetzesaussagen hergeleitete TPV einen umso höheren Grad der Sicherheit der Zielrealisierung besitzen, je höher der Grad der induktiven Wahrscheinlichkeit ist, der den entsprechenden Gesetzesaussagen zukommt. Liegt gar keine Gesetzesaussage vor, so ist es oft eher geboten eine Hypothese zu bilden und vor dort aus TPV herzuleiten, als nur wahllos herumzuprobieren. In jedem Fall hat die experimentelle Methode dabei entscheidende Aufgaben. Drei Aufgaben der experimentellen Methode sind unterscheidbar, die alle drei auf spezifische Weise dazu beitragen können, technische Prozesse besser zu beherrschen:

a) Hypothesenbildung
b) Hypothesenüberprüfung
c) Strategieüberprüfung

Sicher ist es richtig, wenn H. Parthey feststellt: „Eine charakteristische Methode der Hypothesenprüfung in der naturwissenschaftlichen Forschung ist die experimentelle Methode.“[228] Es ist jedoch zu kritisieren, wenn im Kontext der Ausführungen von H. Parthey der Eindruck erweckt wird, als sei die experimentelle Methode *nur* eine Methode der Hypothesenprüfung. So stellt z. B. auch M. Bunge richtig fest: „Ich finde, daß ein Experiment mehrere Funktionen erfüllt zusätzlich zu der des Testens von Hypothesen oder Systemen von Hypothesen, d. h. Theorien . . . Zusammenfassend würde ich sagen, daß ein Experiment mindestens vier Funktionen erfüllt: 1. Daten sammeln, 2. Hypothesen hervorbringen, zumindest Vermutungen, 3. neue Probleme aufwerfen, 4. Hypothesen und Systeme von Hypothesen überprüfen.“[229]

In ähnlicher Weise und noch treffender formuliert G. Polya: „Experiment ist geplante und herbeigeführte Beobachtung, mit deren Hilfe *theoretische oder praktische Erkenntnisse* erworben werden sollen (zum besseren Verständnis von Naturvorgängen, zur Bestätigung oder Wiederlegung von Theorien, zur Vorbereitung von Erfindungen).“[230] (Hervorhebungen-*H. W.*)

- „zum besseren Verständnis von Naturvorgängen“ heißt: Hypothesenbildung!
- „zur Bestätigung oder Wiederlegung von Theorien“ heißt: Hypothesenüberprüfung!
- „zur Vorbereitung von Erfindungen“ heißt: Strategienüberprüfung!

Eine sehr allgemeine, aber auf all drei genannten Funktionen treffend anwendbare Definition gibt auch V. A. Smirnow: „Unter einem Expe-

[228] Parthey, H., Die empirische Basis der naturwissenschaftlichen Erkenntnis, in: Wege des Erkennens (hrsg. von Bellmann, R. und Laitko, H.), Berlin 1969, S. 74.

[229] Bunge, M., Die verschiedenen Funktionen des Experiments (Diskussionsbeitrag zu L. Pearce Williams: „Epistomology and Experiment. The case of Micheal Faradey“), in: Problems in the Philosophy of Science, 3. Kolloquium, London 1965, Vol. 3, S. 231–240.

[230] Polya, G., Mathematik und plausibles Schließen, Bd. 1; Induktion und Analogie in der Mathematik, Basel/Stuttgart 1962, S. 30.

riment verstehen wir eine Einwirkung auf das Forschungsobjekt mit dem Ziel, sein Verhalten zu studieren."[231]

Hinsichtlich der *Hypothesenüberprüfung* hat H. Parthey ein vollständiges (allgemeines) Methodensystem entwickelt[232], das folgende 3 Hauptschritte enthält:

1. Ableitung von Folgen und Gewinnung einer experimentellen Fragestellung aus einer Hypothese
2. Experiment zur Feststellung des Wahrheitswertes einer der Folgerungen
3. Auswertung des Experiments bzw. der experimentellen Messung

In dieser Form erfolgt die Hypothesenüberprüfung auch in den technischen Wissenschaften, allerdings von vornherein mit dem Ziel, den strategischen Wert der technischen Theorie zu erhöhen, denn in der technischen Theorie ist der Wahrheitswert nicht Selbstzweck.

Hinsichtlich der *Hypothesenbildung* hat das Experiment vor allem die Aufgabe, aus einer Menge von Einflüssen, die auf einen Prozeß oder ein Ereignis einwirken, die wesentlichen (allgemeinen und notwendigen) herauszufinden. Wenn auch G. I. Rusawin feststellt, daß „in der Mehrzahl der Fälle . . . die Entdeckung eines Gesetzes das Resultat einer Vermutung, der wissenschaftlichen Praxis und der Intuition des Wissenschaftlers" ist[233], so spielen doch bei der Gewinnung empirischer Gesetzesaussagen und – mindestens anteilig – auch bei der Gewinnung theoretischer Gesetzesaussagen Experimente eine Rolle. Ohne dieses Problem hier vollständig klären zu können, kann man doch festhalten, daß dabei folgende Schritte getan werden müssen:

1. Ausgehend von der Erfahrung und einem theoretischen Grundwissen wird gedanklich ein kombinatorisches System von Zusammenhängen aus einer Menge von möglichen Einflußfaktoren aufgestellt.
2. Durchführung einer *Serie von Experimenten*, in denen durch Isolation, Setzung, Variation, Kontrolle und Beobachtung die antizipierten Zusammenhänge realisiert werden.

[231] Smirnow, V. A., Wissensebenen und Etappen des Erkenntnisprozesses, in: Studien zur Logik der wissenschaftlichen Erkennntnis, Berlin 1967 S. 60.

[232] Vgl. Parthey, H., Die empirische Basis der naturwissenschaftlichen Erkenntnis, in: Wege des Erkennens (hrsg. Bellmann, R. und Laitko, H.), Berlin 1969, insbesondere S. 84–88; vgl. auch insgesamt: Parthey, H. und Wahl, D., Die experimentelle Methode . . ., Berlin 1966.

[233] Rusawin, G. I., Die Wahrscheinlichkeitslogik und ihre Rolle in der wissenschaftlichen Forschung, in: Studien zur Logik der wissenschaftlichen Erkenntnis, Berlin 1967, S. 250.

3. Auswertung:
   a) Aufstellen von Protokollen
   b) Bildung der Hypothese
(4. Überprüfung der Hypothese)

Die unter 1. genannte gedankliche Aufstellung eines kombinatorischen Systems und seine unter 2. genannte Abarbeitung entspricht der trial – and – error – Methode, die durch die mathematische Kombinatorik wesentlich unterstützt werden kann. Die Millschen Methoden stellen hierbei eine Verfeinerung dar. Wenn ihr auch viele Mängel anhaften (ganz abgesehen von fehlerhaften positivistischen Interpretationen ihre Gesamtbedeutung[234]), ist es doch wichtig, ihnen im Rahmen der gesamten experimentellen Methode nicht die Funktion der Hypothesenüberprüfung, sondern der Hypothesenbildung zuzuschreiben.

Noch einmal soll betont werden, daß sich Hypothesenbildung nicht allein auf die so durchgeführte experimentelle Methode stützen kann; vorausgesetzte Kenntnisse qualifizieren sowohl die Durchführung von Experimenten zwecks Hypothesenbildung als auch die (mindestens bei Entwicklung von Hypothesen mit theoretischen Ausdrücken immer notwendige) schöpferisch-intuitive gedankliche Arbeit zur Bildung von Hypothesen.

Andererseits sind die experimentellen Methoden zur Hypothesenbildung und zur Hypothesenprüfung sehr eng miteinander verbunden, mitunter so eng, daß die Durchführung *eines* Experiment beide Funktionen erfüllt. Diese Feststellung wird unterstützt durch die Untersuchungen von H. Parthey und D. Wahl. Hinsichtlich der Deutung experimenteller Ergebnisse aus Experimenten, deren eigentliches Anliegen Hypothesenüberprüfung ist, kann nämlich außer dem (1.) Fall der Hypothesenbestätigung und dem (2.) Fall der Falsifikation auch ein 3. Fall eintreten: „Das experimentelle Ergebnis kann nur in einer solchen Aussage formuliert werden, die im Sinne der Folgerung aus einer zu überprüfenden Hypothese unerwartet ist.“[235] Damit wird aber im Unterschied zum 2. Fall, der nur darauf hinweist, *daß* eine neue Hypothese notwendig ist, die *Richtung* zur Bildung einer neuen Hypothese unmittelbar aufgezeigt und damit die Funktion der Hypothesenbildung erfüllt.

In der dargestellten Weise erfolgt die Hypothesenbildung auch in technischen Wissenschaften (in ihrem theoretischen Teil), wenn auch das Forschungsobjekt im allgemeinen schon ein technisch hergestelltes

[234] Vgl. Parthey, H. und Wahl, D., Die experimentelle Methode in Natur- und Gesellschaftswissenschaften, Berlin 1966, S. 61–66.

[235] Ebenda, S. 128.

Objekt und die Bedingungen seiner gesetzmäßigen Veränderung technische sind. Im Unterschied zu Hypothesen in den Naturwissenschaften wird im allgemeinen auch eine größere Komplexität der Bedingungen gegeben sein, d. h. daß die Konkretheit der technisch-wissenschaftlichen Hypothese größer ist. Die Bildung solcher Hypothesen ist aber – und nur deshalb wurde hier das Experiment zur Hypothesenbildung erwähnt – eine notwendige Entwicklungsstufe der technischen Theorie, um damit den strategischen Wert der einzelnen technischen Wissenschaftsdisziplinen insgesamt zu erhöhen.

Es wurde schon gesagt, daß das *strategische Experiment* in erster Linie die Aufgabe hat, zu prüfen, „ob es so geht", d. h. ob man auf einem antizipierten Weg ein antizipiertes Ziel erreicht. Im technisch-strategischen Experiment, in dem TPV überprüft werden, geht es dabei also primär weder um Hypothesenbildung, noch eigentlich um die Überprüfung der Hypothese, die der entsprechenden TPV eventuell zugrunde liegt. – Bei der Konzipierung strategischer Experimente ist jedoch methodisch zwischen solchen zu unterscheiden, denen Hypothesen bzw. bekannte Gesetzesaussagen zugrunde liegen, und solchen, in denen das nicht der Fall ist.

Wo keine bekannte Gesetzesaussage zugrunde liegt, wird ähnlich verfahren wie bei der Hypothesenbildung. Mit der trial-and-error-Methode (bzw. ihren Verfeinerungen) werden Experimente konzipiert, deren primäres Ziel allerdings darin besteht, Operationen zu finden, deren Realisierung *notwendig* zur Zielrealisierung führt. Außerdem besteht ein prinzipieller Unterschied zur Hypothesenfindung darin, daß es nicht ausreicht, festzustellen, welche Ursache oder Bedingung gegebenenfalls eine Veränderung bewirkt, sondern daß es dabei um Ursachen und Bedingungen geht, von denen prinzipiell verlangt wird, daß sie *beherrschbar* sind; nur dann erfüllen sie die Forderung, Operator zu sein.

Wenn festgestellt wurde, daß in diesem Falle keine Gesetzesaussagen zugrunde liegen, aus denen TPV *direkt* herleitbar sind, so bedeutet das nicht, daß die Kombinatorik dabei ohne jede Objektkenntnis, ohne Gesetzeskenntnisse überhaupt, angewandt wird; es liegen nur keine Gesetzeskenntnisse vor, die die unmittelbare Zielansteuerung gestatten würden.

Am ZIS Halle/Saale wurde, insbesondere unter Leitung von P. Wiesner und V. Horn, die Kombinatorik zum Finden neuer Schweißverfahren eingesetzt.

Als erstes stellt P. Wiesner in einer Halbmatrix 1081 (Zweier-) Kombinationsmöglichkeiten von 46 Metallen und Halbmetallen dar und fand, daß davon nur 92 = 8,5 % wirklich verschweißt werden.[236]

[236] Vgl. Wiesner, P., Neue Energiequellen für die Schweißtechnik, In: ZIS-Mitteilungen (Halle/S), 1/1969, S. 7.

Von diesem unbefriedigenden Ergebnis aus wird noch einmal das grundsätzliche Ziel des Schweißens formuliert (Abb. 12):

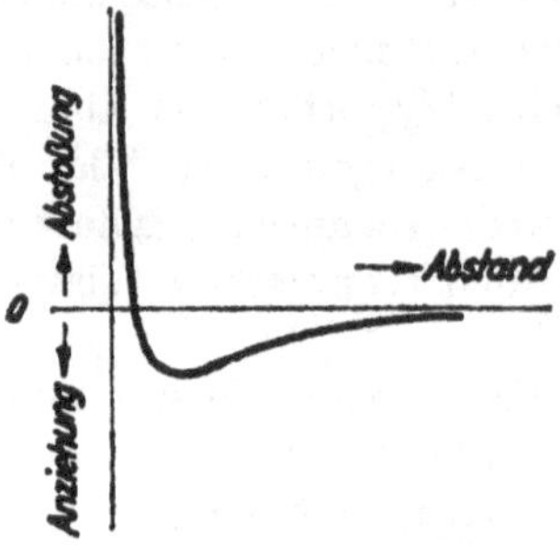

Abb. 12: Verlauf der Kräfte zwischen zwei Atomen oder Molekülen in Abhängigkeit vom Abstand

Ideales Schweißen bedeutet die Annäherung der Atome auf den Abstand des Energieminimums, der in der Größenordnung normaler Gitterabstände bei 10^{-7} bis 10^{-8}cm liegt. Die Rauhigkeit bestpolierter Oberflächen liegt aber bei $7 \cdot 10^{-6}$ cm und die normal polierter Oberflächen sogar nur etwa bei 10^{-4} cm. Deshalb ist die Annäherung auf 10^{-7} bis 10^{-8} cm prinzipiell nur durch Druck und Wärme möglich.[237]
Dementsprechend werden die Möglichkeiten des Findens neuer Schweißverfahren benannt.[238]

- Anwendung neuer Energiequellen
- Ausnutzung physikalischer Effekte
- Verfahren der „eingeschränkten Kombinatorik" (systematische Heuristik)

Für das Verfahren der „eingeschränkten Kombinatorik" wurden nun folgende Möglichkeiten der Abszissen- und Ordinatenbezeichnung ausgewählt:[239]

1. Energieumwandlung am Werkstück
2. Energieerzeugung (Umwandlung der Primär- in die Sekundärenergie)
3. Bindemechanismus (Atomwanderung, Annäherung der Atome, Aufschmelzen, Oberflächenkräfte)
4. Einflußfaktoren (Zusatzwerkstoffe, Verformung, Wärme, Schutz der Schweißstelle)
5. Energieträger (Elementarteilchen, Lichtbogen, Felder . . .)

Daraus lassen sich 10 Matrizen entwickeln. Und , so schreiben die Autoren, bei der Ausfüllung der Matrizen ergaben sich Felder, „aus denen sich durch

[237] Vgl. ebenda, S. 8–10.
[238] Vgl. Ehrhardt, H., Horn, V., Marquardt, E., Sobisch, G. und Wiesner, P., Das Finden neuer Schweißverfahren mit Hilfe der Kombinatorik, in: ZIS-Mitteilungen (Halle/S), 9/1970, S. 1318.
[239] Vgl. ebenda.

erste Überlegungen neue Schweißverfahren ergeben haben"[240]. Diese „hypothetischen TPV" wurden dann experimentell überprüft.
Die hier angeführte Matrix[241] ergab z. B. den Hinweis auf die Möglichkeit des Schweißens mit lichthydraulischem Effekt:

		(3.) Bindemechanismus/Die Bindung erfolgt durch . . .	
		. . . .	Annäherung der Atome
(5.) Energieträger	. . . . .		
	. . . . .		
	. . . . .		
	Flüssigkeit		x
	. . . . .		

x = Schockwellenschweißen mit lichthydraulischem Effekt

Schweißen mit lichthydraulischem Effekt: Schickt man einen Laser-Strahl durch eine Flüssigkeit, so werden Stoßwellen mit einem Druck von 10^6kp/cm^2 erzeugt. Dieser lichthydraulische Effekt läßt sich zum Schweißen mit Schockwellen nutzen. Durchführung des Experiments:[242]

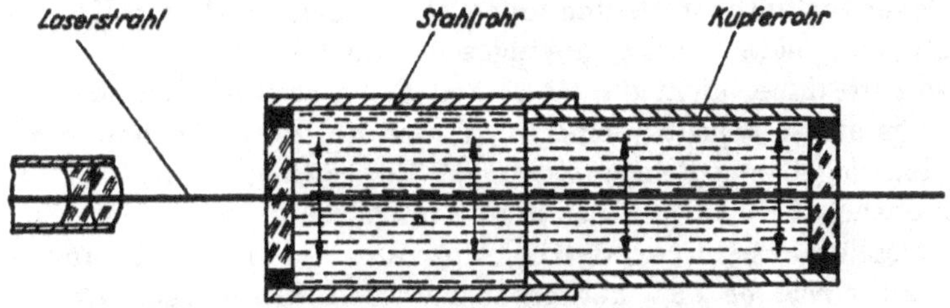

Abb. 13: Schweißen mit lichthydraulischem Effekt
(nach: H. Ehrhardt u. a., in: ZIS-Mitteilungen, Jg. 12, 9/1970, S. 1326)

Im Experiment wird nun nicht eigentlich überprüft, ob durch Stoßwellen tatsächlich ein Druck von 10^6kp/cm^2 erreicht wird, wie die Druckausbreitung erfolgt und die Druckübertragung auf die feste Außenwand, sondern, ob *so* eine feste Schweißverbindung zustandekommt. Experimente zu den

[240] Ebenda, S. 1325.
[241] Vgl. ebenda, S. 1324.
[242] Vgl. ebenda, S. 1326.

erstgenannten Fällen wären zwar auch möglich, hätten aber hinsichtlich des eigentlichen Ziels nicht die Funktion der Strategieüberprüfung, sondern der Hypothesenbildung bzw. auch Hypothesenüberprüfung.

Die experimentelle Methode mit strategischer Funktion hat also folgende methodische Schrittfolge:

1. Gedankliche Aufstellung eines kombinatorischen Systems von Mittel – Zweck – Relationen, wobei von Erfahrungen und bestimmtem theoretischem Grundwissen auszugehen ist.
2. Durchführung einer *Serie von Experimenten*, in denen geprüft wird, welche Mittel zur Zielrealisierung tatsächlich geeignet sind. Es werden also nicht nur die Ursachen schlechthin, sondern *beherrschbare Träger von Ursachen*, also reale Operatoren gesucht.[243]
3. Auswertung:

a) Aufstellen von Protokollen
b) Heraussuchen hinreichender Operatoren
c) Aufsuchen optimaler Operatoren

Kann andererseits eine TPV aus einer bekannten Gesetzesaussage hergeleitet werden, so ist die Sicherheit der Zielrealisierung bei Ausführung der TPV von vornherein (d. h. schon vor der Ausführung) nahe 1. Trotzdem werden strategische Experimente angestellt, die zwei Zwecken dienen:

Erstens wird überprüft, ob unter den – in technischen Fällen *immer* – sehr komplexen technischen Bedingungen das Gesetz, aus dessen Kenntnis die TPV hergeleitet wurde, uneingeschränkt gilt.

Im Grunde wird dabei nicht die Gültigkeit des erkannten Gesetzeszusammenhangs selbst geprüft, sondern es wird die Frage beantwortet, ob unter den gegebenen Bedingungen *nur* dieses Gesetz gilt, d. h. ob die entsprechende TPV im gegebenen Fall hinreichend ist.

Zweitens ist zu berücksichtigen, daß bei Äquivalenz-, Folge- und Kausal-„gesetzen" zwar *richtige* TPV herleitbar sind, das Wissen über *setzbare* Ursache – Wirkungs (Ziel) – Beziehungen aber oftmals nicht ausreicht: es sind Experimente nötig, die die Wahl eines bestimmten Trägers der Ursache (realer Operator) als geeignet bestätigen. Dabei werden die geforderten spezifischen Eigenschaften des Trägers der Ursache im theoretisch-strategischen Experiment meistens durch zusätzliche Anforderungen an die Eigenschaften des Zielzustandes bestimmt. Wenn dieser Zusammenhang zwischen den Eigenschaften des Operators und der Gesamtheit der Zielforderungen nicht ebenfalls aus bestimmten (an-

[243] „real" ist hier gemeint im Sinne von „realistisch" bzw. „nicht-illusionär".

deren) Gesetzesaussagen herleitbar ist, erfüllt das Experiment hier die spezifische Funktion, den Anpassungsprozeß (des technischen Prinzips) praktisch zu vollziehen.

Als Beispiel für Experimente hinsichtlich der Überprüfung von TPV, die direkt aus einer Gesetzesaussage hergeleitet wurden, soll nochmals auf die Schweißtechnik verwiesen werden. Hierzu schreibt P. Wiesner:

„Infolge ihrer thermischen Bewegung können die freien Elektronen die Grenzflächen zweier verschiedener, sich berührender Metalle überschreiten. Der Übertritt erfolgt jedoch in der einen Richtung leichter als in der anderen. Es wandern daher mehr Elektronen in der Richtung des leichten Übergangs. Dadurch lädt sich das eine Metall negativ und das andere positiv auf. Fließt durch die Verbindungsstelle der beiden Metalle ein Strom, so muß je nach der Stromrichtung zum Übergang der Elektronen entweder Arbeit geleistet werden oder die Elektronen werden beschleunigt. Mit der Beschleunigung der Elektronen ist aber eine Zunahme der thermischen Energie verbunden, d. h. es tritt eine Erwärmung der Verbindungsstellen ein (=Peltier-Effekt).

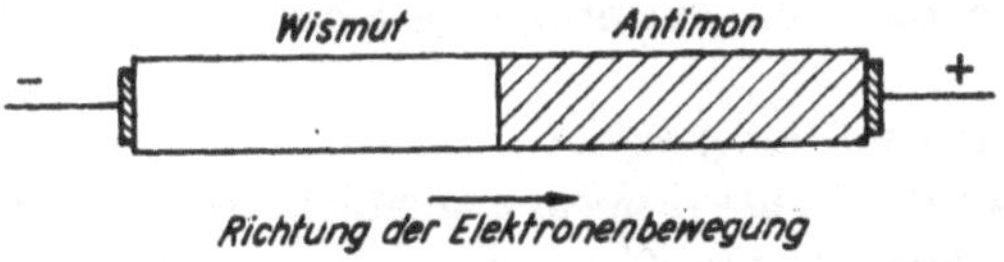

Abb. 14: Ausnutzung des Peltiereffektes zur Erwärmung von Antimon und Wismut
(nach: P. Wiesner, in: ZIS-Mitteilung, Jg. 11, 1/1970, S. 21)

Der Peltier-Effekt wird bis jetzt nur zur Erzeugung tiefer Temperaturen genutzt. Er bildet jedoch eine ideale Wärmequelle für Schweißverfahren, bei denen keine hohen Temperaturen verlangt werden (Diffusionsschweißen, Thermokompressionsschweißen). Im Unterschied zu den heute üblichen Erwärmungsarten wird die Wärme an der Schweißstelle selbst erzeugt. In die Werkstücke gelangt die Wärme nur durch Wärmeleitung von der Schweißstelle aus.“[244]

Was passiert hier methodisch?

Die Kenntnis des Peltier-Effekts, der einer Gesetzesaussage entspricht, gestattet die Herleitung folgender TPV:

Füge zwei Metallstücke unterschiedlicher Art stumpf zusammen und schicke einen Strom in Richtung der frei übertretenden Elektronen, so wird die Verbindung an der Stoßstelle erwärmt!

Berücksichtigt man die exakte Kenntnis des „Binnendruckes des Elektro-

[244] Wiesner, P., Neue Energiequellen für die Schweißtechnik, in: ZIS-Mitteilungen (Halle/S.) 1/1969, S. 21/22.

nen-Gases"[245] der verschiedenen Metalle und die Tatsache, daß das Elektronengas nicht der Boltzmann-Statistik, sondern der Fermi-Statistik gehorcht, so läßt sich die Temperaturerhöhung bei verschiedenen Metallkombinationen in Abhängigkeit von der Stromstärke ziemlich exakt vorauszuberechnen.

Trotzdem ist Experimentieren erforderlich:

weil erstens im praktischen Fall auch die Wärmeableitung berücksichtigt werden muß, die von der Wärmeleitfähigkeit der metallischen Partner (das wäre gegebenenfalls auch noch berechenbar), aber auch von Größe und Gestalt des gesamten Schweißstückes abhängig ist, so daß im Experiment ermittelt werden muß, ob die Temperaturerhöhung im konkreten Fall zum Verschweißen ausreicht,

weil zweitens eine geeignete Stromquelle mit hinreichender Regelbarkeit *ausprobiert* werden muß.

Die methodische Schrittfolge ergibt sich insgesamt wie folgt:

1. Herleitung der TPV aus der Gesetzesaussage
2. Experimentelle Überprüfung der TPV unter gegebenen Bedingungen.

Beantwortung der Frage, ob die Zielrealisierung gesichert ist, wobei im einzelnen geprüft wird:

(a) Wird der Operator ausreichend beherrscht?

(b) Ist mit dieser TPV *allein* die Zielrealisierung möglich oder treten unter gegebenen Bedingungen Nebeneffekte auf, die die Zielrealisierung beeinträchtigen?

3. Auswertung:

Nur 2 Fälle können auftreten: (a) die Zielrealisierung ist gesichert, (b) das Ziel wird nur annähernd erreicht. (Der Fall, daß das Ziel völlig verfehlt wird, kann unter Annahme, daß die TPV aus einer gesicherten Gesetzesaussage hergeleitet wurde, nicht eintreten.)

Im Fall (b) ist dann zu prüfen:

– Wie kann der Operator ersetzt oder verbessert werden?
– Wie können evt. die Bedingungen verändert werden, um die Zielrealisierung zu sichern?

Diese Darstellung der experimentellen Überprüfung von Strategien stimmt mit folgenden grundsätzlichen Ausführungen anderer Autoren überein. So schreibt J. Müller hinsichtlich der Technik-Wissenschaften: „Der eine stellt die Frage nach der Wahrheit, der andere danach, ob der Entwurf oder die Konstruktion eine technische Erfüllung finden können."[246]

[245] Grimsehl, Lehrbuch der Physik, Bd. IV (Struktur der Materie), Leipzig 1959, S. 623/24.

[246] Müller, J., Philosophische Probleme der technischen Wissenschaften,

Und an anderer Stelle: „Die ... Komplexität der gedanklichen Prozesse in den technischen Wissenschaften bedingt, daß diese sehr stark methodologischen Charakter tragen, d. h. die theoretische bzw. *experimentelle* Erforschung bestehender oder *gesetzter Sachverhalte* ist meistens nur eine notwendige Durchgangsstufe, die die Voraussetzung schafft, Operatoren bzw. Algorithmen zu erarbeiten, deren Anwendung zielstrebige, erfolgreiche und effektive Entwicklungsarbeit ermöglicht."[247] (Hervorhebung *H. W.*) Auch zwei (unter mehreren) von G. M. Dobrow unterschiedene Experiment-Typen stimmen genau mit dem überein, was hier im Unterschied zur experimentellen Methode der Hypothesenbildung bzw. -überprüfung als strategisches Experiment bezeichnet wird:[248]

- aussonderndes Experiment (z. B. Züchtung neuer landwirtschaftlicher Kulturen oder Auswahl der besten Maschinentypen)
- „optimierendes" Experiment (z. B. Erreichung des maximal möglichen Ausgangs chemischer Reaktionen bei variierenden Faktoren oder Gewinnung reinster Metalle).

Zur Integration von (Gesetzes-) Kenntnissen aus verschiedenen Wissenschaftsgebieten bei der Herleitung von TPV

Eine hinreichende, allgemein anwendbare Methode zur Herleitung der *Wissensmenge*, die für die Lösung bestimmter technischer Probleme notwendig und hinreichend ist, gibt es nicht. Ein Herantasten an eine solche Methode ist jedoch möglich, wenn man zunächst eine ausführliche und präzise Aufgabenstellung erarbeitet. Hierbei sind die von K. Steuer und A. Süß entwickelten Regeln[249] verwendbar. Dabei werden alle Angaben zur technischen Funktion, Produktion und Konsumtion nach Festforderungen, Mindestforderungen und Wünschen geordnet in einem Aufgabenschema erfaßt. Verbindet man dieses Schema zielbezogen mit einer von E. Wenzel entwickelten komparativen Qualitätsskala geordneten Wissens (1. Faktenwissen, 2. Einzelerkenntnisse, 3. Ordnungserkenntnisse, 4. Systemerkenntnisse)[250], so läßt sich mit eini-

in: Naturforschung und Weltbild (hrsg. von Guntau, M. und Wendt, H.) 2. Aufl., Berlin 1967, S. 357.

247 Ebenda, S. 355.

248 Vgl. Dobrow, G. M., Wissenschaftswissenschaft, Berlin 1969, S. 172/173.

249 Vgl. Steuer, K. und Süß, A., Theorie des Konstruierens in der Ingenieurausbildung, Leipzig 1968.

250 Vgl. Wenzel, E., Die Qualität des Wissens und ihre Speicherung – ein

germaßen genügender Genauigkeit das notwendige Wissen nach Umfang und Menge bestimmen, das zur Lösung eines Problems bereitgestellt werden muß, und von dem aus feststellbar ist, was aus Wissensspeichern abfragbar und was *neu* (theoretisch oder experimentell) erarbeitet werden muß.

H. Waschull hat in einer vom Autor betreuten Arbeit ein Entwicklungsbeispiel analysiert, an dem er selbst maßgeblich beteiligt war.[251]

1. Aufgabenschema für die Konstruktion des Vibrationspoliergerätes „metapolan" (VEB Rathenower Optische Werke)

	Angaben zur techn. Funktion	Angaben zur Produktion	Angaben zur Konsumtion
Festforderungen	1. Probenbewegung durch Vibration 2. Umlaufgeschwindigkeit regelbar 3. Zusatzbelastung 300, 600, 900 g 4. faltenfreie Poliertuchspannung 5. distanzierte Probenführung 6. Tischgerät	1. Seriengerät 2. Anpassung an vorhandenen Maschinenpark	1. unbeaufsichtigter Betrieb 2. unkomplizierte Beschickung 3. leichte Reinigungsmöglichkeit 4. korrosionsgeschützt
Mindestforderungen	1. Probeaufnahmekapazität 10 Stck. 2. Probengröße bis 80 mm ∅	1. Einhaltung des Limitpreises	1. Masse des Gerätes ≤ 50kg 2. unfallsicher 3. Anschluß an 220 V, 50 Hz

Beitrag zur Verbesserung der Lehre der Härtereitechnik, Dissertation, Technische Universität Dresden 1965.

251 Waschull, H., Kriterien der notwendigen Wissensmenge für die rationellste Lösung von Konstruktions- und Entwicklungsaufgaben (schriftl. Arbeit zur Erbringung des Nachweises vertiefter marxistisch-leninistischer Kenntnisse im Rahmen des Promotionsverfahrens A) Technische Hochschule Magdeburg 1971, (betreut von Wendt, H.), internes Manuskript.

	Angaben zur techn. Funktion	Angaben zur Produktion	Angaben zur Konsumtion
Wünsche	1. Vereinigung von Polier- und Regelgerät 2. Abdeckhaube 3. weitgehende Poliertuch-ausnutzung	1. keine Import-materialien 2. Verwendung von in der DDR handels-üblichen Halb-zeugen, Werk-stoffen und Normteilen	1. Anzeige der Betriebsbereit-schaft 2. Anschluß an 110 V/50 Hz 110 V/60 Hz 220 V/60 Hz

2. Qualitative Einstufung ermittelter Wissensgebiete für die Entwicklungsarbeit am Vibrationspoliergerät „metapolan“

1. Stufe (Faktenwissen)	2. Stufe (Einzelerkenntnisse)	3. Stufe (Ordnungserkenntnisse)	4. Stufe (Systemerkenntnisse)
Textiltechnik Patentwesen Standardisierung	Antriebstechnik (mittels Elektromagneten) Festigkeitslehre	Meßtechnik Auflichtmikroskopie	Metallographische Präparationstechnik Schwingungstechnik
Materialwirtschaft	Werkstoffeinsatz	Dynamik der Flüssigkeiten	
Schutzgüte	Korrosions- und Oberflächenschutz	Formgestaltung Fertigungstechnik	
	Technologie Ökonomie Absatz		

Über die Verwendung von Gesetzeserkenntnissen aus „tieferen Schichten der Materie“ bei grundsätzlich gleicher technischer Zielstellung

Es soll noch ein weiteres anschauliches Beispiel analysiert werden, aus dem hervorgeht, in welch erheblichem Umfang Verbesserungen der Zielerreichung mit neuen Verfahren auf Grund der Kenntnisse aus tieferen „Schichten der Materie“ erreicht werden können.

F. Pawlek beschreibt die Entwicklung der Dauermagnetwerkstoffe wie folgt:[252]

Grundforderung der Technik ist: *größte Leistung mit dem kleinsten Werkstoffaufwand von Werkstoffen, die irgendwie zu einer Arbeitsleistung herangezogen werde sollen* (in Meßgeräten, Relais, Fernsprechapparaten, Lautsprechern, kleinen Motoren und Generatoren).

Die Energieabgabe eines Magneten an den Außenraum wird bestimmt durch:

$$E = \frac{B \cdot H \cdot V}{8\pi}$$

B = magnetische Induktion

H = magnetische Feldstärke

Frühere Kennzeichnung der Dauermagnete durch $(B_r \cdot H_c)$

B_r = Remanenz

H_c = Koerzitivkraft

Heutige Kennzeichnung der Dauermagnete durch $(B \cdot H)_{max}$

1. Auf der Grundlage der Kenntnis, daß gehärteter (martensitischer) Stahl eine hohe Koerzitivkraft besitzt, wurden die ersten Dauermagnete entwickelt.

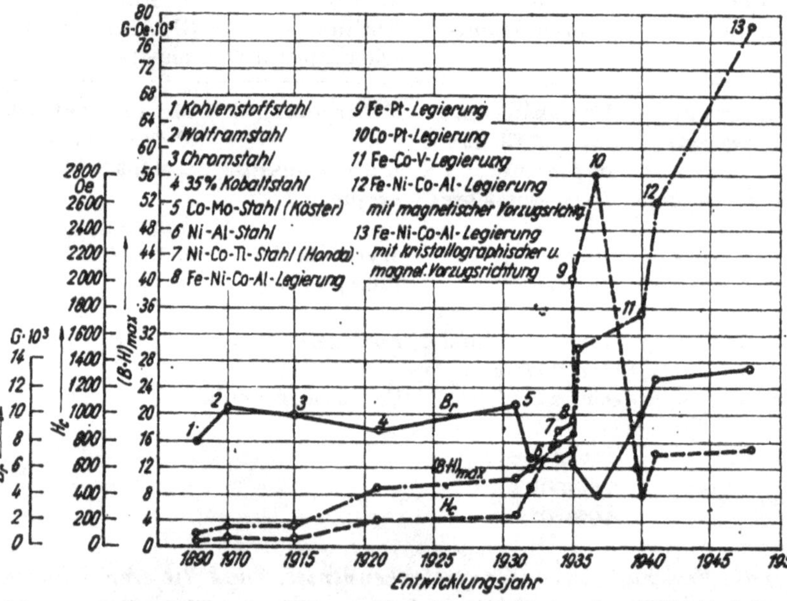

Abb. 15: Darstellung der historischen Entwicklung der Effektivität der Magnetwerkstoffe
(nach: F. Pawlek, Magnetische Werkstoffe, Westberlin/Göttingen/Heidelberg 1952, S. 12)

[252] Vgl. Pawlek, F., Magnetische Werkstoffe, Berlin/Göttingen/Heidelberg 1952, insbesondere S. 4–12.

(Kenntnisgrundlage: Kenntnisse über das *kristalline Gefüge* des Stahls)
Stark C-haltiges Eisen wurde einfach durch Abschrecken von hohen Temperaturen gehärtet. Neben anderen Nachteilen (wie hohe Sprödigkeit, Neigung zur Rißbildung, geringe Durchhärtung) konnte auch das grundsätzliche Kriterium $(B \cdot H)_{max}$ in den Jahren zwischen 1900 und 1930 durch Zulegierung von Cr, W, Co nur geringfügig verbessert werden.

2. Auf der Grundlage der Kenntnis der Ausscheidungshärtung wurden dann aber etwa ab 1930 neue Verfahren entwickelt, die ein erhebliches Anwachsen des Hauptkriteriums $(B \cdot H)_{max}$ und die Beseitigung der unter (1) genannten Nachteile brachte.

Neue Kenntnisgrundlage: Kenntnisse über die *atomare Struktur* des Stahls
Neues Verfahren: *Ausscheidungshärtung* (Abschrecken von definierten Temperaturen und Anlassen)

Die Abbildung 15 zeigt die historische Entwicklung hinsichtlich der erreichten Effektivität der Magnetwerkstoffe.

Über Vorzüge und notwendige Vereinfachungen des mathematischen Apparates in TPV

Grundsätzlich kann man davon ausgehen, daß durch Einführung metrischer Begriffe der strategische Wert von Gesetzesaussagen, aus denen TPV hergeleitet werden, wesentlich erhöht wird. Ganz allgemein gibt z. B. Radulet folgende wesentliche Vorteile des Operierens mit skalaren Größen an (gegenüber dem Operieren mit bloßen „Mengen von geordneten Eigenschaften"):[253]

– Die „Mathematik mit ihren exakten Ausdrucksmitteln" wird einführbar.

– Es „läßt sich ein und derselben Menge von geordneten Eigenschaften eine im Prinzip unendliche Anzahl unterschiedlicher Größen zuordnen, insbesondere eine erste Menge von Größen und dann jede andere Menge, deren Elemente Funktionswerte sind, die sich unmittelbar aus der ersten Menge ergeben".

– „Genaue Messung" wird möglich und damit „genaue Darstellung der Eigenschaften und Vorzüge".

J. D. Bernal drückt auf andere Weise sehr eindringlich den strategischen Wert der Mathematik und der Meßbarkeit besonders für technische Wissenschaften aus, wenn er schreibt: „Durch das Messen dringen Zahlen und Formeln in die Wissenschaften ein, und erst durch das Mes-

[253] Vgl. Radulet, R., Die neuen Ergebnisse der physikalisch-chemischen Wissenschaften und die Kategorie des Gesetzes, in: Der Gesetzesbegriff in der Philosophie und den Einzelwissenschaften (hrsg. von Kröber, G.), Berlin 1968, S. 207/208.

sen wird es auch möglich, genau anzugeben, was getan werden muß, um bestimmte Bedingungen zu reproduzieren und ein gewünschtes Resultat zu erhalten.“ [254]

Mathematisierbarkeit einer technischen Theorie (wie auch jeder anderen Theorie) hängt wesentlich von zwei Faktoren ab: von der Explikationsschärfe der verwendeten Begriffe und vom Reifegrad der entsprechenden Theorie (von ihrem Systemcharakter, der bis zur vollständigen Axiomatisierung reichen kann).

Aus einer solchen Theorie lassen sich TPV herleiten, die gegenüber nicht-mathematisierten eine Reihe von Vorteilen bieten:

1. Sie gestatten die Meßbarkeit von Prozeß und Ergebnis und damit die genauere Beherrschbarkeit.
2. Sie gestatten mathematische Modellierung und Modellversuch (mathematische Simulation).
3. Sie gestatten Optimierung mit Hilfe von Rechenanlagen.
4. Sie gestatten Zufallsverteilungen zu erfassen und damit Zufälle beherrschbar zu machen.

Man kann an vielen Beispielen aus der Geschichte der Technik nachweisen, daß erst die Mathematisierung der zugrunde liegenden Theorie bzw. bestimmter Gesetzesaussagen die Entwicklung bestimmter Verfahren ermöglichte.

Solch ein Beispiel lieferte u. a. die Entwicklung des Elektronenstrahlschweißens. Obwohl schon 1859 J. Plücker die erstmalige Erzeugung von Elektronenstrahlen gelang und auch die Ablenkbarkeit der Elektronenstrahlen durch Magnetfelder feststellen konnte, obwohl durch die Erfindung der „Braunschen Röhre“ die Möglichkeit der kontinuierlichen Erzeugung der Elektronenstrahlen eröffnet wurde, schuf letztlich doch erst die Entdeckung der Formel für die Ablenkung (h) eines Elektrons im homogenen Feld

$$h = \frac{e \cdot E \cdot l^2}{2 m_e v^2},$$

e = Elektronenladung
E = elektrische Feldstärke
l = Länge der Ablenkplatten
m_e = Elektronenmasse
v = Geschwindigkeit

die Voraussetzung dafür, den Elektronenstrahl und damit die entstehenden verhältnismäßig großen Temperaturen lenken zu können. – So erhielt erst 1954 die C. E. A. (französische Atomenergiekommission) das erste Patent für das Elektronenstrahlschweißen, das für Präzisionsschweißungen wie beispielsweise im Reaktorbau gut geeignet ist.

[254] Bernal, J. D., Wissenschaft in der Geschichte, Berlin 1961, S. 25.

Andererseits soll der mathematische Apparat *einfach* sein; für die TPV gilt im positiven Sinne tatsächlich ein „Prinzip der Denkökonomie“:[255] man braucht soviel Mathematik, wie notwendig ist, um auf rationellstem Wege das Ziel zu erreichen, aber auch nicht mehr, ja oft weniger als die zugrunde liegende Theorie hergibt. Deshalb ist die Umwandlung komplizierter mathematischer Ausdrücke (z. B. stetiger mathematischer Funktionen, eventuell auch von Differentialgleichungen) in handhabbare Mittelwerte (bzw. diskrete Lösungen von Differentialgleichungen) oder die Darstellung komplizierter Funktionen in Diagrammen ein Erfordernis der Praxis, das der Wissenschaftlichkeit in keiner Weise widerspricht. Hinsichtlich der Untersuchungen in der Entwicklung der technischen Thermodynamik geht E. Jobst bei der Beurteilung des Erkenntniswertes von Diagrammen noch einen Schritt weiter, indem er schreibt: „Die ... Untersuchungen zur Diagrammdarstellung haben gezeigt, daß die modernen Diagramme der technischen Thermodynamik einen hohen Erkenntniswert haben, indem sie hinsichtlich der Anschaulichkeit, Einfachheit und Kombinationsfähigkeit nur ihnen eigentümliche Aussagen gestatten. Die in ihnen verwirklichte Einheit theoretischer und konkret technischer Probleme gibt den Diagrammen einen vollwertigen und selbständigen Platz im Erkenntnisprozeß der technischen Wissenschaften.“[256]

Über mathematische Exaktheit, Meßbarkeit und Herstellbarkeit

Hinsichtlich der Notwendigkeit, numerische Genauigkeit in der mathematischen Berechnung eines Zielzustandes auf die reale Möglichkeit der Meßgenauigkeit zu begrenzen, treten zwei unterscheidbare Fälle auf. a) Bei der mathematisch-numerischen Berechnung geht es einerseits um *Mengen* von diskreten Ganzheiten (z. B. in der technisch-ökonomischen Projektierungswissenschaft um Mengen von Arbeitskräften, Maschinen u. ä.).[257] Jede Berechnung von *nicht ganzzahligen* Mengen (ob-

255 Ausführliche marxistisch-leninistische Kritik des Prinzips der „Denkökonomie“ vgl. Richter, F., Vereinfachung und Idealisierung, in: Wege des Erkennens (hrsg. von Bellmann, R. und Laitko, H.), Berlin 1969, S. 170ff.

256 Jobst, E., Philosophische Probleme des Wechselverhältnisses von technischer Wissenschaft und Naturwissenschaft, Dissertation, Karl-Marx-Universität Leipzig, 1967, S. 79.

257 Vgl. Lußmann, K., Die Mathematisierung wissenschaftlicher Erkenntnisse – untersucht am Beispiel des Fachgebietes „Projektierung von Betriebsanlagen des Maschinenbaus“ (schriftl. Arbeit zur Erbringung des

wohl auf Grund bestimmter Formeln möglich) ist – streng genommen – Unsinn. Trotzdem kann die Berechung von ein oder zwei Stellen nach dem Komma immerhin noch sinnvoll sein, falls damit ein Hinweis gegeben wird, ob auf- oder abzurunden ist.

b) Bei der mathematisch-numerischen Berechnung geht es andererseits um kontinuierliche (meßbare) Größen. Dabei sind wieder verschiedene Fälle unterscheidbar.

– In bestimmten Fällen ist es sinnvoller, die Exaktheit der Berechnung eines Zielzustandes der Größenordnung des Zieles anzupassen, auch wenn prinzipiell genauere Meßbarkeit *und* genauere Ausführung möglich wären. (So wird die Wasserverdrängung eines Schiffes eben „nur" in Bruttoregistertonnen *ganzzahlig* angegeben.) – Eigentlich liegt hier aber der Fall vor, der mit dem Prinzip in Übereinstimmung steht: So genau wie nötig, so grob wie möglich.

– Es gibt aber auch genügend Fälle, wo die Meßbarkeit (vielleicht nicht prinzipiell, aber historisch) begrenzt ist, ganz abgesehen davon, daß nicht alles was meßbar ist, auch immer beherrschbar sein muß; z. B. ist die Längenmeßbarkeit prinzipiell genauer ausführbar als beispielsweise die Herstellungsgenauigkeit von Wellen mit bestimmten Durchmessern. Numerisch genauere Berechnung dienen in Fällen der beschränkten Meßbarkeit dann manchmal zu nichts anderem als zur Vorspiegelung falscher Tatsachen. Ist zum Beispiel die Meßbarkeit chemischer Zusammensetzungen bekanntermaßen begrenzt, sollte man bei Prozentangaben mit mehreren Stellen nach dem Komma mit Recht skeptisch ein.

Insgesamt können jedoch solche „Fehler" nicht der Mathematik zur Last gelegt werden. Sie resultieren allein aus Unvollkommenheiten des empirischen Inhalts der (mathematisierten) Theorie über den entsprechenden Objektbereich und/oder aus unvollkommenen Fähigkeiten der Meßbarkeit und Beherrschbarkeit des Objektbereiches.

Mit der Feststellung, daß „Fehler" auch aus der Unvollkommenheit des empirischen Inhalts der (mathematisierten) Theorie entstehen können, ist folgendes gemeint: Mehr oder weniger wird die Mathematisierung einer Theorie mit Abstraktionen und Idealisierungen „erkauft"; es werden bestimmte, weniger wesentliche Faktoren vernachlässigt, dabei jedoch die wesentlichen Faktoren und ihr Zusammenhang präziser erfaßt. Solche Theorien gestatten – wie mehrfach festgestellt – die prä-

Nachweises vertiefter marxistisch-leninistischer Kenntnisse im Rahmen des Promationsverfahrens A, unter Betreuung von Wendt, H.), Technische Hochschule Magdeburg 1971, internes Manuskript.

zise Herleitung strategischer Vorschriften zur Erreichung präziser Ziele, oftmals mit einer unbeschränkt mathematisch-numerischen Genauigkeit. Auch hierbei muß ausdrücklich betont werden, daß übertriebene Genauigkeit des Rechenresultats in die Kategorie „Vorspiegelung falscher Tatsachen" eingeordnet werden muß. Eben wegen der vorgenommenen Abstraktion kann durchaus auch das genaueste Rechenresultat empirisch ungenau sein. Die Genauigkeit des Rechenresultats muß mit der Abstraktionsstufe der Theorie in vertretbarer Übereinstimmung stehen.

Es kann sonst vorkommen, daß z. B. der Hersteller einer Anlage größte Bemühungen dareinsetzt, genauestens alle vorgesehenen Parameter entsprechend der Vorschrift zu realisieren und zu messen (und wir nehmen an, daß ihm das auch gelingt) und sich doch „wundern" muß, daß das Produktionsresultat der Anlage nicht annähernd der Genauigkeit des berechneten Resultats entspricht. – Wie gesagt, der „Fehler" liegt dann nicht in der Mathematik (wenn wir von möglichen vorhandenen Rechenfehlern absehen), sondern in der Unvollkommenheit der Theorie. Die Praxis hebt nämlich die Abstraktionen der Theorie wieder auf und macht sie sichtbar.

Zur Rolle des Sicherheitsfaktors in technischen Vorschriften

Wenn festgestellt wurde, daß der Sicherheitsfaktor bzw. Sicherheitskoeffizient u. a. auch Ausdruck von unvollkommenen Kenntnissen und Fähigkeiten sowie von „ökonomischen" Überlegungen ist, so ist damit natürlich auch gleichzeitig angedeutet, daß mit tieferer Erkenntnis (Gesetzeserkenntnis) bessere Zielberechenbarkeit gewährleistet wird und damit der Sicherheitsfaktor, der oft juristisch festgelegt ist, einem Wandel unterliegt. – Dabei ist vor allem wichtig, daß durch solche Erkenntnisvertiefungen *Verkleinerungen von Sicherheitskoeffizienten bei Erhalt gleicher Sicherheit* erreicht werden können, die faktisch einen erheblichen ökonomischen Nutzen bringen.

Ein auf den ersten Blick verwunderliches Beispiel ist die Entwicklung der Theorie der Steifigkeit (Knickfestigkeit).

Ohne Gesetzeskenntnis wurde noch im 19. Jahrhundert (!), wie ein Baulexikon von 1866[258] angibt, die Steifigkeit unter verschiedenen Fällen von Randbedingungen durch geschätzte Sicherheitsfaktoren erfaßt, obwohl Euler schon im Jahre 1778 (!) das Stabilitätsproblem elastischer Stäbe gelöst hatte. Auf Grund der Eulerschen Berechnungen waren viel günstigere Faktoren gegeben als die, die den geschätzten Sicherheitsfaktor entsprechen.

[258] Mothes, O., Illustriertes Baulexikon, Verlagsbuchhandlung von Spamer, O., Leipzig und Berlin 1866.

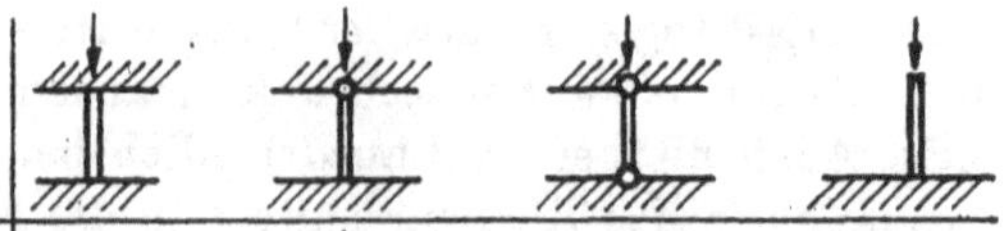

Randbedingungen				
Sicherheitsfaktor	6	12	18	30
entspr. Verhältniszahl	1	2	3	5
Verhältniszahl auf Grund der Eulerschen Berechnungen	1	1,43	2	4

Dieses Beispiel zeigt „nebenbei“, wie wenig intensiv die Kooperation zwischen Wissenschaft und Produktion (in diesem Fall zwischen Statik und Bauwesen) im 19. Jahrhundert noch war.

3.6. Die Systemausnutzung erkannter Gesetze bei der Lösung technischer Probleme

In diesem Abschnitt soll zunächst auf die sozusagen „inneren“ Systembeziehungen von Gesetzesaussagen und deren Ausnutzbarkeit bei der Herleitung von technischen (allgemein: strategischen) Prinzipvorschriften eingegangen werden.
Detaillierte Untersuchungen dazu sind von W. Segeth vorgenommen worden. Es geht dabei allgemein um den Fall von strategischen Prinzip-Vorschriften aus Gesetzesaussagen, in denen mehr als eine Bedingung erfaßt ist.[259]
Obwohl Segeth zwischen Existenzbedingungen eines objektiven Gesetzes und Anfangsbedingungen eines gesetzmäßigen Zusammenhangs nicht unterscheidet, ist seine Darstellung verwendbar, wenn man das, was Segeth als Wirkungsbedingungen (des Gesetzes) ausweist, auch als Anfangsbedingungen gesetzmäßiger Prozesse anerkannt.
Segeth stellt die allgemeine„ Regel“ auf, daß bei n Bedingungen $(2^n - 1)$ strategische Prinzip-Vorschriften ableitbar sind. (2^n würde auch die leere Teilmenge enthalten, d. h., alle Bedingungen sind gegeben, und der gesetzmäßige Prozeß läuft ohne jedes Zutun ab.)[260]

[259] Vgl. Segeth, W., Methodische Regeln, in: Deutsche Zeitschrift für Philosophie 7/1967, S. 804.

[260] Vgl. ebenda. (Verwandt werden hier und im folgenden nicht die Schreib- und Ausdrucksweise von W. Segeth, sondern die eigenen eingeführten Zeichen und Begriffe).

Beispiel:

$n = 3$

also: $(A \wedge B \wedge C) \Rightarrow D$

$D = Z$ (Ziel)

$2^n - 1 = 7$

$$
\begin{array}{l}
1.\ (A \wedge B) \wedge !C \Rightarrow Z \\
2.\ (A \wedge C) \wedge !B \Rightarrow Z \\
3.\ (B \wedge C) \wedge !A \Rightarrow Z \\
\hline
4.\ A \wedge (!B \wedge !C) \Rightarrow Z \\
5.\ B \wedge (!A \wedge !C) \Rightarrow Z \\
6.\ C \wedge (!A \wedge !B) \Rightarrow Z \\
\hline
7.\ (!A \wedge !B \wedge !C) \Rightarrow Z
\end{array}
$$

Segeth weist darauf hin, daß sich von den $(2^n - 1)$ Vorschriften, die sich auf diese Weise aus einer Gesetzesaussage gewinnen lassen, gewiß niemals alle anwendbar sind. Wenigstens eine Bedingung wird wohl immer von vornherein gegeben sein, andere der Bedingungen kann man vielleicht nicht schaffen; außerdem sind die Bedingungen oft nicht voneinander unabhängig.[261]

Trotz dieser Einschränkung ist der Hinweis wichtig, immer zu prüfen, wie aus den Systembeziehungen der Gesetzesaussage unterschiedliche (alternative) strategische Prinzip-Vorschriften (also auch: TPV) herleitbar sind, weil so hinsichtlich gleicher prinzipieller Zielstellung bei gegebenen zusätzlichen Forderungen die optimalste Lösung ausgewählt werden kann. Noch einen Schritt weiter kann man gehen, wenn es sich um funktionale Äquivalenz„gesetze" handelt, weil in ihnen jede Variable den Platz einer *unabhängigen* Variablen einnehmen kann, wobei von 2 und mehr Variablen dann immer von Fall zu Fall *eine* andere zur abhängigen Variablen gemacht und damit als Ziel gesetzt werden kann.

Vom gegebenen Beispiel ausgehend, müßte man also schreiben

$$(A \wedge B \wedge C) \Leftrightarrow D,$$

wobei Z in der entsprechenden TPV nicht nur an die Stelle von D, sondern auch von A, B oder C treten kann.

Die Zahl der herleitbaren funktionalen TPV ist, wenn man jetzt die *Gesamtzahl* der Variablen gleich n setzt: $n \cdot (2^{n-1} - 1)$

Entsprechend der Formel ergeben sich dann

für $n = 2$: 2 Varianten,
für $n = 3$: 9 Varianten,
für $n = 4$: 28 Varianten, usw.

261 Vgl. ebenda.

Als Beispiel seien für $n=3$ die 9 Varianten in verkürzter Schreibweise dargestellt:

$$
\begin{array}{l}
(1)\ !A,\ !B \Rightarrow C(Z)\\
(2)\ !A,\ \ B \Rightarrow C(Z)\\
(3)\ \ A,\ !B \Rightarrow C(Z)\\
\hline
(4)\ !B,\ !C \Rightarrow A(Z)\\
(5)\ !B,\ \ C \Rightarrow A(Z)\\
(6)\ \ B,\ !C \Rightarrow A(Z)\\
\hline
(7)\ !A,\ !C \Rightarrow B(Z)\\
(8)\ !A,\ \ C \Rightarrow B(Z)\\
(9)\ \ A,\ !C \Rightarrow B(Z)
\end{array}
$$

Die Aufdeckung dieser Möglichkeit bedeutet nichts anderes, als daß aus solchen Gesetzesaussagen nicht nur alternative, sondern auch kontroverse TPV herleitbar sind, d. h. aus ein und derselben Gesetzesaussage können nicht nur TPV hergeleitet werden, die auf verschiedenen Wegen ein und dasselbe Ziel erreichen lassen, sondern auch ganz verschiedene Ziele.

Faßt man – wie in Segeths ursprünglicher Absicht – die Bedingungen tatsächlich als Existenzbedingungen des objektiven Gesetzes auf, wobei bekanntermaßen zwischen der Klasse der Existenzbedingungen und dem Gesetzeszusammenhang selbst die Beziehung der „physischen Äquivalenz" besteht, so gelten die von Segeth angegebenen Regeln natürlich auch, wobei allerdings „das Ziel" immer Ausdruck sozusagen des „gesamten Gesetzeszusammenhanges" ist. Formal ist der Unterschied folgender:

Wurde im ersten Fall von den Existenzbedingungen abgesehen und nur die Herleitung der TPV auf dem Wege

von $\quad \forall(x)\ (A(x) \Rightarrow B(x))$

zu (z. B.)

$$!A(x_i) \Rightarrow B(x_i) \text{ (mit } B(x_i) = Z\text{) vollzogen,}$$

so gilt im zweiten Fall in anderer Weise der Weg

von $\quad \forall(x)\ (EB(x) \Leftrightarrow (A(x) \Rightarrow B(x)))$

bzw. von

$$\forall(x)\ ((EB_1(x) \wedge EB_2(x) \wedge \ldots EB_n(x)) \Leftrightarrow (A(x) \Rightarrow B(x)))$$

zu (z. B.)

$$!EB(x_i) \Rightarrow Z;\ \text{mit } Z = (A(x_i) \Rightarrow B(x_i))$$

Je nach der Gesamtzahl n der Menge der *notwendigen und hinreichenden* Bedingungen sind dann ebenfalls $(2^n - 1)$ strategische Prinzipvorschriften herleitbar.

Bei der Gestaltung eines Unterrichtsfilms (7. Klasse: Chemie/11. Klasse: Staatsbürgerkunde) zur Demonstration der Wirkungsweise des Gesetzes über die Entstehung von offenem Feuer (genauer: von „unter Licht- und Wärmeabgabe verlaufenden Oxidationsprozessen") haben G. und H. Eberhardt[262] in eindrucksvoller Weise die Herleitung von unterschiedlichen, strategischen Prinzipvorschriften aus der Kenntnis des Zusammenhangs zwischen Existenzbedingungen des Gesetzes und dem Gesetz dargestellt. Einige der dort hergeleiteten Vorschriften sollen (unter Anpassung der Terminologie) wiedergegeben werden.

Gesetz ($=Z$): „Oxidationsprozesse, die unter Licht- und Wärmeabgabe verlaufen"

Existenzbedingung A = Existenz eines brennbaren Stoffes

Existenzbedingung B = Existenz einer Temperatur oberhalb der Entzündungstemperatur

Existenzbedingung C = Vorhandensein von Sauerstoff

Beispiele der Herleitung von TPV:

Vorschrift 1: $(!A \wedge B \wedge !C) \Rightarrow Z$

Regelung der Flamme an einem Brenner (Bunsen-, Schweiß-, Schneidbrenner)

Genauer lautet die Vorschrift natürlich (hier und analog in den folgenden Fällen):

$$(B \wedge (!O_1 \Rightarrow A) \wedge (!O_2 \Rightarrow C)) \Rightarrow Z$$

Vorschrift 2: $(\overline{!A}) \wedge B \wedge C) \Rightarrow \overline{Z}$

Löschen eines Waldbrandes durch Anlegen von Feuerschutzstreifen (d. h. Entzug des brennbaren Stoffex)

Vorschrift 3: $(A \wedge \overline{!B} \wedge \overline{!C}) \Rightarrow \overline{Z}$

Löschen eines Autobrandes durch Besprühen mit CO_2-Schnee (d. h. durch Entzug von Sauerstoff und durch Abkühlung unter die Entzündungstemperatur)

Vorschrift 4: $(A \wedge \overline{!B} \wedge C) \Rightarrow \overline{Z}$

Verhinderung der Entstehung eines Heubrandes durch die Wirksamkeit von Fäulnisbakterien mittels Lüftung (bei ständiger Temperaturkontrolle), d. h. Verhinderung der Temperatursteigerung über die Entzündungstemperatur.

262 Vgl. Eberhardt, G. und H., Beiheft zum Unterrichtsfilm „Gesetzmäßigkeiten der Feuererscheinung " (unter Betreuung von W. Plesse), unveröffentlichtes Manuskript, Pädagogisches Institut Köthen, 1971.

Allein auf Grund der schon gemachten Aussage, daß Vertiefung der Gesetzeserkenntnis u. a. dadurch möglich ist, daß verbal formulierte Existenzbedingungen des Gesetzeszusammenhanges als Konstante oder Variable *in* die Formulierung des Gesetzeszusammenhangs selbst eingehen können, läßt sich die Schlußfolgerung ziehen, daß auch „gemischte" TPV hinsichtlich der zwei hier unterschiedenen Formen herleitbar sind. In der Tat spielen für die Praxis solche TPV, in denen sowohl Anweisungen für die „Setzung" bestimmter Existenzbedingungen (des Gesetzes) als auch für die „Setzung" bestimmter Anfangsbedingungen (des gesetzmäßigen Prozesses) gegeben werden, die Hauptrolle, weil so die gesamte strategische Potenz des erkannten Gesetzes nutzbar wird. Die Gesamtzahl der herleitbaren (realen) TPV hängt dann von der Gesamtzahl der *beeinflußbaren* Existenz- *und* Anfangsbedingungen ab.

Bei der Bestimmung der Anzahl der TPV muß eigentlich immer auch noch berücksichtigt werden, daß *„negative"* TPV zusätzlich herleitbar sind, d. h. Vorschriften, deren Ausnutzung die sichere Verhinderung eines nicht gewünschten Zustandes gewährleisten (vergl. das letzte Beispiel).

Diese Aufdeckung der Ausnutzung des „inneren" Systemzusammenhangs erkannter Gesetze ist – wie anschließend gezeigt werden soll – eine der Voraussetzungen für die Vielzahl von Möglichkeiten, die sich bei der Gestaltung des „äußeren" Systemzusammenhangs ergeben, d. h. bei der bewußten Verkettung mehrerer (unterschiedlicher) Gesetzesaussagen, die dann insgesamt in TPV umgewandelt werden und eine konkrete Zielrealisierung gewährleisten.

Der äußere Systemzusammenhang bei der Ausnutzung erkannter Gesetze ergibt sich durch die Verkettung von Gesetzesaussagen einmal auf der Ebene der Bedingungen, zum anderen auf der Ebene des Ziels. Wie ist das zu verstehen?

a) Es ist meistens nicht möglich, auf direktem Wege von einem Zustand *A* zu einem Zustand *B* überzugehen, entweder weil der Zustand *A* nicht „gesetzt" werden kann, sondern selbst erst *„geschaffen"* werden muß, bzw., weil der erforderliche Operator, der den Übergang von *A* zu *B* realisiert, nicht „gesetzt" werden kann, sondern erst geschaffen werden muß. Für die letztgenannten Prozesse können wieder Gesetzesaussagen herangezogen werden usw. Man geht also regressiv soweit zurück, bis man auf einen unmittelbar anwendbaren (nach Auswahl „setzbaren") Zustand bzw. Operator stößt, der selbst nicht erst geschaffen werden muß. Insgesamt wird eine technische Zielstellung also durch Setzung und Kombination (Verkettung) gesetzmäßiger Prozesse realisiert. Formal läuft der Prozeß so ab:

(1) Ziel $Z = B(x_i)$

(2) Gesetzesaussage:

$$(A_n(x) \Rightarrow B(x)) \rightarrow (A_n(x_i) \Rightarrow B(x_i))$$

(3) TPV: $!A_n(x_i) \Rightarrow B(x_i)$

(4) Nach Prüfung ergibt sich: $A_n(x_i)$ nicht „setzbar".

(5) Neue Gesetzesaussage:

$$(A_{n-1}(x) \Rightarrow A_n(x)) \rightarrow (A_{n-1}(x_i) \Rightarrow (A_n(x_i))$$

(6) TPV: $!A_{n-1}(x_i) \Rightarrow A_n(x_i) \Rightarrow B(x_i)$

usw.

Man erhält also eine Verkettung derart:

$$!A_{n-m}(x_i) \Rightarrow \cdots A_{n-2}(x_i) \Rightarrow A_{n-1}(x_i) \Rightarrow A_n(x_i) \Rightarrow Z$$

Darüberhinaus ist nicht gesagt, daß die Bedingungen des Eingangszustandes mit den notwendigen und hinreichenden Bedingungen (Existenzbedingungen) der für den Verlauf der gesetzmäßigen Prozesse wirkenden objektiven Gesetze übereinstimmen. Oft müssen diese Existenzbedingungen selbst erst geschaffen werden. Dadurch ergibt sich eine weitere Notwendigkeit zur Kombination bei der Ausnutzung erkannter Gesetze. In formalisierter Darstellung erscheint die Kombination (Verkettung) dann folgendermaßen:

Angenommen, die Existenzbedingungen der objektiven Gesetze EB setzen sich zusammen aus den einzelnen Bedingungen $\alpha, \beta, \gamma \ldots$, wobei α geschaffen bzw. gestaltet werden müßte, dann ergibt sich folgende Vernetzung:

$$(EB\ (\alpha, \beta, \gamma, \ldots)\ (x_i) \wedge\ !A_{n-m}(x_i)) \Rightarrow \cdots \Rightarrow A_n(x_i) \Rightarrow Z$$

$$(EB'\ (\alpha', \beta', \gamma', \ldots)\ (x_i') \wedge\ !A'_{n-m}(x_i)) \Rightarrow \cdots \Rightarrow A'_n(x_i') \Rightarrow \alpha$$

$$\cdots\cdots\cdots\cdots \Rightarrow \alpha'$$

$$\cdots\cdots\cdots\cdots\cdots \Rightarrow \gamma' \text{ usw.}$$

b) Es ist stets so, daß der Zielzustand eines technischen Prozesses nicht nur schlechthin realisiert werden soll (Funktionsforderungen), sondern daß sowohl an seine Existenz (Konsumtionsforderungen) als auch an den Prozeß seiner Realisierung (Produktionsforderungen) zusätzliche Forderungen geknüpft sind. Diese Menge von Forderungen kann wiederum über die Ausnutzung von Gesetzen erfüllt werden, wobei jedoch zu beachten ist, daß diese Forderungen an ein und denselben Zustand bzw. Prozeß gestellt werden, so daß die Realisierung der Forderungen nur über die Verflechtung der „besonderen“ gesetzmäßigen Zusammenhänge mit den gesetzmäßigen Zusammenhängen des „Hauptprozesses“ zustande kommt. Diese Verflechtungen beruhen darauf, daß gewöhnlich schon der „Hauptprozeß“ so angelegt ist, daß seine Nebenwirkungen mit den Zusatzforderungen in Übereinstimmung stehen, so daß die Ausnutzung „besonderer“ Gesetze oftmals nur zu bestimmten Korrekturen betrieben wird.

Die gesamte Systemverflechtung ergibt dann formal folgendes Bild:

$$(\boldsymbol{EB}(\alpha, \beta, \gamma, \ldots)\,(x_i) \wedge !\boldsymbol{A}_{n-m}(x_i)) \Rightarrow \cdots \Rightarrow \boldsymbol{A}_n(x_i) \Rightarrow \begin{bmatrix} Z \\ + \\ Z_1 \\ + \\ Z_2 \\ \vdots \end{bmatrix} \begin{matrix} \\ \\ \Leftarrow !a \\ \\ \Leftarrow !b \\ \\ \end{matrix}$$

$$\cdots\cdots\cdots\cdots\cdots\cdots \Rightarrow \alpha$$

usw.

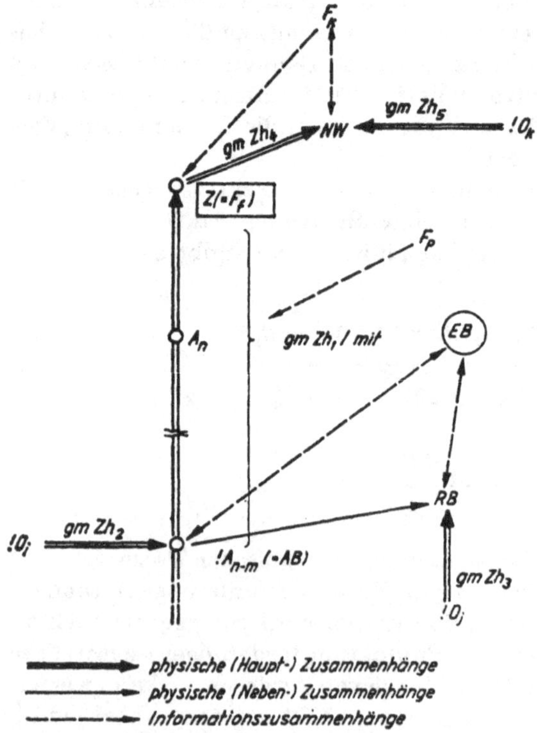

Um die gesamte vorangegangene Betrachtung tiefer zu verdeutlichen, soll die Systemverflechtung bei der Ausnutzung erkannter Gesetze zur technischen Gestaltung gesetzmäßiger Zusammenhänge an Hand eines Modells dargestellt werden, das technischen Problemsachverhalten in einer verallgemeinerten Form gerecht wird. Das Modell ist in Anlehnung an das Modell von J. Müller zum Problemsachverhalt bei der Entwicklung von Ver- und Bearbeitungsprozessen[263] entstanden, ist aber einerseits

---

Abb. 16: Modell des Systemzusammenhangs bei der Ausnutzung erkannter Gesetze

A_{n-m} Eingangszustand
A_n Zwischenzustand
Z Zielzustand
gmZh gesetzmäßiger Zusammenhang
! „Setze"
$!O_i$ Operatoren, die den Übergang von A_{n-m} über A_n nach Z bewirken
$!O_j$ Operatoren, die die Randbedingungen (ggf.) so verändern, daß sie den notwendigen und hinreichenden Existenzbedingungen jener Gesetze entsprechen, die dem Übergang A_{n-1} über A_n nach Z zugrunde liegen.
$!O_k$ Operatoren, die (ggf.) eine Korrektur der Nebenwirkungen in der Weise bewirken, daß die zusätzlichen Forderungen an den Zielzustand (z. B. zusätzliche Gebrauchswerteigenschaften) F_k erfüllt werden
AB Anfangsbedingungen (Grundeigenschaften des Eingangszustandes)
RB Randbedingungen (Nebeneigenschaften des Eingangszustandes)
EB Existenzbedingungen (jener Gesetze, die dem Übergang A_{n-1} über A_n nach Z zugrunde liegen)
NW Nebenwirkungen (Nebeneigenschaften des Zielzustandes)
F_f Forderungen an die technische *F*unktion des Zielzustandes
F_k Forderungen an die *K*onsumtion des technischen Gebildes oder Verfahrens (im Sinne zusätzlicher Gebrauchswerteigenschaften)
F_p Forderungen an die Art und Weise der Realisierung des Übergangs vom Eingangs- zum Zielstand (im Sinne von *P*roduktionsforderungen)

263 Vgl. Müller, J., Operationen und Verfahren des problemlösenden Denkens in der technischen Entwicklungsarbeit eine methodologische Studie, Habilitationsschrift, Karl-Marx-Universität Leipzig, 1966, insbesondere S. 23, 28, 34.

vereinfacht und andererseits verallgemeinert, so daß weitgehend alle Zusammenhänge erfaßt sind, die die Verflechtung gesetzmäßiger Zusammenhänge betreffen (Abb. 16).

Folgende weitere Erklärungen zum Modell sollen gegeben werden:

a) Das, was in diesem Modell als Randbedingung *RB* bezeichnet ist, entspricht im Modell von J. Müller den B_{1i}, das sind „die Menge der Gebrauchsbedingungen, d. h. die Umgebung, in welcher $!O_i$ wirkt“[264]. Müllers Bedingungen B_{2i}, d. h. die „Menge von Forderungen, die neben Op_s (Stoffumwandlungsprozeß) erfüllt werden müssen oder sollen“[265] entspricht in unserem Modell die Menge F_k.

b) Die im Modell genannten Forderungen F_f, F_k und F_p entsprechen genau der Gliederung von Forderungen, die in dieser Weise bei allen technischen Entwicklungsaufgaben unterschieden werden können.

– F_f stellt die technischen Grundforderungen dar, die an die Lösung der Entwicklungsaufgabe gestellt sind; ihre Erfüllung ist identisch mit der Erreichung der Hauptzielstellung.

– F_k sind die Nebenforderungen, die – wie gesagt – oftmals die Gebrauchswerteigenschaften des zu schaffenden technischen Gebildes oder Verfahrens betreffen; häufig sind es neben technischen Zusatzforderungen (zur Erfüllung von Nebenfunktionen), vor allem auch ästhetische (Formgestaltung) und technisch-physische (leichte Bedienbarkeit, Arbeitsschutz u. ä.) Forderungen, die hier gestellt sind.

– F_p sind Forderungen an die Art und Weise des Prozesses der Zielrealisierung; es sind vor allem technische (z. B. Anpassung an Standards und Normen, oder Anpassung an vorhandene Maschinen, Werkzeuge u. ä.) und ökonomischen (Kostenminimum) Forderungen, die als Restriktionen (einschränkende Bedingungen) die Auswahl und Gestaltung des Hauptprozesses mitbestimmen.

Alle Forderungen unterscheiden sich in Fest-, Mindest- und Soll-(Wünsche)forderungen. Der zu realisierende Hauptprozeß muß – nach erfolgter Bewertung der F_f – von *den* Funktionsforderungen ausgehen, die als Festforderungen gestellt sind. Ist der gesetzmäßige Zusammenhang gefunden, der diese Forderungen erfüllt, ist damit das „Prinzip“ gefunden. Nacheinander werden danach die restlichen F_f und die F_k abgearbeitet; das erfolgt im Prozeß der „Anpassung“. Die F_p, die den Charakter von Restriktionen haben, spielen sowohl bei der Prinzipbewertung und der entsprechenden Auswahl von Varianten als auch bei der Bewertung und der darauf beruhenden Auswahl verschiedener Vari-

[264] Ebenda, S. 29.
[265] Ebenda, S. 30.

anten der Anpassung eine Rolle; sie spielen jedoch keine Rolle bei der Prinzipfindung bzw. bei der Findung von Anpassungsvarianten.

c) Im dargestellten Modell wird an fünf Stellen auf gesetzmäßige Zusammenhänge hingewiesen.

– Der Hauptzusammenhang ($gmZh_1$) verkettet (gegebenenfalls mehrere) Zustandsfolgen (zeitliche Folgen, Kausalzusammenhänge oder Koexistenzzusammenhänge) miteinander.

– $gmZh_2$ ist immer ein Kausalzusammenhang, er *bewirkt* den Übergang von A_{n-m} nach Z. Gegebenfalls können $gmZh_1$ und $gmZh_2$ zusammen auch einen einzigen Zusammenhang bilden, der nicht trennbar ist.

– $gmZh_3$ ist ebenfalls immer ein Kausalzusammenhang. Seine Realisierung wird dann erforderlich, wenn die Anfangs- (AB) und Randbedingungen (RB) (nach Vergleich mit den erforderlichen Existenzbedingungen der dem Hauptzusammmenhang zugrunde liegenden Gesetze) nicht den erforderlichen Existenzbedingungen der den Hauptzusammenhang zugrunde liegenden Gesetze entprechen und deshalb „korrigiert" werden müssen. Dabei ist zu berücksichtigen, daß die Anfangsbedingungen, die durch Setzen von A_{n-m} gegeben sind, selbst die wichtigste Existenzbedingung für die Realisierung des gesetzmäßigen Hauptzusammenhangs darstellen.

– $gmZh_4$ sind Ausdruck gesetzmäßiger Folgeerscheinungen oder koexistierender Eigenschaften von Z, die mit $gmZh_1$ immer in umittelbarer Einheit existieren.

– $gmZh_5$ sind immer Kausalzusammenhänge, die eingeschaltet werden, um die Nebenwirkungen (nach Vergleich mit F_k) so zu korrigieren, daß sie mit den F_k übereinstimmen.

Die *gmZh* 1, 2, 3 und 5 sind immer *gestaltete* Zusammenhänge, d. h. sie können durch die Kenntnis entsprechender Gesetzesaussagen (soweit vorhanden) und die Herleitung von TPV strategisch antizipiert werden. Die $gmZh_4$ sind im allgemeinen, zumindest am Beginn einer Entwicklung, *nicht-gestaltete* Zusammenhänge. Kenntnis von Gesetzesaussagen kann aber auch hier genutzt werden – zur prognostischen Antizipation der Nebenwirkungen.

d) Es gibt 3 Mengen von Operatoren, von denen die $[!O_i]$ prinzipiell immer gefunden und eingesetzt werden müssen, sei es als „Träger der Ursache", wenn der Hauptzusammenhang selbst ein Kausalprozeß ist, oder als Ursache, wenn der Hauptzusammenhang ein Folge- oderKoexistenzzusammenhang ist. Die $[!O_k]$ umd $[!O_j]$ kommen nur gegebenenfalls zum Einsatz.

e) Im Modell steht als Eingangszustand ($!A_{n-m}$), d. h., „Setze A_{n-m}!". Damit wird ausgedrückt, daß im Hauptprozeß immer soweit „zurückgegangen“ werden muß, bis ein Objekt, eine Eigenschaft oder ein Prozeß gefunden ist, der tatsächlich – im Hinblick auf die Zielstellung – auffindbar ist und „gesetzt“ werden kann, also nicht selbst im Hauptprozeß erzeugt werden muß. Ob dieser Eingangszustand in einem anderen technischen Prozeß erzeugt worden oder ein „reiner“ Naturzustand ist, bleibt unberücksichtigt. Ebenso bleibt im gegebenen Modell (das ist die wesentliche Vereinfachung gegenüber dem Modell von J. Müller) unberücksichtigt, daß die Operatoren nicht ohne weiteres immer gesetzt werden können, sondern daß auch sie im allgemeinen erzeugt werden müssen.

3.7. Die Funktion erkannter Naturgesetze im methodischen Vorgehen bei der Entwicklung technischer Vorschriften

In diesem Abschnitt – der gewissermaßen eine Zusammenfassung der bisherigen Ergebnisse der Arbeit einschließt – geht es nicht um praktische Vorschriften schlechthin, sondern um die Entwicklung *gedanklicher* Vorschriften zur Lösung technischer Probleme. Dabei sind zunächst zwei Teilprobleme zu lösen:

a) das Auffinden *geeigneter* Gesetzesaussagen und

b) das Herleiten von technischen Prinzip-Vorschriften aus den Gesetzesaussagen.

Es soll aber auch von vornherein noch einmal ausdrücklich hervorgehoben werden, daß *nur* auf diesem Wege technische Probleme *nicht* immer gelöst werden und nicht immer gelöst werden können. Das hat zwei Gründe:

c) die notwendige und hinreichende Menge an Gesetzesaussagen zur Herleitung von TPV ist unvollständig oder/und unvollkommen,

d) das Herleiten von technischen Prinzip-Vorschriften aus geeigneten Gesetzesaussagen ist zu umständlich bzw. zu zeitaufwendig im Verhältnis zur „Methode des Probierens“ (trial and error) in Verbindung mit bestimmten (meist berufsbedingten) Erfahrungen.

Um ein einleuchtendes einfaches Beispiel zu nennen, sei darauf hingewiesen, daß sicher niemand auf Grund der Kenntnis der Hebelgesetze „berechnen“ wird, an welchem Punkt eine Brechstange am günstigsten angesetzt werden muß, um einen schweren Gegenstand zu verschieben – das wird „probiert“, wobei meistens sicherlich nicht einmal *bewußt* in Erwägung gezogen wird, *daß* dabei die Hebelgesetze wirken.

Die Hauptaufgabe der vorliegenden Arbeit bestand darin, das Teilproblem (b) zu lösen. Wenn jetzt auf den Gesamtzusammenhang (mit a, c und d) eingegangen wird, soll das als Ausblick verstanden werden, wobei nicht der Anspruch auf eine vollständige Lösung des Gesamtproblems erhoben wird.

Ausgangspunkt einer Lösung kann das von G. Polya in Vorschlag gebrachte allgemeine Problemlösungsschema[266] sein. Polya unterscheidet folgende vier Hauptetappen einer jeden Problemlösung:

1. Verstehen der Aufgabe
2. Ausdenken eines Planes
3. Ausführen des Planes
4. Rückschau

Im folgenden werden die 1. und 2. Etappe dieses Lösungsschemas und die von G. Polya angegebenen Verfeinerungen als Gerüst einer allgemeinen Methode zur Entwicklung technischer Prinzip-Vorschriften bzw. technischer Vorschriftensysteme benutzt. Da die Funktion erkannter *Natur*gesetze im methodischen Vorgehen bei der Entwicklung *technischer* Vorschriften herausgearbeitet werden soll, wird auch auf die von J. Müller entwickelte heuristische Programmbibliothek zurückgegriffen, wobei es sinngemäß um die Speicherplätze E_1 (Entwurf/„Prinzip bestimmen") und E_3 (Entwurf/„anpassen")[267] geht, zu denen hiermit ein Beitrag geliefert wird. Andererseits wird das Unterprogramm A_2 („Präzisieren der Aufgabenstellung")[268] – ebenfalls im Sinne eines Gerüstes – mit ausgewertet. Außerdem wird im folgenden wiederholt auf das Modell aus Abschnitt 3.6. über die Systemverflechtung gesetzmäßiger Zusammenhänge bei der Gestaltung technischer Gebilde und Verfahren zurückgegriffen werden.

Auf jeden Fall sollte jede Lösung eines technischen Problems mit dem Schritt „Präzisieren der Aufgabenstellung" (1. Verstehe die Aufgabe!) begonnen werden, und zwar mit den Teilschritten:

1.1. Bestimme die geforderten Zielgrößen („Funktionsforderungen") $Z = F_f$!

↓

1.2. Bestimme die Zusatzforderungen an den Zielzustand („Konsumtionsforderungen") F_k!

↓

1.3. Benenne die Forderungen F_p, die an den Prozeß der Realisierung von Z („Produktionsforderungen") zu stellen sind!

↓

[266] Vgl. Polya, G., Schule des Denkens, Bern 1949, S. 12/13 und 19.
[267] Vgl. Müller, J., Grundlagen der systematischen Heurisitik, Berlin 1970, S. 110.
[268] Vgl. ebenda, S. 112.

↓

1.4. Differenziere alle Forderungen F_f, F_k, und F_p nach ihrem „Gewicht", mindestens aber klassifikatorisch in die Gruppen: Festforderungen, Mindestforderungen, Wünsche!

↓

1.5. Prüfe, ob und welche Eingangsgrößen *vorgegeben* sind! Benenne sie ($A_{n-m} = AB$) exakt!

↓

1.6. Prüfe, unter welchen Umständen die Eingangsgrößen existieren, d. h.: bestimme die *RB*!

↓

1.7. Prüfe ob ein Verfahren aus einem vorhandenen Speicher abrufbar ist, das mindestens alle Fest- und Mindestforderungen erfüllt und die gegebenenfalls vorgegebenen Bedingungen berücksichtigt

↓ 1 — Stop! — 0 ↓

1.8. Prüfe, ob ein solches Verfahren durch „Probieren" zu gewinnen ist!

1 ↓ — Stop! — 0 ↓

1.9. Entwickle Vorschriftensysteme!

Es fällt auf, daß in dieser Schrittfolge sehr viel weniger enthalten ist, als J. Müller im Unterprogramm A_2 („Präzisierung von Aufgabenstellungen") erfaßt, genaugenommen nur die Schritte 1. ($\triangleq$ 1.1), 2. ($\triangleq$ etwa 1.2), 4. ($\triangleq$ 1.3) und 6. ($\triangleq$ 1.7).[269] Es ist vor allem zu bedenken, ob die von J. Müller benannten Schritte 3. und 5., also

„(3.) Bestimme die *nutzbaren* bzw. die *erforderlichen* Eingangsgrößen! Prüfe, ob die vorliegenden Eingangsgrößen hinreichen können!"

und

„(5.) Bestimme, welche Nebenwirkungen zu erwarten und welche Forderungen in dieser Hinsicht zu beachten sind!"

immer schon bei der Präzisierung der Aufgabe überhaupt erfüllt werden können, oder ob ihre Erfüllung nicht oftmals Teil der Aufgabenlösung ist. Bei der Entwicklung technischer Verfahren können natürlich bestimmte Eingangsgrößen vorgegeben sein, es ist aber auch möglich, daß erst bei Bestimmung des Verfahrens klar wird, welche Eingangsgrößen nutzbar bzw. erforderlich, also zu „setzen" sind. Auf keinen Fall kann jedoch über Nebenwirkungen etwas ausgesagt werden, ehe nicht das Prinzip des Verfahrens gefunden ist; erst dann ist ein Vergleich mit entsprechenden Forderungen möglich.

[269] Vgl. Ebenda.

Von dieser Aufgabenpräzisierung ausgehend kann dann der zweite Hauptschritt „Ausdenken eines Planes“ bzw. „Ausarbeitung eines Entwurfs“ bzw. „Entwicklung eines Systems technischer Vorschriften“ angegangen werden. Dabei kann man zunächst zwischen folgenden Grundsatzfällen unterscheiden:

– Es sind Bedingungen (*AB* und *RB*) vorgegeben, oder es sind keine Bedingungen vorgegeben.

– In jedem Fall, wo eine TPV gebraucht wird, liegt eine Gesetzesaussage mit einem hinreichenden „strategischen“ Wert vor, aus der sie herleitbar ist, oder die notwendigen Gesetzeskenntnisse sind unvollständig oder/und unvollkommen.

– In jedem Fall, wo eine TPV gebraucht wird, *muß* sie aus einer Gesetzesaussage hergeleitet werden, oder es ist zweckmäßig, an bestimmten Stellen die TPV durch „Probieren“ zu gewinnen (abgesehen davon, ob eine entsprechende Gesetzesaussage vorliegt oder nicht).

Schaltet man im folgenden den Fall aus, daß es immer an bestimmten Stellen zweckmäßiger sein kann zu „probieren“ als auf Gesetzesaussagen zurückzugreifen oder diese gegebenenfalls selbst noch zu entwickeln (was von Fall zu Fall zu entscheiden von der Erfahrung des technischen Wissenschaftlers bei der Lösung von Forschungsaufgaben abhängt und wofür keine Vorschrift gegeben werden kann), und setzt man voraus, daß in jedem Schritt, wo erforderliche Gesetzeskenntnis unvollständig oder/und unvollkommen ist, ein allgemeingültiges Unterprogramm substituierbar ist, welches am Ende dieses Abschnitts noch einmal ausführlich beschrieben werden wird, so bleibt nur zu unterscheiden zwischen Problemlösungen mit und ohne vorgegebene Bedingungen, wobei in beiden Fällen die Funktion erkannter Naturgesetze explizit herausgearbeitet wird.

Es sei zuvor noch auf ein wichtiges Moment aufmerksam gemacht, das aus dem folgenden nicht direkt ablesbar ist: In den nachfolgend beschriebenen heuristischen Programmen zur Entwicklung technischer Vorschriften-Systeme ist immer die Rede vom Auffinden oder von der Herleitung technischer Prinzip-Vorschriften. Gleichwohl ist zu beachten, daß in dem Moment, wo eine TPV in ein System technischer Vorschriften „eingebaut“ wird – und das heißt nichts anderes, als daß die TPV mit einer konkreten aktualen Zielstellung verbunden wird – ein Modalitätenwandel eintritt: aus der TPV wird eine TV, aus der potentiellen eine aktuale Aufforderung, aus einer Aufforderung schwacher Intensität eine Aufforderung starker Intensität.

Fall A – Entwurf eines Verfahrens mit vorgegebenen Bedingungen

Von vornherein ist auf den Umstand aufmerksam zu machen, daß sich die Lösung praktischer Aufgaben (Probleme) von der Lösung mathematischer Aufgaben unterscheidet. G. Polya bemerkt dazu: „In einer vollkommen formulierten mathematischen Aufgabe sind alle Daten und alle Klauseln der Bedingung wesentlich und müssen in Betracht gezogen werden. In praktischen Aufgaben haben wir eine Fülle von Daten und Bedingungen; wir ziehen davon so viele in Betracht, wie wir können, aber wir müssen notwendigerweise einige vernachlässigen.“[270] (G. Polya versteht unter „Daten“ das, was hier als Kenntnisse über *vorgegebene Bedingungen* bezeichnet wird, und unter „Bedingungen“ das, was hier als „*Forderungen*“ bezeichnet wird.)

Aus diesem Grunde ist es angemessen, nicht nur die Forderungen, sondern auch die Bedingungen zu „gewichten“, d. h. danach zu klassifizieren, in welchem Grade sie für die Zielerreichung von Bedeutung sind.

Davon ausgehend kann folgende Schrittfolge empfohlen werden:

A 2.1 Stelle die wesentlichen Anfangsbedingungen AB ($= A_{n-m}$) den „festen“ und „Mindest“-Zielforderungen (Z) gegenüber!

↓

→A 2.2 Prüfe, welche Dir bekannten Gesetze den Übergang von A_{n-m} nach Z determinieren!

↓ 0 → A 2.2.1 Wende UP I an! (zurück zu A 2.2)

↓ 1 → A 2.2.2 Leite TPV bzw. TPV-Kette her!

↓

A 2.3 Prüfe, ob die TPV bzw. TPV-Kette hinreichend ist, d. h., ob sie alle Fest- und Mindestforderungen F_p erfüllt sowie alle wesentlichen Bedingungen berücksichtigt!
(Berücksichtige den Typ der zugrunde liegenden GA und dessen „strategischen Wert“!)

1 ↓ 0 → Wende UP II an (zurück zu A 2.3)

A 2.4 Prüfe, ob die TPV (bzw. TPV-Kette) den Forderungen F_p entspricht!

0 → Suche geeignetere Variante! (Gehe gegebenenfalls auf *A* 2.2. oder A 2.2.1 zurück!)

1 ↓

[270] Polya, G., Schule des Denkens, Bern 1949, S. 174/175.

↓

A 2.5 Prüfe, ob die ausgewählte TPV bzw. TPV-Kette einen gesetzmäßigen *Kausal*zusammenhang repräsentiert, für den der „Träger der Ursache“ (der Operator) schon durch die TPV mitbestimmt ist!

0 ↓ | 1 → Gehe zu A 2.7 über!

A 2.6 Prüfe, welche Dir bekannten Kausal-„gesetze“ solche Operatoren finden lassen, die in diesem Fall (– der Zusammenhang zwischen A_{n-m} und Z ist also ein gesetzmäßiger Folge- oder Koexistenzzusammenhang oder ein Kausalzusammenhang mit unbekanntem „Träger der Ursache“) den Übergang von A_{n-m} nach Z bewirken!
– Wende wiederum an: (A 2.2.1 oder A 2.2.2) und – in angepaßter Form – (A 2.3) sowie (A 2.4)!
(„in angepaßter Form“ heißt: Bedingungen sind hier nicht Bedingungen des Eigengangszustandes, sondern Bedingungen des Wirkens des Operators, Forderungen sind hier nicht die eigentlichen Zielforderungen des Hauptprozesses, sondern die *Realisierungsbedingungen des Übergangs von* A_{n-m} nach Z)

↓

A 2.7 Stelle die gesamte Menge der Anfangs- und Randbedingungen der notwendigen und hinreichenden Menge der Existenzbedingungen derjenigen Gesetze gegenüber, die den Hauptprozeß determinieren!
Prüfe, ob durch die vorhandenen Anfangs- und Randbedingungen gleichzeitig auch alle Existenzbedingungen gegeben sind!

0 ↓ | 1 → Gehe zu A 2.9 über!

A 2.8 Prüfe, welche Dir bekannten Kausal„gesetze“ solche Operatoren finden lassen, die die fehlenden (oder unzureichenden) Existenzbedingungen erzeugen!
– Wende wiederum an: (A 2.2.1 oder A 2.2.2) und
– in angepaßter Form – (A 2.3) sowie (A 2.4)!

↓

A 2.9 Prognostiziere, welche Nebenwirkungen auf Grund der wirkenden objektiven Gesetze und der gegebenen oder geschaffenen Bedingungen zu erwarten sind!

↓

A 2.10 Stelle die Nebenwirkungen den Forderungen
– F_f – Wünsche
– F_k – Fest-, Mindest- und Sollforderungen

gegenüber und prüfe den Grad der Übereinstimmung!

| <1 | 1 → Stop!

↓

A 2.11 (Passe an!) Ordne die Forderungen, die durch Nebenwirkungen *nicht* erfüllt werden, nach ihrem „Gewicht"!

↓

A 2.12 Prüfe, welche Dir bekannten Kausal„gesetze" in Zusammenhang mit allen gegebenen und geschaffenen Bedingungen (wobei der gesetzmäßige Hauptzusammenhang selbst hierbei auch als Bedingung zu berücksichtigen ist) Operatoren finden lassen, die die bisher nicht erfüllten Forderungen (der Reihe nach[271], entsprechend A 2.11) zu realisieren gestatten!

– Wende wiederum an: (A 2.2.1 oder A 2.2.2) und – in angepaßter Form – (A 2.3) sowie (A 2.4)

↓

Stop!

Fall B – *Entwurf eines Verfahrens ohne fest vorgegebene Bedingungen*

Es ist durchaus möglich, daß die Aufgabe gestellt wird, ein Verfahren zu entwickeln – wobei alle Schritte der Aufgabenpräzisierung erfüllbar sind –, Bedingungen jedoch nicht angegeben sind. Sicherlich ist die Wahl eines bestimmten Eingangszustandes mit seinen Randbedingungen bei der Entwicklung eines neuen Verfahrens niemals absolut freigestellt. Auf jeden Fall dann, wenn es um die praktische Nutzung neuer Wirkprinzipien geht, wird es jedoch immer so sein, daß die geeigneten Eingangsgrößen für eine Zielrealisierung durch die Verfahrensentwicklung mitbestimmt werden. Sind die Eingangsgrößen von vornherein vorgegeben, wirken sie auf die Verfahrensentwicklung restriktiv. Sind sie nicht vorgegeben, ergibt sich meistens eine größere Zahl von

[271] Dieses „der – Reihe – nach" müßte eigentlich durch Unterprogramme verfeinert werden, was hier nicht geschieht. Jedenfalls läßt sich bei der Analyse praktischer Fälle feststellen, daß beim Abarbeiten der Forderungen zwei unterscheidbare Vorgehensarten auftreten können, deren jeweilige Anwendung objektiv bestimmt ist (also nicht vom Bearbeiter abhängt): 1. Es kamn im *Grenzfall* so sein, daß die gesuchten „Hilfs"-operatoren gegenseitig voneinander und vom Hauptprozeß relativ unabhängig sind, so daß ein Operator zum anderen „summiert" werden kann. 2. Meistens ist das nicht der Fall, so daß jeweils *nach* dem Finden *eines* „Hilfs"operators ein Durchlaufen (und Überprüfen) des Gesamtprogramms notwendig wird und wegen der Verpflechtungen das gesamte Programm Iterationsschleifen erhält.

Varianten, die die Zielrealisierung auf unterschiedlichen Wegen ermöglichen (Abb. 17).

Auf diese Weise dürfte es auch einfacher sein, eine solche Verfahrensvariante zu entwickeln, bei der *von vornherein* die Übereinstimmung zwischen Nebenwirkungen und Forderungen weitgehend gesichert ist,

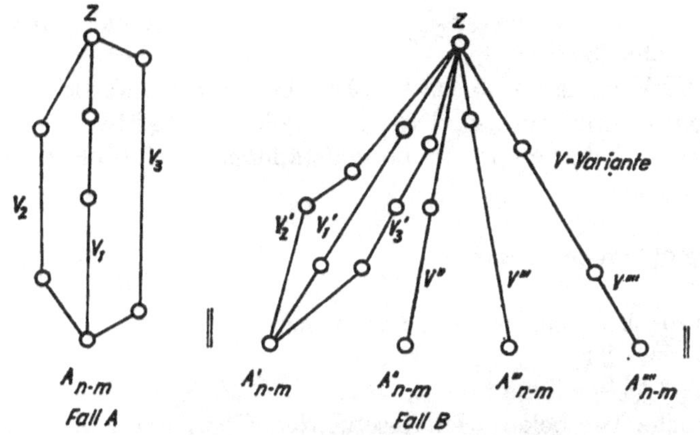

Abb. 17: Demonstrationsmodell zur Darstellung der Entwicklung technischer Verfahren mit (A) und ohne (B) fest vorgegebene Bedingungen

so daß der Aufwand zur Ermittlung zusätzlicher Operatoren zur Realisierung bestimmter Forderungen weitgehend reduziert wird. (Auch wenn hier nicht ausdrücklich auf den Speicherplatz E_2 der Programmbibliothek nach J. Müller – „Bewertung des Prinzips"[272] eingegangen wird, läßt sich mit einiger Sicherheit sagen, daß in diesem Fall (b) eine sorgfältige Prinzipbewertung" – unter Voraussetzung des Vorliegens mehrerer Prinzipvarianten – den Aufwand bei der „Anpassung" erheblich reduzieren kann.)

B 2.1 Prüfe, welche Dir bekannten Gesetze einen Übergang von einer (beliebigen) Eingangsgröße nach Z determinieren!

> 1	1	0
(d. h. mehrere „parallele" GA bzw. Ketten)	Leite Eingangsgröße (AB) her und setze fort mit B 2.5!	Wende UP I an!

272 Müller, J., Grundlagen der systematischen Heuristik, Berlin 1970, S. 112.

↓

B 2.2. Leite aus den gegebenen Gesetzesaussagen TPV-Varianten her und bestimme die jeweils „notwendige" Eingangsgröße!

↓

B 2.3 Führe eine erste Variantenbewertung nach folgenden Kriterien durch![273]

- Ist die jeweils „notwendige" Eingangsgröße „setzbar" bzw. „leicht" schaffbar?
- Ist die TPV-Variante „leicht" realisierbar, d. h.: sind die notwendigen Operatoren „setzbar" bzw. „leicht" schaffbar?
- Welche Variante verspricht die vollständigste Erfüllung aller Forderungen?

↓

B 2.4 Wähle die optimale Variante!

↓

B 2.5 Prüfe, ob die Eingangsgröße „setzbar" ist!

| 0 | 1 → Gehe über zu B 2.7!

↓

B 2.6 Prüfe, welche Dir bekannten Gesetze den Übergang von einer (beliebigen) Größe (Eingangsgröße 2. Stufe) zur erforderlichen Eingangsgröße (1. Stufe) determinieren! Dabei ist wiederum die gesamte Schrittfolge von B 2.1 bis B 2.5 zu durchlaufen und das solange, bis ein „setzbarer" Eingangszustand (n-ter Stufe) gefunden ist, der nicht selbst erzeugt werden muß!

↓

B 2.7 Bestimme die Randbedingungen RB, die bei faktischer „Setzung" des Eingangszustandes notwendig *auch* mitbestimmt sind!

↓

B 2.8 Prüfe, ob die TPV bzw. TPV-Kette hinreichend ist, d. h. ob sie alle Fest- und Mindestforderungen F_f erfüllt sowie alle wesentlichen Bedingungen berücksichtigt!

(Im Unterschied zu Fall A bedeutet dieser Schritt hier nur soviel wie eine Zweitkontrolle, weil durch die Bewertung im Schritt B 2.3 schon vorentschieden ist, daß die TPV anwendbar ist. Dennoch kann es sein, daß der „strategische Wert" der zugrunde liegenden Gesetzesaussagen nicht so hoch ist, daß die TPV als vollkommen angesehen werden kann. Es ist z. B. möglich, daß

[273] In gewisser Weise entspricht das Vorgehen B 2.1., 2.2. und 2.3. dem Programm F 111 („Zusammenstellen aller möglichen Effekte") nach Müller, J., Grundlagen der systematischen Heuristik, Berlin 1970, S. 125.

eine exaktere Zielansteuerung erforderlich ist, als sie z. B. durch TPV, die aus empirischen „Regeln“ gewonnen werden, zunächst ermöglicht wird.

↓ 1   0 → Wende UP II an! ↑

B 2.9 Setze fort mit A 2.4 → A 2.5 → A 2.6 → A 2.7 → A 2.8 → A 2.9 → A 2.10!

↓

B 2.10 Schätze den Grad der Übereinstimmung ab, ob er groß (1) oder klein (0) ist!

↓ 0   ↓ 1 Setze fort mit A 2.11 → A 2.12 → Stop!

B 2.11 Prüfe, welche Veränderung der Eingangsgröße eventuell zu einem Resultat (B 2.10) mit größerer Übereinstimmung führen könnte! Verwende eine andere Variante (von B 2.2) und durchlaufe erneut die Schrittfolge ab B 2.5 → (zurück zu B 2.10)

In den Programmen A 2 und B 2 ist darüberhinaus an allen Stellen, an denen jeweils auf die Suche nach Gesetzesaussagen verwiesen wird, um daraus TPV herzuleiten, *grundsätzlich vorab zu klären*:

1. Gibt es in einem dem Programmbearbeiter zugänglichen Speicher schon eine verwendbare hinreichende TPV, gleichgültig ob diese selbst eine „verallgemeinerte Erfahrung“ oder eine „hergeleitete“ TPV ist?
2. Kann durch „Probieren“ die gesuchte TPV (wenn die 1. Frage also negativ beantwortet wird) evt. mit weniger Aufwand gefunden werden als durch Herleitung aus Gesetzesaussagen?

An den Stellen, an denen die Gesetzeskenntnis unvollständig oder unvollkommen ist und – wie zuvor festgestellt – TPV weder aus vorhandenen Speichern abrufbar noch durch „Probieren“ zu gewinnen sind, können Unterprogramme substituiert werden, um solche „Defekte“[274] zu reduzieren.[275] Es sollen (allerdings sehr grobe) heuristische Programme angegeben werden, die diese Defektreduktion leisten können. (Weitere Arbeit an diesem Programm ist sicherlich notwendig.)

[274] Ebenda, S. 193.

[275] Vgl. auch Heitsch, W., Parthey, H. und Wächter, W., die in diesem Zusammenhang von einer „Interpolation heuristischer Programme“ sprechen: Heuristik und Dialektik, in: Deutsche Zeitschrift für Philosophie, 2/1971, S. 158.

Unterprogramm UP I zur Vervollständigung der Menge an Gesetzesaussagen

I/U1. Bilde die Hypothese!

a) auf intuitiv-schöpferischem Wege

↓

Gehe zu I/U2. über!

b) auf experimentellem Wege

↓

I/U1.1 Bilde ein kombinatorisches System aus den „festen" und „Mindest"-Zielforderungen sowie den gegebenen (Fall A) oder/und *möglichen* (Fall B) Anfangsbedingungen *AB*!

↓

I/U1.2 Prüfe in einer Serie von Experimenten, welche einzelnen oder Kombinationen von den *AB* die in den Forderungen gegebenen Zielgrößen hervorbringen bzw. beeinflussen!

↓

I/U1.3 Stelle Protokolle (Tabellen) auf!

↓

I/U1.4 Bilde Hypothese!

↓

I/U2. Überprüfe Hypothese!

I/U2.1 Leite Folgen aus der Hypothese ab (– und zwar solche Aussagen, die *nicht* schon zur Hypothesenbildung Verwendung fanden)!

↓

I/U2.2 Stelle in Experimenten den Wahrheitswert der Aussagen (Folgen) fest!

↓

I/U2.3 Bestimme die Bedeutung der Ergebnisse der Experimente für den Wahrheitswert der Hypothese!

↓ 1	↓ 0	↓ $0 < g < 1$
Stop!	Gehe zurück auf I/U1!	Wende UP II an!

Unterprogramm UP II zur Vervollkommnung vorhandener Gesetzesaussagen

Es geht also dabei um Gesetzesaussagen, deren „strategischer Wert" nicht ausreichend ist, um solche TPV herzuleiten, die von vornherein eine vollständige Zielrealisierung garantieren – d. h., entweder ist die Gesetzesaussage nicht ausreichend bestätigt, oder es ist fraglich, ob unter technischen Bedingungen das Gesetz in gewohnter Weise existiert, oder es wird eine quantifizierte Zielgröße gefordert, die zugrunde liegende Gesetzesaussage enthält aber beispielsweise nur komparative Begriffe.

II/U 1: Leite TPV her!

↓

II/U 2: Überprüfe experimentell, ob *unter den gegebenen (Fall A) bzw. erforderlichen (Fall B)* Bedingungen die Zielrealisierung hinreichend gesichert ist!

(Wird der Operator ausreichend beherrscht? Ist auszuschließen, daß eventuelle Nebenwirkungen des gesetzmäßigen Zusammenhangs die Zielrealisierung beeinträchtigen?)

↓ 0 ↓ 1
Stop!

II/U 3: Ersetze den verwendeten Operator durch einen anderen! Ist die TPV nun hinreichend?

↓ 0 ↑ ↓ 1
Stop!
↓ 0

II/U 4: Variiere die Bedingungen! Ist die TPV nun hinreichend?

↓ 0 ↑ ↓ 1
Stop!
↓ 0

II/U 5: Wende UP I an!

Es sei zum Abschluß noch einmal darauf verwiesen, daß mit der Aufstellung heuristischer Programme in diesem letzten Abschnitt nicht das Ziel verfolgt wurde, gänzlich neue Problemlösungsverfahren für spezifische, technische Probleme zu geben. Von der Spezifik und Detailtreue her gesehen ist in der systematischen Heuristik in dieser Beziehung schon sehr viel erarbeitet worden, was über die hier vorgestellten Programme hinausgeht. Die Absicht war vielmehr die, zu zeigen, welchen Platz Gesetzeskenntnisse in solchen Programmen einnehmen. Nur in diesem Sinne wird hier „Neues" vorgestellt. Es wird gezeigt, in welchem Maße Gesetzeserkenntnis dazu beiträgt, technische Probleme rationeller zu lösen, ohne daß dabei heuristische Programme gänzlich in algorithmische Programme übergehen.

4. Zusammenfassung und Bewertung der Ergebnisse

In der vorliegenden Arbeit stand die Aufgabe im Mittelpunkt, eine brauchbare Methode bzw. brauchbare methodische Regeln zu erarbeiten, die die Überführung von Gesetzeskenntnissen in praktische, technische Handlungsvorschriften rational und damit auch rationell gestatten. Diese Aufgabe wurde erfüllt. In Verflechtung mit dieser Hauptaufgabe gelang es, weitere Detailprobleme zu lösen: die Aufklärung der unterschiedlichen strategischen Bedeutung verschiedener Typen von Gesetzesaussagen für die Herleitung technischer Vorschriften, die Gewinnung einer besseren Einsicht in den Zusammenhang zwischen vertieften Gesetzeserkenntnissen und damit effektiveren Handlungsmöglichkeiten und schließlich auch die teilweise Aufdeckung des Systemzusammenhanges erkannter Naturgesetze bei der Lösung komplexer technischer Probleme.

Zu einer Reihe von weiteren Problemen konnten neue Überlegungen hinzugefügt werden. Dazu gehören die Probleme der Klassifikation der Wissenschaften (nach ihrer Funktion), die Klassifikation von Gesetzesaussagen, die Dialektik des Zusammenhangs der grundlegenden Funktionen bzw. Nutzungsmöglichkeiten erkannter objektiver Gesetze, nämlich Explanation, Prognose und Strategienentwicklung, und schließlich die Einfügung von aus Gesetzmäßigkeiten hergeleiteten Handlungsvorschriften zur Approximation heuristischer Programme, die auf die Lösung komplexer technischer Probleme gerichtet sind.

Eine Reihe von Problemen, die in der Arbeit aufgegriffen wurden, bedürfen weiterer wissenschaftlicher Untersuchungen. An erster Stelle ist dabei das Problem der Entwicklung von Such-Strategien zum Auffinden problem-adäquater Gesetzesaussagen zu nennen. Mit der Lösung dieses Problems oder der Annäherung an die Lösung könnte ein wesentlicher Schritt zur effektiveren Gestaltung technischer Entwicklungsarbeit geleistet werden. Des weiteren bedürfen die Untersuchungen zur Dialektik von Explanation, Prognose und Strategie (Planung), zu den

verschiedenen Arten und Funktionen der experimentellen Methode und zur Mathematisierung technischer Wissenschaften der Vertiefung.
Worin liegt die Bedeutung der hier vorgelegten Ergebnisse?
Auf drei Aspekte ist besonders zu verweisen. Zum ersten ist mit der gesamten vorgelegten Arbeit ein Beitrag entstanden, der zur weiteren Konkretisierung des philosophischen Grundgedankens beiträgt, der als Ausspruch von Friedrich Engels als Leitmotiv dieser Arbeit vorangestellt wurde: „Nicht in der geträumten Unabhängigkeit von den Naturgesetzen liegt die Freiheit, sondern in der Erkenntnis dieser Gesetze und in der damit gegebenen Möglichkeit, sie planmäßig zu bestimmten Zwecken wirken zu lassen.“ Für die marxistisch-leninistische Philosophie ergeben sich auch konkrete Hinweise für den Zusammenhang zwischen dialektischem Determinismus und Erkenntnistheorie.
Zum zweiten – und dieser Aspekt steht im Mittelpunkt – erfüllt die vorgelegte Arbeit ein Anliegen der marxistisch-leninistischen Wissenschaftstheorie.
Mit der Darstellung der Überführung von Gesetzeserkenntissen in technische Vorschriften wird eine Methodik aufgezeigt, die grundlegende Bedeutung für die Herleitung praxis-relevanter technischer Prinzipe aus Ergebnissen der Grundlagenforschung besitzt. Wenn damit auch die Einführung neuer Erkenntnisse in die Produktion noch nicht erreicht ist, wird doch ein wesentlicher Schritt dorthin begründet und methodisch analysiert. Konsequenzen ergeben sich daraus auch für die Organisation der Zusammenarbeit zwischen Wissenschaftlern verschiedener Disziplinen und insbesondere zwischen Vertretern der Wissenschaft und der Industrie. Außerdem zeigen die Überlegungen, in welcher Weise eine Vertiefung der Grundlagenforschung besonders praxiswirksam gestaltet werden kann.
Schließlich ergeben sich drittens aus den Ergebnissen Schlußfolgerungen für die Gestaltung einer praxisnahen ingenieurwissenschaftlichen Ausbildung, die ein hohes theoretische Niveau nicht nur einbezieht, sondern nachgerade voraussetzt. Versteht man unter praxisnaher Ausbildung nicht nur die Einbeziehung praktischer „Beispiele“, so bestehen diese Schlußfolgerungen in folgenden Punkten:
– Es ist stets konkret zu zeigen, *wie* neu erworbenes theoretisches Wissen in spezifischen Praxisbereichen Anwendung findet. Die Beschränkung auf Ausführungen darüber, *daß* solches Wissen Anwendung findet oder gefunden hat und *wo*, ist nicht ausreichend.
– Bei der Vermittlung theoretischer Kenntnisse ist stets die Vielfalt der Anwendungsmöglichkeiten aufzuzeigen. Eine Erziehung zum ständigen Bemühen, die Vielfalt von Anwendungsmöglichkeiten theoreti-

scher Erkenntnisse auszuloten, schult den notwendigen Erfindergeist unserer Hochschulabsolventen – auch dann, wenn bestimmte technische Prinzipe „auf Vorrat“ entwickelt werden, und noch keine Realisierung finden können. Damit wird gleichzeitig auch das Verantwortungsbewußtsein des Ingenieurs gegenüber der sozialistischen Gesellschaft entwickelt, das Gefühl für die Differenzierung von unrealen, abstrakten und realen Möglichkeiten.

– Es geht auch darum, jedem Ingenierwissenschaftler zu zeigen, wie und in welch hohem Maße gerade *neue* theoretische Erkenntnisse eine bestehende Praxis revolutionieren können. Jedes Nebeneinander von Theorie einerseits und praktischer Erfahrung andererseits in der Lehre muß notwendig die Ideologie erzeugen, daß alle Theorie „grau“ und daß „in der Praxis alles ganz anders“ sei. Gerade bei der Lösung der Aufgaben zur Meisterung der wissenschaftlich-technischen Revolution ist eine solche Einstellung falsch. Nur die gegenseitige Befruchtung von Theorie und Praxis und die daraus sich entwickelnde Zusammenarbeit von Theoretikern und Praktikern kann beiden Seiten zum Vorteil gereichen und damit unserem sozialistischen Aufbau nutzen.

Personenregister

Achmanow, A. S. 61
Axjonow, I. 28
Bellmann, R. 12, 21, 95, 109, 112, 114, 127, 128
Berka, K. 19, 79, 80
Bernal, J. D. 37, 38, 46, 49,188
Bochenski, I. M. 73
Bunge, M. 66, 74, 93, 107, 126, 174
Danzer, K. 47
Dobrow, G. M. 183
Eberhardt, G. 195
Eberhardt, H. 195
Ehrhardt, H. 178, 179
Eichhorn I, W. 121
Engels, F. 7, 15, 28, 53, 170
Eucken, A. 82
Finkelnburg, W. 42
Fuchs-Kittowski, K. 10
Goiczyk, K.-H. 50
Guntau, M. 82, 109
Hager, K. 7, 15
Hegel, G. W. F. 11
Heitsch, W. 9, 10, 25, 124, 125, 132, 211
Hempel, C. F. 17
Honecker, E. 9
Horn, V. 178, 179
Hörz, Herb. 54, 55, 58, 66
Jobst, E. 9, 36, 48, 49, 50, 146, 172, 189
Juhos, B. 21, 74, 75, 78, 92
Klaus, G. 58, 59, 132
Kolman, E. 60
Kröber, G. 9, 10, 53, 54, 55, 56, 57, 63, 66, 69, 70, 71, 93, 109, 114, 117
Kuhlow, H. 55
Kusnezow, I. W. 92
Laitko, H. 12, 21, 57, 82, 92, 109, 112, 114, 127, 128, 168
Lauterbach, H. 12
Leinfellner, W. 74, 78, 83, 108, 113, 117, 167
Lenin, W. I. 11, 53, 54, 81, 106
Ley, H. 10
Lohr, E. 60
Löther, R. 109
Lußmann, K. 189
Marquardt, E. 178, 179
Marx, K. 11, 13, 15, 16, 44
Metzler, H. 127
Meyer, H. 33
Mikulinskij, S. R. 14, 30
Mothes, O. 191
Müller, J. 10, 24, 27, 32, 34, 36, 43, 44, 45, 50, 121, 123, 124, 130, 132, 136, 138, 139, 144, 145, 147, 171, 182, 183, 199, 200, 203, 204, 209, 210, 211
Nagel, E. 54, 66, 107, 108
Noack, K.-P. 23, 126
Oppenheim, F. 17
Osmowa, N. I. 45
Parthey, H. 9, 10, 19, 73, 77, 88, 111, 119, 124, 125, 126, 142, 174, 175, 176, 211
Pawlek, F. 186
Pichl, G. 50

Pogodda, H. 33
Polya, G. 18, 78, 80, 91, 174, 203, 206
Radulet, R. 187
Reichenbach, H. 66
Richter, F. 109, 145, 170, 189
Rodnyi, N. I. 14, 30
Röntgen, W. C. 41
Rusawin, G. I. 72, 175
Russell, B. 68
Schuchardin, S. W. 45
Schumann, H. 162
Segeth, W. 9, 23, 79, 125, 127, 136, 192, 193
Sinowjew, A. A. 68, 109
Smirnow, V. A. 62, 67, 68, 72, 73, 74, 109, 162, 175
Sobisch, G. 178, 179
Söder, G. 12
Spielhagen, D. 50
Sprung, W.-D. 57, 82, 168
Steuer, K. 183
Strigatschew, A. 61
Süß, A. 183
Sworykin, A. A. 45
Täubert, P. 84
Tschernyschew, W. I. 45
Ujomow, A. I. 61, 159
Vogel, H. 23, 119
Wächter, W. 9, 23, 111, 119, 124, 125, 211
Wahl, D. 77, 88, 142, 175, 176
Waschull, H. 184
Weizsäcker, C. F. von 38
Wendt, H. 27, 82, 145, 170
Wenzel, E. 183
Wessel, H. 81
Wetter, G. A. 59
Wicke, E. 82
Wiesner, P. 177, 178, 179, 181
Wintgen, G. 10
Wittich, D. 81

FSC
www.fsc.org
MIX
Papier | Fördert gute Waldnutzung
FSC® C083411

Kolibri 360 GmbH
Ferdinand-Jühlke-Straße 7
99095 Erfurt, Deutschland
produktsicherheit@kolibri360.de